软件质量保证及测试基础

李晓红　主编

唐晓君　王海文　副主编

清华大学出版社

北京

内 容 简 介

本书内容系统、全面，叙述简练，实践性和实用性强。全书共分 11 章，主要内容包括：软件质量、软件质量保证概要、软件质量保证过程、软件测试基础、软件测试过程、静态测试、动态测试、各级别的测试、面向对象软件测试、软件缺陷管理和测试评估和软件测试自动化。

本书可作为高等院校教学研究型或教学应用型的计算机专业、软件工程专业的软件测试课程教材使用，还可供软件测试从业人员理论和实践参考。因编写参考了 ISTQB 的软件测试初级认证大纲，还可供想获取 ISTQB 基础级认证的人员参考使用。

图书在版编目（CIP）数据

软件质量保证及测试基础/李晓红主编. —北京：清华大学出版社，2015（2019.7重印）
（21 世纪高等学校规划教材·软件工程）
ISBN 978-7-302-39616-1

Ⅰ. ①软… Ⅱ. ①李… Ⅲ. ①软件质量—质量管理—研究 ②软件—测试—研究 Ⅳ. ①TP311.5

中国版本图书馆 CIP 数据核字（2015）第 049503 号

责任编辑：黄 芝 李 晔
封面设计：傅瑞学
责任校对：时翠兰
责任印制：丛怀宇

出版发行：清华大学出版社
网　　　址：http://www.tup.com.cn，http://www.wqbook.com
地　　　址：北京清华大学学研大厦 A 座　　　　　　邮　　编：100084
社　总　机：010-62770175　　　　　　　　　　　　邮　　购：010-62786544
投稿与读者服务：010-62776969，c-service@tup.tsinghua.edu.cn
质量反馈：010-62772015，zhiliang@tup.tsinghua.edu.cn
课件下载：http://www.tup.com.cn，010-62795954
印　装　者：三河市君旺印务有限公司
经　　　销：全国新华书店
开　　　本：185mm×260mm　　　印　张：16.5　　　字　　数：402 千字
版　　　次：2015 年 7 月第 1 版　　　印　　次：2019 年 7 月第 5 次印刷
印　　　数：3701~4200
定　　　价：34.00 元

产品编号：058318-01

出 版 说 明

随着我国改革开放的进一步深化,高等教育也得到了快速发展,各地高校紧密结合地方经济建设发展需要,科学运用市场调节机制,加大了使用信息科学等现代科学技术提升、改造传统学科专业的投入力度,通过教育改革合理调整和配置了教育资源,优化了传统学科专业,积极为地方经济建设输送人才,为我国经济社会的快速、健康和可持续发展以及高等教育自身的改革发展做出了巨大贡献。但是,高等教育质量还需要进一步提高以适应经济社会发展的需要,不少高校的专业设置和结构不尽合理,教师队伍整体素质亟待提高,人才培养模式、教学内容和方法需要进一步转变,学生的实践能力和创新精神亟待加强。

教育部一直十分重视高等教育质量工作。2007 年 1 月,教育部下发了《关于实施高等学校本科教学质量与教学改革工程的意见》,计划实施“高等学校本科教学质量与教学改革工程(简称‘质量工程’)”,通过专业结构调整、课程教材建设、实践教学改革、教学团队建设等多项内容,进一步深化高等学校教学改革,提高人才培养的能力和水平,更好地满足经济社会发展对高素质人才的需要。在贯彻和落实教育部“质量工程”的过程中,各地高校发挥师资力量强、办学经验丰富、教学资源充裕等优势,对其特色专业及特色课程(群)加以规划、整理和总结,更新教学内容、改革课程体系,建设了一大批内容新、体系新、方法新、手段新的特色课程。在此基础上,经教育部相关教学指导委员会专家的指导和建议,清华大学出版社在多个领域精选各高校的特色课程,分别规划出版系列教材,以配合“质量工程”的实施,满足各高校教学质量和教学改革的需要。

为了深入贯彻落实教育部《关于加强高等学校本科教学工作,提高教学质量的若干意见》精神,紧密配合教育部已经启动的“高等学校教学质量与教学改革工程精品课程建设工作”,在有关专家、教授的倡议和有关部门的大力支持下,我们组织并成立了“清华大学出版社教材编审委员会”(以下简称“编委会”),旨在配合教育部制定精品课程教材的出版规划,讨论并实施精品课程教材的编写与出版工作。“编委会”成员皆来自全国各类高等学校教学与科研第一线的骨干教师,其中许多教师为各校相关院、系主管教学的院长或系主任。

按照教育部的要求,“编委会”一致认为,精品课程的建设工作从开始就要坚持高标准、严要求,处于一个比较高的起点上;精品课程教材应该能够反映各高校教学改革与课程建设的需要,要有特色风格、有创新性(新体系、新内容、新手段、新思路,教材的内容体系有较高的科学创新、技术创新和理念创新的含量)、先进性(对原有的学科体系有实质性的改革和发展,顺应并符合 21 世纪教学发展的规律,代表并引领课程发展的趋势和方向)、示范性(教材所体现的课程体系具有较广泛的辐射性和示范性)和一定的前瞻性。教材由个人申报或各校推荐(通过所在高校的“编委会”成员推荐),经“编委会”认真评审,最后由清华大学出版社审定出版。

目前，针对计算机类和电子信息类相关专业成立了两个"编委会"，即"清华大学出版社计算机教材编审委员会"和"清华大学出版社电子信息教材编审委员会"。推出的特色精品教材包括：

（1）21 世纪高等学校规划教材·计算机应用——高等学校各类专业，特别是非计算机专业的计算机应用类教材。

（2）21 世纪高等学校规划教材·计算机科学与技术——高等学校计算机相关专业的教材。

（3）21 世纪高等学校规划教材·电子信息——高等学校电子信息相关专业的教材。

（4）21 世纪高等学校规划教材·软件工程——高等学校软件工程相关专业的教材。

（5）21 世纪高等学校规划教材·信息管理与信息系统。

（6）21 世纪高等学校规划教材·财经管理与应用。

（7）21 世纪高等学校规划教材·电子商务。

（8）21 世纪高等学校规划教材·物联网。

清华大学出版社经过三十多年的努力，在教材尤其是计算机和电子信息类专业教材出版方面树立了权威品牌，为我国的高等教育事业做出了重要贡献。清华版教材形成了技术准确、内容严谨的独特风格，这种风格将延续并反映在特色精品教材的建设中。

清华大学出版社教材编审委员会
联系人：魏江江
E-mail：weijj@tup.tsinghua.edu.cn

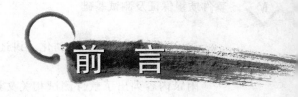
前 言

计算机技术的发展使得计算机软件规模和软件复杂度不断提升,软件企业对软件的质量也越来越重视,软件质量的可靠性变得尤为重要。软件测试作为软件质量保证的重要手段,也得到了业界的普遍认可和实施,软件测试行业得以迅速发展。

随着软件测试行业的发展,软件质量保证和测试的理论、知识、技术和工具都在不断更新。同时,软件测试相关资料和书籍大量涌现,读者可以找到很多书籍,有关于特定应用领域的,如 Web 应用测试、嵌入式应用测试;有关于测试基础知识的,如软件测试基础、软件测试原理等;有关于测试工具实践的;还有关于测试管理的等。

本书致力于为软件质量管理人员及测试人员提供一个坚实的理论和实践基础,注重基础知识的理解同时强调实践的培养。书中重点介绍基本的质量保证知识,质量保证过程,软件测试基本技术、方法以及自动化测试工具的使用,能够为即将选择软件测试作为职业发展方向的读者提供一个起步学习参考。与同类的教材相比,本书具有如下特点:

(1) 内容简洁、完整、系统性强,便于读者全面掌握软件测试基础知识。

(2) 与 ISTQB(国际软件测试认证委员会)软件测试初级认证大纲要求一致,便于读者所学知识与国际接轨。

(3) 实践性强,以实例的形式介绍多种测试工具的使用。

(4) 实用性强,提供软件测试文档模板,为测试实践工作提供参考和帮助。

全书共分为 11 章,内容安排如下。

第 1 章　软件质量。讲述软件质量的概念和软件质量模型。

第 2 章　软件质量保证概要。讲述软件质量保证概念,软件质量保证目标和任务以及软件质量保证活动。

第 3 章　软件质量保证过程。讲述计划阶段、需求分析阶段、设计阶段、编码阶段、测试阶段、系统交付和安装阶段的质量保证内容。

第 4 章　软件测试基础。讲述软件测试的概念,软件测试的类型以及软件测试的原则。

第 5 章　软件测试过程。讲述常见的软件测试过程模型以及基本的软件测试过程。

第 6 章　静态测试。讲述评审和静态结构分析。

第 7 章　动态测试——测试用例设计技术。讲述白盒测试用例设计技术和黑盒测试用例设计技术。

第 8 章　各级别测试。讲述单元测试、集成测试、确认测试、系统测试、验收测试和回归测试内容。

第 9 章　面向对象软件测试。讲述面向对象测试基础、面向对象测试模型及面向对象单元测试和集成测试。

第 10 章　软件缺陷管理和测试评估。讲述软件缺陷概述、软件缺陷相关信息、软件缺陷的描述和软件测试评估。

第 11 章　软件测试自动化。讲述自动化软件测试的定义、自动化测试技术和自动化测试工具的使用。

附录内容列出了软件测试相关文档模板。

本书作者一直在高校从事软件质量管理及测试的教学和实践工作,具有丰富的理论知识和实践经验。全书共 11 章,由大连工业大学李晓红、唐晓君和王海文编写。其中,李晓红编写第 1、4、5、7、8、10、11 章,唐晓君编写第 2、3 章,王海文编写第 6、9 章和附录,全书由李晓红负责统稿定稿。

本书在编写过程中除书中列出参考文献外,还部分参考了 51testing、ISTQB 中国官网及互联网上其他文档资料,在此对网络中的各位知识分享者表示由衷的感谢。

希望通过对本书内容的学习,读者能够掌握软件质量保证的基础知识、软件测试的理论知识以及自动化软件测试工具的使用,为有志投身软件测试行业的专业人士和学生提供有益帮助。

软件测试发展迅速,加之作者水平和时间有限,书中难免有错误和不妥之处,恳请读者批评指正。

编　者

2015 年 3 月

目 录

第1章 软件质量 ·· 1

1.1 软件质量的概念 ··· 1

1.2 软件质量模型 ·· 2

    1.2.1 McCall 质量模型 ·· 2

    1.2.2 Boehm 质量模型 ··· 4

    1.2.3 ISO/IEC 9126 质量模型 ·· 5

    1.2.4 Perry 模型 ·· 6

本章小结 ··· 7

本章习题 ··· 7

第2章 软件质量保证概要 ··· 8

2.1 软件质量保证 ·· 8

    2.1.1 软件质量保证定义 ·· 9

    2.1.2 软件质量保证内容 ·· 9

    2.1.3 软件质量保证要素 ··· 10

    2.1.4 软件质量保证计划 ··· 10

    2.1.5 软件质量保证素质 ··· 11

    2.1.6 软件质量保证的组织结构 ··· 11

    2.1.7 软件质量保证的岗位职责 ··· 12

2.2 软件质量控制 ··· 12

    2.2.1 软件质量控制的基本概念 ··· 12

    2.2.2 软件质量控制的基本方法 ··· 14

2.3 软件质量保证目标和任务 ·· 15

    2.3.1 软件质量保证的目标 ·· 15

    2.3.2 软件质量保证的任务 ·· 17

2.4 软件质量保证活动 ··· 19

2.5 全面软件质量管理 ··· 20

    2.5.1 全面软件质量管理定义 ·· 20

    2.5.2 全面软件质量管理四个要素 ··· 21

    2.5.3 全面软件质量管理三个原则 ··· 21

    2.5.4 全面软件质量管理方法 ·· 22

    2.5.5 全面软件质量控制模型 ·· 25

　　　　2.5.6　全面软件质量控制技术 ·· 27

　2.6　软件质量管理体系结构 ·· 30

　　　　2.6.1　CMM/CMMI ·· 31

　　　　2.6.2　ISO 9000 ·· 34

　本章小结 ··· 35

　本章习题 ··· 35

第 3 章　软件质量保证过程 ··· 36

　3.1　计划阶段 ··· 36

　3.2　需求分析阶段 ·· 38

　3.3　设计阶段 ··· 40

　3.4　编码阶段 ··· 41

　3.5　测试阶段 ··· 45

　3.6　系统交付和安装阶段 ··· 47

　本章小结 ··· 48

　本章习题 ··· 48

第 4 章　软件测试基础 ··· 49

　4.1　软件测试的概念 ·· 49

　　　　4.1.1　软件缺陷 ·· 49

　　　　4.1.2　验证和确认 ·· 53

　　　　4.1.3　软件测试的定义 ·· 54

　　　　4.1.4　软件测试的目的 ·· 55

　　　　4.1.5　测试用例 ·· 56

　4.2　软件测试的分类 ·· 57

　　　　4.2.1　按技术分类 ·· 57

　　　　4.2.2　按测试方式分类 ·· 57

　　　　4.2.3　按测试阶段分类 ·· 58

　　　　4.2.4　按测试内容分类 ·· 59

　4.3　软件测试的误区 ·· 60

　4.4　软件测试的原则 ·· 61

　本章小结 ··· 62

　本章习题 ··· 62

第 5 章　软件测试过程 ··· 63

　5.1　常见测试过程模型 ··· 63

　　　　5.1.1　V 模型 ·· 63

　　　　5.1.2　W 模型 ··· 64

　　　　5.1.3　H 模型 ·· 65

　　　5.1.4　X 模型 ··· 65

　　　5.1.5　前置模型 ··· 66

　　　5.1.6　测试模型总结 ·· 69

　　5.2　基本测试过程 ··· 70

　　　5.2.1　测试计划和控制 ··· 71

　　　5.2.2　测试分析和设计 ··· 75

　　　5.2.3　测试实现和执行 ··· 75

　　　5.2.4　测试评估和报告 ··· 77

　　本章小结 ·· 77

　　本章习题 ·· 78

第 6 章　静态测试 ·· 79

　　6.1　静态测试概述 ··· 79

　　　6.1.1　为什么要进行静态测试 ·· 80

　　　6.1.2　静态测试的重要性 ·· 81

　　6.2　评审 ·· 82

　　　6.2.1　评审成功的因素及基本术语 ··· 83

　　　6.2.2　评审的分类 ··· 83

　　　6.2.3　非正式评审 ··· 84

　　　6.2.4　正式评审及其基本过程 ·· 85

　　6.3　技术评审 ··· 86

　　　6.3.1　技术评审的目的和内容 ·· 86

　　　6.3.2　技术评审团队 ·· 86

　　　6.3.3　技术评审会议 ·· 87

　　6.4　审查 ·· 87

　　　6.4.1　审查的目的和内容 ·· 87

　　　6.4.2　审查团队 ·· 88

　　　6.4.3　审查的前提条件 ··· 88

　　　6.4.4　审查会议过程 ·· 89

　　　6.4.5　审查输出 ·· 91

　　　6.4.6　数据收集 ·· 92

　　　6.4.7　审查的注意事项 ··· 92

　　6.5　代码审查 ··· 93

　　　6.5.1　代码审查的测试内容及组成 ··· 93

　　　6.5.2　代码审查的步骤 ··· 93

　　　6.5.3　代码审查单 ··· 93

　　　6.5.4　阅读的方法 ··· 94

　　6.6　走查 ·· 95

　　　6.6.1　走查的目的和内容 ·· 95

6.6.2 走查团队 ·· 95

6.6.3 走查会议 ·· 96

6.6.4 走查与审查 ·· 96

6.7 静态分析 ··· 97

6.7.1 数据流分析 ·· 97

6.7.2 控制流分析 ·· 99

本章小结 ··· 103

本章习题 ··· 104

第 7 章 动态测试——测试用例设计技术 ································ 105

7.1 白盒测试用例设计技术 ···································· 105

7.1.1 逻辑覆盖 ·· 106

7.1.2 逻辑覆盖准则 ······································ 112

7.1.3 路径测试 ·· 114

7.1.4 其他白盒测试技术 ·································· 120

7.1.5 白盒测试技术讨论 ·································· 122

7.2 黑盒测试用例设计技术 ···································· 123

7.2.1 等价类划分 ·· 124

7.2.2 边界值分析 ·· 132

7.2.3 决策表 ·· 135

7.2.4 因果图 ·· 139

7.2.5 状态转换测试 ······································ 142

7.2.6 其他黑盒测试技术 ·································· 144

7.2.7 黑盒测试技术讨论 ·································· 145

本章小结 ··· 146

本章习题 ··· 146

第 8 章 各级别的测试 ··· 149

8.1 单元测试 ··· 149

8.1.1 单元测试的概念 ···································· 149

8.1.2 单元测试的目的 ···································· 150

8.1.3 单元测试的内容 ···································· 150

8.1.4 单元测试的原则 ···································· 152

8.1.5 单元测试的策略 ···································· 153

8.1.6 单元测试停止的条件 ································ 153

8.2 集成测试 ··· 154

8.2.1 集成测试的概念 ···································· 154

8.2.2 集成测试的必要性 ·································· 154

8.2.3 集成测试的内容 ···································· 155

8.2.4　集成测试的原则 ·················· 155

8.2.5　集成测试策略 ·················· 156

8.2.6　集成测试的停止条件 ·················· 159

8.2.7　集成测试与单元测试的区别 ·················· 160

8.3　确认测试 ·················· 160

8.4　系统测试 ·················· 160

8.4.1　系统测试的定义 ·················· 160

8.4.2　系统测试的类型 ·················· 161

8.4.3　系统测试的停止条件 ·················· 163

8.4.4　系统测试与单元测试、集成测试的区别 ·················· 163

8.5　验收测试 ·················· 163

8.5.1　验收测试的概念 ·················· 163

8.5.2　Alpha 测试 ·················· 164

8.5.3　Beta 测试 ·················· 164

8.6　回归测试 ·················· 165

8.6.1　回归测试前提 ·················· 165

8.6.2　回归测试基本过程 ·················· 166

8.6.3　回归测试用例的选择 ·················· 167

8.6.4　回归测试与一般测试的比较 ·················· 167

本章小结 ·················· 168

本章习题 ·················· 168

第 9 章　面向对象的软件测试 ·················· 169

9.1　面向对象测试基础 ·················· 169

9.1.1　面向对象测试层次 ·················· 169

9.1.2　面向对象测试顺序 ·················· 170

9.1.3　面向对象测试用例 ·················· 170

9.2　面向对象测试模型 ·················· 170

9.2.1　面向对象分析的测试 ·················· 171

9.2.2　面向对象设计的测试 ·················· 173

9.2.3　面向对象编程的测试 ·················· 174

9.3　面向对象的单元测试 ·················· 175

9.3.1　单元的定义 ·················· 175

9.3.2　以方法为单元 ·················· 177

9.3.3　以类为单元 ·················· 178

9.3.4　面向对象单元测试的特殊性 ·················· 179

9.4　面向对象的集成测试 ·················· 180

9.4.1　面向对象集成测试基础 ·················· 180

9.4.2　基于 UML 集成测试参考模型 ·················· 182

　　9.5　面向对象的系统测试 ··· 183

本章小结 ··· 184

本章习题 ··· 184

第 10 章　软件缺陷管理和测试评估 ·································· 185

　　10.1　软件缺陷概述 ··· 185

　　　　10.1.1　软件缺陷的类型 ··· 185

　　　　10.1.2　软件缺陷的等级及优先级 ··································· 186

　　　　10.1.3　软件缺陷生命周期 ··· 187

　　10.2　软件缺陷相关信息 ·· 188

　　　　10.2.1　完整软件缺陷信息 ··· 188

　　　　10.2.2　软件缺陷记录 ··· 190

　　10.3　软件缺陷跟踪和分析 ·· 191

　　　　10.3.1　软件缺陷的处理 ··· 192

　　　　10.3.2　软件缺陷的分析 ··· 192

　　　　10.3.3　软件缺陷的跟踪 ··· 194

　　10.4　软件测试评估 ··· 195

　　　　10.4.1　软件测试评估概述 ··· 195

　　　　10.4.2　软件测试评估分类 ··· 196

本章小结 ··· 197

本章习题 ··· 197

第 11 章　软件测试自动化 ··· 198

　　11.1　自动化测试的定义 ·· 198

　　　　11.1.1　概念 ·· 198

　　　　11.1.2　自动化测试的优点 ··· 198

　　　　11.1.3　自动化测试的局限性 ··· 200

　　　　11.1.4　自动化测试的适用范围 ······································ 200

　　11.2　自动化测试原理 ·· 201

　　　　11.2.1　代码分析 ·· 201

　　　　11.2.2　录制回放技术 ··· 202

　　　　11.2.3　脚本技术 ·· 202

　　　　11.2.4　虚拟用户技术 ··· 204

　　11.3　软件测试工具 ··· 204

　　　　11.3.1　软件测试工具类型 ··· 204

　　　　11.3.2　单元测试工具实例——JUnit ······························· 206

　　　　11.3.3　性能测试工具实例——LoadRunner ······················ 215

　　　　11.3.4　功能测试工具实例——QTP ································· 225

本章小结 ··· 234

　本章习题 ……………………………………………………………………………… 234

附录A　软件测试相关文档模板 ………………………………………………… 235

　　附录 A.1　代码审查单 ……………………………………………………………… 238

　　附录 A.2　代码走查报告 …………………………………………………………… 240

　　附录 A.3　软件测试计划模板 ……………………………………………………… 241

　　附录 A.4　软件测试用例模板 ……………………………………………………… 244

　　附录 A.5　软件缺陷模板 …………………………………………………………… 245

　　附录 A.6　测试报告模板 …………………………………………………………… 246

参考文献 …………………………………………………………………………… 249

第 1 章

软件质量

本章学习目标：

- 掌握软件质量的概念。
- 掌握四种软件质量模型。

1.1 软件质量的概念

随着计算机应用越来越广泛、深入，软件也越来越复杂。软件质量问题可能导致经济损失甚至灾难性的后果，质量问题还会增加开发和维护软件产品的成本，使软件产品失去市场。本节重点讨论软件质量问题。

1. 质量

质量（Quality），决定产品存在的价值，是企业的生命。我们先来看一下一些权威机构对质量做出的解释。

在《辞海》中，对质量的解释为"产品或工作的优劣程度"。

国际标准化组织（ISO）给出的质量定义是：反映实体（可单独描述和研究的事物，如活动、过程、产品、组织、体系或人，以及它们各项的任何组合）满足明确和隐含需要能力的特性组合。

IEEE 在"Standard Glossary of Software Engineering Terminology"中给出的质量定义是被普遍接受的概念，即质量是系统、部件或过程满足明确需求。

世界著名的质量管理专家 Juran 博士把"质量"定义为：产品在使用时能成功地满足用户目的的程度。

从众多的定义中，我们可以看到，质量是一个复杂、多层面的概念，如果站在不同的观点上从不同的层面或角度对质量就有着不同的理解。

- 从用户出发的质量观：质量是产品满足使用目的的程度。
- 以产品为中心的质量观：质量是软件的内在特征。
- 生产者的质量观：质量是产品性能符合规格要求的程度。
- 以价值为基准的质量观：质量依赖于顾客愿意付给产品报酬的数量。

因此，有一个很重要的概念和质量息息相关，这个概念就是"用户"，不同的用户对待质量的看法是不同的，质量和用户两者相对存在。

用户的定义至少存在两个范畴——内部的和外部的。

外部用户是产品的实际使用者或服务的对象,是传统意义上大家所认可的用户。

内部用户是更为广泛意义上的用户,用户可以被理解为下一道工序的接受者。在软件生产的环节中有关的人员都可被定义为这一类型的用户,软件的设计者是需求分析人员的用户,编程人员是设计者的用户,软件测试是编程人员的用户。

从质量的定义和不同的理解中可以看到,质量具有"满足用户需求的特征"这个核心含义。质量似乎不是客观的,因为没有什么科学仪器可以直接测出质量来;质量似乎也不是主观的,因为它不仅仅存在于人们的脑海中。其实,质量应该是客观存在的,但是测量它的方法却是主观的。

2. 软件质量

软件质量有多种定义。

《计算机软件质量保证计划规范》(GB/T12504—90)对软件质量的定义是,软件产品中能满足给定需求的各种特性的总和。这些特性称为质量特性,它包括功能性、可靠性、易使用性、时间经济性、资源经济性、可维护性和可移植性等。

ANSI/IEEE std.729 对软件质量的定义是,软件产品中能满足规定的和隐含的与需求能力有关的全部特征和特性,包括:

- 软件产品质量满足用户要求的程度。
- 软件各种属性的组合程度。
- 用户对软件产品的综合反映程度。
- 软件在使用过程中满足用户要求的程度。

从以上定义可以看出,软件质量是软件产品满足使用要求的程度。其中"程度"是由软件的特性或特征集组成的。

1.2 软件质量模型

从软件质量的定义得知软件质量是通过一定的属性集来表示其满足使用要求的程度,那么这些属性集包含的内容就显得很重要了。计算机界对软件质量的属性进行了较多的研究,得到了一些有效的质量模型,包括 McCall 质量模型、Boehm 质量模型、ISO/IEC 9126 质量模型和 Perry 模型。

1.2.1 McCall 质量模型

早期的 McCall 软件质量模型是 1977 年 McCall 和他的同事建立的,他们在这个模型中提出了影响质量因素的分类。软件质量因素按一定方法分成几组,每组反映软件质量的一个方面,称为质量要素。构成一个质量要素的诸因素是对该要素的衡量标准。每个衡量标准由一系列具体的度量构成。模型结构如图 1.1 所示。

如图 1.2 所示为 McCall 模型的示意图,11 个质量因素集中在软件产品的 3 个重要方面:产品操作、产品修改、产品改型。

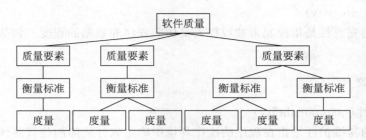

图 1.1 McCall 质量模型结构图

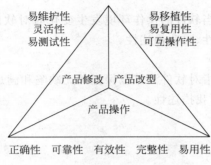

图 1.2 McCall 模型示意图

1. 产品操作

1) 正确性(correctness)

产品操作的正确性是指程序满足规约(specification)及完成用户目标的程度,主要包括易追溯性、一致性和完备性。

- 易追溯性是指在特定的软件开发与操作环境中,能够从软件的需求中寻找出其相应的实现能力与性质。
- 完备性是指软件实现了其全部所需功能的性质。
- 一致性是指在软件设计与实现中使用统一的技术和术语的性质。

2) 有效性(efficiency)

产品操作的有效性是指软件对计算机资源的使用效率,包括:

- 运行效率(execution efficiency)——软件使用最少的处理时间的性质。
- 存储效率(storage efficiency)——软件在操作中对存储空间的需求最小的性质。

3) 易使用性(usability)

产品操作的易使用性是指其学习使用的难易程度。包括操作软件、为软件准备输入数据、解释软件输出结果。

4) 可靠性(reliability)

产品操作的可靠性是指能够防止因为概念、设计和结构等方面的不完善造成的软件系统失效,具有挽回因为操作不当造成的软件系统失效的能力。包括容错性、一致性、准确性和简洁性。

5）完整性（integrity）

产品操作的完整性是指控制未被授权人员访问程序和数据的程度。包括存取控制和存取审查。

2．产品修改

1）易维护性（maintainability）

产品修改的易维护性是指在程序的操作环境中确定软件故障的位置并纠正故障的难易程度。包括一致性、简洁性、简明性、模块性和自我描述性。

2）灵活性（flexibility）

产品修改的灵活性是指当软件的操作环境发生变化时对软件作相应修改的难易程度。包括模块性、一般性、易扩展性、自我描述性。

3）易测试性（testability）

产品修改的易测试性是指对软件测试以保证其无缺陷和满足其规约的难易程度。包括简洁性、模块性、可检视性、自我描述性。

3．产品改型

1）易移植性（portability）

产品改型的易移植性是指将程序从一个运行环境移植到另一个运行环境的难易程度。包括软件独立性、硬件独立性、模块性和自我描述性。

2）易复用性（reusebility）

产品转型的易复用性是指复用一个软件或其部分的难易程度。包括通用性、模块性、自我描述性、硬件独立性、软件独立性。

3）可互操作性（interoperability）

产品转型的可互操作性是指一个软件系统与其他软件系统相互通信并协同完成任务的难易程度。包括通信共同性、数据共同性和模块性。

McCall 模型是层次结构模型，包括质量要素、衡量标准、度量。其中，质量要素和衡量标准之间的关系是通过非形式化的讨论来建立的，是基于人们的直觉的，难以验证和证明。此外，模型没有反映质量要素之间的相互关系，使用时需要根据具体情况决定质量要素的相对重要性。

1.2.2　Boehm 质量模型

1978 年 Boehm 和他的同事提出了分层结构的软件质量模型，除包含了用户期望和需要的概念这一点与 McCall 相同之外，还包括了 McCall 模型中没有的硬件特性。

Boehm 质量模型如图 1.3 所示。

Boehm 模型始于软件的整体效用，从系统交付后涉及不同类型的用户考虑。第一种用户是初始用户，系统做了用户期望的事，用户对系统非常满意；第二种用户是要将软件移植到其他软硬件系统下使用的用户；第三种用户是维护系统的程序员。三种用户都希望系统是可靠有效的。因此，Boehm 模型反映了对软件质量的全过程理解，即软件做了用户要它做的，有效地使用了系统资源，易于用户学习和使用，易于测试和维护。

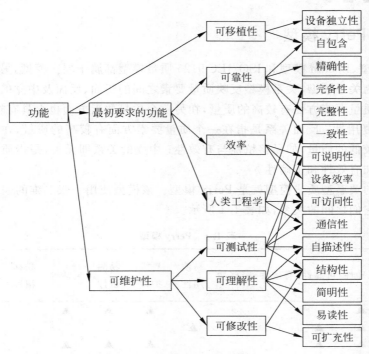

图 1.3 Boehm 质量模型

1.2.3 ISO/IEC 9126 质量模型

20 世纪 90 年代早期,软件工程界试图将诸多的软件质量模型统一到一个模型中,并把这个模型作为度量软件质量的一个国际标准。国际标准化组织和国际电工委员会共同成立的联合技术委员会(JTCI)于 1991 年颁布了 ISO/IEC 9126—1991 标准《软件产品评价——质量模型》的质量模型,共分为 3 个:内部质量模型、外部质量模型、使用质量模型。

外部和内部质量模型如图 1.4 所示,使用质量模型如图 1.5 所示。

图 1.4 外部和内部质量模型

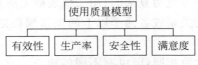

图 1.5 使用质量模型

1.2.4　Perry 模型

McCall 模型、Boehm 模型和 ISO/IEC 9126 质量模型都属于层次模型,另外一种主流的软件质量模型为关系模型,关系模型反映质量要素之间的正面、反面及中立的关系。正面关系是指在一个质量要素方面有较高的质量,在另一个质量要素方面也会具有较高的质量,如易维护性和易复用性;反面关系是指在一个质量要素方面有较高的质量,在另一个质量要素方面会具有较低的质量,如易移植性与有效性;中立的关系即无关,是指质量要素之间不依赖,不影响,如有效性和正确性。

比较著名的关系型质量模型就是 Perry 模型。该模型使用一张二维的表格来表达各个质量属性以及它们之间的关系,如表 1.1 所示。

表 1.1　Perry 模型

▲正面影响 / ▼反面影响 / □无影响	正确性	可靠性	有效性	完整性	易使用性	易维护性	易测试性	灵活性	易移植性	易复用性	可互操作性
易追溯性	▲				▲	▲	▲	▲		▲	
完备性	▲	▲			▲						
一致性	▲					▲	▲	▲			▲
准确性	▲		▼		▲						
容错性	▲		▼				▲				
简洁性	▲	▲				▲		▲	▲		
模块性			▼			▲		▲	▲	▲	▲
一般性		▼	▼	▼				▲		▲	▲
易扩展性			▼					▲		▲	
可检视性			▼			▲	▲	▲		▲	
自我描述性			▼			▲	▲	▲	▲	▲	▲
运行效率			▲						▼		
存储效率			▲				▼		▼		
存取控制			▼	▲	▲			▼			▼
存取审查			▼	▲							
易操作性			▼		▲					▲	
易培训性					▲						
易交流性			▼		▲		▲	▲			
软件独立性			▼						▲	▲	▲
硬件独立性			▼						▲	▲	▲
通信共同性										▲	▲
数据共同性					▼					▲	▲
简明性	▲		▲			▲	▲				▲

对于软件质量属性之间一些更为复杂的、用二维表格无法直接表达的关系,比如质量属性之间的动态可变的相互制约关系或者两个以上的质量属性之间的制约关系,这些模型也不能很好地表达。

各个模型包括的属性集大致相同,但也有不同的地方。这说明软件质量的属性是依赖于人们意志的,基于不同的时期、不同的软件类型、不同的应用领域,软件质量的属性是不同的,这也就是软件质量主观性的表现。

☞本 章 小 结

　　软件质量是软件产品满足用户要求的程度。本章首先介绍了软件质量的概念,之后引申软件质量的内涵。重点介绍了两类软件质量模型的特点和结构。一种是层次模型,如McCall 模型、Boehm 模型、ISO/IEC 9126 模型;另一种是关系模型,如 Perry 模型。

✓本 章 习 题

　　1. 什么是软件质量?
　　2. 简述描述软件质量的属性。
　　3. 详细描述 McCall 质量模型和 ISO/IEC 9126 质量模型的结构和特点。

第2章 软件质量保证概要

本章学习目标：

- 掌握软件质量保证基本概念。
- 掌握软件质量控制基本概念和方法。
- 掌握全面软件质量管理基本概念和 PDCA 方法。
- 掌握软件质量保证活动。
- 了解软件质量管理两大体系标准 CMM/CMMI 和 ISO 9000。

质量管理是指导和控制组织的关于质量的相互协调的活动，质量管理从出现到现在，大体经历了 3 个阶段，分别是：

（1）产品质量检验阶段，是在成品中挑出废品，以保证出厂产品质量。但这种事后检验把关，无法在生产过程中起到预防、控制的作用；

（2）统计质量管理阶段，运用数理统计原理，在发现有废品生产的先兆时就进行分析改进，从而预防废品的产生；

（3）全面质量管理阶段，执行质量职能是公司全体人员的责任。把质量问题作为一个有机整体加以综合分析研究，实施全员、全过程、全企业的管理。

其中的全面质量管理的观点逐渐在全球范围内获得广泛传播，各国都结合自己的实践有所创新发展。

软件质量管理的最主要的活动是质量保证与质量控制。其中质量保证是指定期评估项目整体绩效，建立项目能达到相关质量标准的信心。质量保证对项目的最终结果负责，而且还要对整个项目过程承担质量责任。质量控制是指监测项目的总体结果，判断它们是否符合相关质量标准，并找出如何消除不合格绩效的方法。

2.1 软件质量保证

在 20 世纪以前，质量控制只是由生产产品的工匠承担。随着时间推移，大量生产技术逐渐普及，质量控制由生产者之外的其他人承担。

第一个正式的质量保证和质量控制方案于 1916 年由贝尔实验室提出，此后迅速风靡整个制造行业。在 20 世纪 40 年代，出现了更多正式的质量控制方法，这些方法都将测量和持续的过程改进作为质量管理的关键成分。如今，每个公司都有保证其产品质量的机制。事实上，公司重视质量的明确声明已经成为过去几十年中市场营销的策略。

软件质量保证的历史同步于硬件制造质量保证的历史。在计算机发展的早期(20 世纪50 年代和 20 世纪 60 年代),质量保证只由程序员承担。软件质量保证的标准是 20 世纪70 年代首先在军方的软件开发合同中出现的,此后迅速传遍整个商业界的软件开发中。

2.1.1 软件质量保证定义

软件质量保证(Software Quality Assurance,SQA)和一般的质量保证一样,是确保软件产品从诞生到消亡为止的所有阶段的质量的活动,即确定、达到和维护需要的软件质量而进行的所有有计划、有系统的管理活动。

IEEE 中对软件质量保证定义为:软件质量保证是一种有计划的、系统化的行动模式,它是为项目或者产品符合已有技术需求提供充分信任所必需的信息。也可以说软件质量保证是设计用来评价开发或者制造产品过程的一组活动,这组活动贯穿于软件生产的各个阶段即整个生存周期。

Handbook of Software Quality Assurance 的作者之一 James Dobbins 在他对软件质量保证定义中指出了软件和硬件的差别:与硬件系统不同,软件不会磨损,因此在软件交付之后,其可用性不会随时间的推移而改变。软件质量保证就是一个系统性的工作,以提高软件交付时的水平。

对软件质量保证可以通过以下几方面理解:

(1)软件质量保证的重要工作是通过预防、检查与改进来保证软件质量;

(2)软件质量保证通过"全面质量管理"和"过程改进"的原理开展质量保证工作;

(3)虽然在软件质量保证的活动中也有一些测试活动,但软件质量保证所关注的是对软件质量的检查与度量;

(4)软件质量保证的工作是对软件生命周期的管理以及验证软件是否满足规定的质量和用户需求,因此主要着眼于软件开发活动中的过程、步骤和产物,而不是对软件剖析,找出问题或评估;

(5)软件质量保证的主要职责是检查和评价当前软件开发的过程,找出过程改进的方法,以达到防止软件缺陷出现的目标;

(6)要为软件产品的质量提供某种可视性,知道哪些地方有质量问题,便于改进方法和措施,提高软件产品的质量。

2.1.2 软件质量保证内容

软件质量保证(SQA)包括以下几方面内容:

(1)SQA 过程。

(2)具体的质量保证和质量控制任务(包括技术评审和多层次测试策略)。

(3)有效的软件工程实践(方法和工具)。

(4)对所有软件工作产品及其变更的控制。

(5)保证符合软件开发标准的规程(当适用时)。

(6)测量和报告机制。

其中的管理问题和特定的过程活动,使软件组织确保"在恰当的时间以正确的方式做正确的事情"的具体活动。

2.1.3　软件质量保证要素

软件质量保证涵盖了广泛的内容和活动,这些内容和活动侧重于软件质量管理,可以归纳如下:

(1) 标准:IEEE、ISO 及其他标准化组织制定了一系列广泛的软件工程标准和相关文件。标准可能是软件工程组织自愿采用的,或者是客户或其他利益相关者责成采用的。软件质量保证的任务是要确保遵循所采用的标准,并保证所有的工作产品符合标准。

(2) 评审和审核:技术评审是由软件工程师执行的质量控制活动,目的是发现错误。审核是一种由 SQA 人员执行的评审,意图是确保软件工程工作遵循质量准则。例如,要对评审过程进行审核,确保以最有可能发现错误的方式进行评审。

(3) 测试:软件测试是一种质量控制功能,它有一个基本目标——发现错误。SQA 的任务是要确保测试计划适当和实施有效,以便尽可能地实现软件测试的基本目标。

(4) 错误/缺陷的收集和分析:改进的唯一途径是衡量如何做。软件质量保证人员收集和分析错误和缺陷数据,以便更好地了解错误是如何引入的,以及什么样的软件工程活动最适合消除它们。

(5) 变更管理:变更是对所有软件项目最具破坏性的一个方面。如果没有适当的管理,变更可能会导致混乱,而混乱会直接导致软件的质量低下。软件质量保证确保进行足够的变更管理实践。

(6) 教育:每个软件组织都想改善其软件工程实践。改善的关键因素是对软件工程师、项目经理和其他利益相关者的教育。软件质量保证组织牵头软件过程改进,同时也作为教育计划的关键支持者和发起者。

(7) 安全管理:随着网络犯罪和新的关于隐私的政府法规的增加,每个软件组织应制定政策,在各个层面保护数据,建立防火墙保护 Web 应用系统,并确保软件在内部没有被篡改。软件质量保证确保应用适当的过程和技术来实现软件安全。

(8) 安全:因为软件作为设计系统(例如,汽车应用或飞机应用)的关键组成部分,潜在缺陷的影响可能是灾难性的。软件质量保证需要负责评估软件失效的影响,并负责启动那些减少风险所必需的步骤。

(9) 风险管理:尽管分析和减轻风险是软件工程师考虑的事情,但是软件质量保证组应确保风险管理活动适当进行,且已经建立风险相关的应急计划。

此外,软件质量保证还确保将质量作为主要关注对象的软件支持活动(如维修、求助热线、文件和手册)高质量地进行和开展。

2.1.4　软件质量保证计划

软件质量保证计划为软件质量保证提供了一张路线图。该计划由 SQA 小组(或者软件团队)制定,作为各个软件项目中 SQA 活动的模板。

IEEE 公布了一个 SQA 计划标准,该标准建议 SQA 计划应包括:

(1) 计划的目的和范围。

（2）SQA 覆盖的所有软件工程工作产品的描述（例如，模型、文档、源代码）。

（3）应用于软件过程中的所有适用的标准和习惯做法。

（4）SQA 活动和任务（包括评审和审核）以及它们在整个软件过程中的位置。

（5）支持 SQA 活动和任务的工具和方法。

（6）软件配置管理的规程。

（7）收集、保护和维护所有 SQA 相关记录的方法。

（8）与产品质量相关的组织角色和责任。

2.1.5　软件质量保证素质

软件质量保证素质是指：

（1）以过程为中心，即应当站在过程的角度来考虑问题，只要保证了过程，SQA 就尽到了责任。

（2）专业的服务精神，即为项目组服务，帮助项目组确保正确执行过程。

（3）了解过程，即深刻了解企业的过程，并具有一定的过程管理理论知识。

（4）了解开发，即对开发工作的基本情况了解，能够理解项目的活动。

（5）良好的沟通技巧，即善于沟通，能够营造良好的气氛，避免审计活动成为一种找茬活动。

2.1.6　软件质量保证的组织结构

在国内大多数企业，SQA 组织结构可划分为三类：职能结构、矩阵结构以及两者结合而成的柔性结构。

1. 职能结构

在职能结构中，各个职能部门设立自己的岗位，位于高级经理之下，独立于项目组。SQA 直接对高级经理负责，但业务上需要向项目经理汇报，属于项目成员。

职能结构的优点：SQA 容易融入项目组，易于发现实质性的问题，解决问题也很快捷。

职能结构的缺点：各职能部门相对独立，部门之间的经验缺乏交流和共享，还可能出现对过程、方法和工具研究的重复性投资。

在这种组织结构下，由于高级经理专注于业务的发展，SQA 的职业发展容易受到忽视，难于接受到应有的培训和提升。

2. 矩阵结构

在矩阵结构中，设立了专门的 SQA 部门，与各业务职能部门平级。SQA 隶属于 SQA 部，行政上向 SQA 经理负责，业务上向业务部门的高级经理和项目经理汇报。

矩阵结构的优点：在这种组织结构中，由 SQA 部经理对 SQA 考评和授权，有利于保证 SQA 的独立性和评价的客观性，也有利于确保组织的长期利益与项目（或个人）的短期利益之间的平衡；SQA 资源为所有项目所共享，可按照项目优先级动态调配，资源利用更充分；此外，SQA 部门对 SQA 流程的改进、SQA 知识的管理、SQA 人员的发展负责，并可集中资源进行 SQA 平台的建设，以防止重复性的投资。

矩阵结构的缺点：在矩阵结构中，SQA难于融入项目组，发现的问题也很少能得到及时有效地解决；因资源为所有项目共享，也可能出现资源竞争冲突。

3. 柔性结构

柔性结构是职能结构和矩阵结构的混合形态，在职能结构的基础上建立了SQA组。

2.1.7　软件质量保证的岗位职责

在软件能力成熟度模型集成(Capability Maturity Model Integration，CMMI)中，SQA的主要工作是过程评审和产品审计。从实践经验来看，SQA只完成这两项工作很难体现出SQA的价值。为了让SQA组织发挥更多的作用，就应该根据企业需要适当增加SQA的职责，比如过程指导、过程度量和过程改进等。

(1) 过程指导主要是项目前期辅助项目经理制定项目计划(包括辅助定义或修改项目过程和过程模型、协助项目估计、建立项目验收准则、设置质量目标等)，对项目成员进行过程和规范的培训以及在过程中进行指导等。

(2) 过程度量(包括产品度量)在CMMI中已经成为CMMI ML2(Maturity Level 2，成熟度2级)级中一个单独的过程域，但却是对所有过程的一个共性要求。特别是成熟度越高，对度量的要求也越高，难度也越大。这就要求有专业的人员来负责，SQA就是一个很好的选择。主要职责包括收集、统计、分析度量数据，以支持管理信息需求。

(3) 过程改进在CMMI中主要是工程过程小组(Engineering Process Group，EPG)的职责。但事实上，SQA更接近于过程实施的环节，更了解过程运行的情况，也就更容易发现"木桶中最短的那块"。同时，SQA也是改进过程实施的重要推动力量。

软件质量保证由各种任务构成，分别与两种不同的参与者相关——负责技术工作的软件工程师和负责质量保证的计划、监督、记录、分析及报告工作的软件质量保证(SQA)小组。软件工程师通过采用可靠的技术方法和措施，进行正式的技术复审、执行计划周密的软件测试来保证软件质量。SQA小组主要辅助软件工程小组得到高质量的最终产品，对项目准备SQA计划，如确定需要进行的评价、需要进行的审计和复审、项目可采用的标准等；参与开发项目的软件过程描述，以保证该过程与组织政策、内部软件标准、外界所订标准以及软件项目计划的其他部分相符；复审各项软件工程活动，对其是否符合定义好的软件过程进行核实；审计指定的软件工作产品，对其是否符合定义好的软件过程中的相应部分进行核实；确保软件工作及工作产品中的偏差已被记录，并根据预定规程进行处理；记录所有不符合的部分，并报告给高级管理者等。

2.2　软件质量控制

2.2.1　软件质量控制的基本概念

1. 软件质量控制定义

从软件质量控制本身的技术意义上说，软件质量控制可做如下定义：软件质量控制是一组由开发组织使用的程序和方法,使用它可在规定的资金投入和时间限制的条件下,提供满足客户质量要求的软件产品并持续不断地改善开发过程和开发组织本身,以提高将来生产高质量软件产品的能力。根据这个定义,可以看到软件质量控制包括如下几方面的含义:

(1) 软件质量控制是开发组织执行的一系列过程。

(2) 软件质量控制的目标是以最低的代价获得客户满意的软件产品。

(3) 对于开发组织本身来说,软件质量控制的另一个目标是从每一次开发过程中学习以便使软件质量控制一次比一次更好。

因此,软件质量控制是一个过程,是软件开发组织为了得到客户规定的软件产品的质量而进行的软件构造、度量、评审以及采取一切其他适当活动的一个计划过程;同时,它也是一组程序,是软件开发组织为了不断改善自己的开发过程而执行的一组程序。

2．软件质量控制和软件质量管理

软件质量控制是对开发过程中的软件产品的质量特性进行连续的收集和反馈,通过质量管理和配置管理机制,使软件开发进程向着既定的质量目标发展。因此,质量控制是质量管理的路标和动力,而质量管理是质量控制的执行机制,两者的紧密结合构成了软件质量控制系统,软件质量控制系统的基本结构如图 2.1 所示。

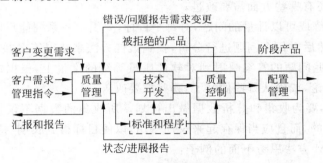

图 2.1　软件质量控制系统的基本结构

由图 2.1 可以看到,质量管理是执行机构,技术开发是它的执行对象;质量管理不仅直接作用于技术开发,而且通过质量控制功能和配置管理功能间接地作用于技术开发。同时,质量控制和配置管理还控制作为执行机构的质量管理。质量控制承担着两方面的度量,一是度量与计划和定义开发过程的一致性;二是度量产品或阶段性产品是否达到了质量要求。通过这种度量、信息收集、反馈和控制,就可以保证开发的产品能够达到可以信赖的程度。配置管理承担保管基线产品的职责。

3．软件质量保证与软件质量控制

软件质量保证一般是每隔一定时间(如每个阶段末)进行,主要通过系统的质量审计和过程分析来保证项目的质量。软件质量控制是实时监控项目的具体结果,以判断他们是否符合相关质量标准,制定有效方案,消除产生质量问题的原因。一定时间内软件质量控制的结果也是软件质量保证的质量审计对象。软件质量保证的成果又可以指导下一阶段的质量工作,包括软件质量控制和软件质量改进。

2.2.2　软件质量控制的基本方法

用于软件质量控制的一般性方法有目标问题度量法、风险管理法、PDCA 质量控制法。本小节重点介绍目标问题度量法和风险管理法，PDCA 方法在本章全面质量管理部分介绍。

1. 目标问题度量法

目标问题度量（Goal-Question-Metric，GQM）方法是由 Maryland 大学的 Victor Basili 开发出来的，是一种严格的面向目标的度量方法，在这种方法中，目标、问题和度量被紧密地结合在一起。这里的目标是客户所希望的质量需求的定量的说明。为建立起客户需求的软件质量度量标准，首先应该依据这些目标拟定一系列问题，然后根据这些问题的答案使产品的质量特性定量化，再根据产品定量化的质量特性与质量需求之间的差异，有针对性地控制开发过程和开发活动，或有针对性地控制质量管理机构，从而改善开发过程和产品质量。

可以根据下面四个步骤来开展工作：

（1）对一个项目的各个方面（产品、过程和资源）建立具体的目标，目标的表达应该非常明确。一方面可以更好地理解在开发期间发生了什么；另一方面，可以更容易地评估已经做好了哪些方面，还有哪些方面需要改进；

（2）把目标提炼成可以计量的问题，对每个目标，要引出一系列能反映出这个目标是否达到要求的问题，然后对每个问题进行分析，找到最佳方法来获得答案并确定需要的度量；

（3）将回答这些问题的答案映射到对软件质量等级的度量上，根据这种度量得出软件目标是否达到的结论，或确认哪些做好了，哪些需要改善；

（4）收集数据，要为收集和分析数据做出计划。所收集的数据不仅在分析和度量质量目标时是必不可少的，而且应当保存起来长期使用，以便目标得到长期、持续的改善。

我们来用 GQM 方法思考下面的例子：

目标：确定一种新的编程语言 Jae 的效果。

问题：

（1）使用 Jae 语言的程序员是谁？

（2）使用 Jae 语言编写的软件代码质量如何？

（3）使用 Jae 语言编写代码的生产率如何？

度量：

（1）具有多年编程经验的开发者的百分比；

（2）每千行代码中的缺陷数；

（3）每月编写代码的行数。

GQM 是一种关注软件度量的严谨方法，度量可以来自不同的观点。例如，高级经理的观点、项目小组的观点等。他总是首先确定目标，再确定问题和度量。软件过程改进有两种重要的方法：自顶向下和自底向上。自顶向下是以评估和测试为基础的，如 CMMI、SPICE（Software Process Improvement and Capability Determination，软件过程改进和能力测试）、ISO 9000，而 GQM 是一种自底向上的改进方法，他关注的焦点是与某个具体目标相关的改进。在实践中这两种方法常常一起使用。

2. 风险管理法

风险管理法是识别和控制软件开发中对成功地达到目标(包括软件质量目标)危害最大的那些因素的一个系统性方法。风险管理的目的是最小化风险对项目目标的负面影响,抓住风险带来的机会,增加项目的收益。风险管理法一般包括两部分内容:一是风险估计和风险控制;二是选择用来进行风险估计和风险控制的技术。风险管理法的实施要进行如下几个步骤:

(1) 根据经验识别项目要素的有关风险,如项目风险、技术风险和商业风险;

(2) 评估风险发生的概率和发生的代价,如风险是可忽略的、轻微的、严重的还是灾难性的;

(3) 按发生概率和代价划分风险等级并排序,高概率、代价高的风险要优先处理;

(4) 在项目限定条件下选择控制风险的技术并制定计划,如风险规避、风险缓解、风险转移等;

(5) 执行计划并监视进程,保证风险计划的执行;

(6) 持续评估风险状态并采取正确的措施。

美国卡内基 • 梅隆大学(Carnegie Mello University,CMU)的软件工程研究所(Software Engineering Institute,SEI)是软件工程研究与应用的权威机构,旨在领导、改进软件工程实践,以提高软件系统的质量。SEI 风险控制将风险管理法的实施总结为 5 个步骤,即风险识别、风险分析、风险计划、风险控制和风险跟踪,各个步骤之间的关系如图 2.2 所示。

图 2.2 SEI 风险管理模型

与目标问题度量法相比,风险管理法中质量控制技术的使用目的更有针对性,直接针对最具危险的、严重影响质量的关键因素。同时正确地选择质量控制技术是风险管理法的重要部分,而目标问题度量法更多地关注质量目标及监视它们的改善进程。

2.3 软件质量保证目标和任务

2.3.1 软件质量保证的目标

软件质量保证的目标是以独立审查的方式,从第三方的角度监控软件开发任务的执行,就软件项目是否正确遵循已制定的计划、标准和规程给开发人员和管理层提供反映产品和过程质量的信息和数据,提高项目透明度,同时辅助软件工程组取得高质量的软件产品。

软件质量保证向管理者提供对软件过程进行全面监控的手段,使软件过程对于管理人员来说是可见的。它通过对软件产品和活动进行评审和审计来验证它们是否符合相应的规程和标准,同时给项目管理者提供这些评审和审计的结果。

执行上述软件质量保证活动,以实现一套务实的目标:

(1) 需求质量,需求模型的正确性、完整性和一致性将对所有后续工作产品的质量有很大的影响。软件质量保证必须确保软件团队严格评审需求模型,以达到高水平的质量。

(2) 设计质量,软件团队应该评估设计模型的每个元素,以确保设计模型显示出高质量,并且设计本身符合需求。SQA寻找能反映设计质量的属性。

(3) 代码质量,源代码和相关的工作产品(例如,其他说明资料)必须符合本地的编码标准,并显示出易于维护的特点。SQA应该找出那些能合理分析代码质量的属性。

(4) 质量控制有效性,软件团队应使用有限的资源,在某种程度上最有可能得到高品质的结果。SQA分析在评审和测试上的资源分配,评估是否以最有效的方式进行分配的。

对于所讨论的每个目标,表2.1标出了现有的质量属性。可以使用度量数据来标明所示属性的相对强度。

表 2.1　软件质量目标、属性和度量

目　标	属　性	度　量
需求质量	歧义	引起歧义地方的修改数量
	完备性	TBA、TBD 的数量
	可理解性	节/小节的数量
	易变性	每项需求变更的数量;变更所需要的时间(通过活动)
	可追溯性	不能追溯到设计/代码的需求数
	模型清晰性	UML 模型数;每个模型中描述文字的页数;UML 错误数
设计质量	体系结构完整性	是否存在现成的体系结构模型
	构件完备性	追溯到结构模型的构件数;过程设计的复杂性
	接口复杂性	一个典型功能或内容的平均数;布局合理性
	模式	使用的模式数量
代码质量	复杂性	环路复杂性
	可维护性	设计要素
	可理解性	内部注释的百分比;变量命名约定
	可重用性	可重用构件的百分比
	文档	可读性指数
质量控制效率	资源分配	每个活动花费的人员时间百分比
	完成率	实际完成时间与预算完成时间之比
	评审效率	评审度量
	测试效率	发现的错误及关键性问题数;改正每个错误所需的工作量;错误的根源

SQA总目标是要减少并纠正实际的软件开发过程和软件开发结果与预期的软件开发过程和软件开发结果的不符合情况。通过在软件开发周期中尽可能早地预期或检测到不符合情况(错误),来防止错误的发生,并减少错误纠正的成本,错误发现得越早,造成的损失越

小,修改的代价也越小。软件开发可分需求分析(Requirements Analysis)、规格定义(Software Specifications)、设计(Design)、编码(Coding)、测试(Testing)、维护(Maintenance)不同阶段,各阶段质量保证的目标如下:

(1) 需求分析。

① 确保客户提出的要求是可行的;

② 确保客户了解自己提出的需求的含义,并且这个需求能够真正达到他们的目标;

③ 确保开发人员和客户对于需求没有误解或者误会;

④ 确保按照需求实现的软件系统能够满足客户提出的要求。

(2) 规格定义。

① 确保规格定义能够完全符合、支持和覆盖前面描述的系统需求;

② 可以采用建立需求跟踪文档和需求实现矩阵的方式;

③ 确保规格定义满足系统需求的性能、可维护性、灵活性的要求;

④ 确保规格定义是可以测试的,并且建立了测试策略;

⑤ 确保建立了可行的、包含评审活动的开发进度表;

⑥ 确保建立了正式的变更控制流程。

(3) 设计。

① 确保建立了设计的描述标准,并且按照该标准进行设计;

② 确保设计变更被正确的跟踪、控制、文档化;

③ 确保按照计划进行设计评审;

④ 确保设计在按照评审准则评审通过并被正式批准之前,没有开始正式编码。

(4) 编码。

① 确保建立了编码规范、文档格式标准,并且按照该标准进行编码;

② 确保代码被正确地测试和集成,代码的修改符合变更控制和版本控制流程;

③ 确保按照计划的进度编写代码;

④ 确保按照计划的进度进行代码评审。

(5) 测试。

① 确保建立了测试计划,并按照测试计划进行测试;

② 确保测试计划覆盖了所有的系统规格定义和系统需求;

③ 确保经过测试和调试,软件仍旧符合系统规格和需求定义。

(6) 维护。

① 确保代码和文档同步更新,保持一致;

② 确保建立了变更控制流程和版本控制流程,并按照这些流程管理维护过程中的产品变化;

③ 确保代码的更改仍旧符合编码规范、通过代码评审,并且不会造成垃圾代码或冗余代码。

2.3.2 软件质量保证的任务

软件质量保证的主要任务是为了提高软件的质量和软件的生产率,大致可归为如下8点:

（1）正确定义用户要求。

① 熟练掌握正确定义用户要求的技术；

② 熟练使用和指导他人使用定义软件需求的支持工具；

③ 重视领导全体开发人员收集和积累有关用户业务领域的各种业务的资料和技术技能。

（2）力争不重复劳动。

① 考虑哪些已有软件可以复用；

② 在开发过程中，随时考虑所生产软件的复用性。

（3）技术方法的应用。

在开发软件的过程中大力使用和推行软件工程学中所介绍的开发方法和工具。

① 使用先进的开发技术，如结构化技术、面向对象技术；

② 使用数据库技术或网络化技术；

③ 应用开发工具或环境；

④ 改进开发过程。

（4）组织外部力量协作。

改善对外部协作部门的管理。必须明确规定进度管理、质量管理、交接检查、维护体制等各方面的要求，建立跟踪检查的体制。

（5）排除无效劳动。

① 大的无效劳动是因需求规格说明有误、设计有误而造成的返工。应定量记录返工工作量，收集和分析返工劳动花费数据；

② 较大的无效劳动是重复劳动，即相似的软件在几个地方同时开发；

③ 建立信息交流、信息来往通畅、具有横向交流特征的信息流通网。

（6）发挥每个开发者的能力。

① 软件生产是人的智能生产活动，它依赖于人的能力和开发组织团队的能力；

② 开发者必须有学习各专业业务知识、生产技术和管理技术的能动性；

③ 管理者或产品服务者要制定技术培训计划、技术水平标准以及适用于将来需要的中长期技术培训计划。

（7）提高软件开发的工程能力。

① 要想生产出高质量的软件产品必须有高水平的软件工程能力；

② 在软件开发环境或软件工具箱的支持下，运用先进的开发技术、工具和管理方法开发软件的能力。

（8）提高计划和管理质量能力。

① 项目开发初期计划阶段的项目计划评价；

② 计划执行过程中及计划完成报告的评价；

③ 将评价、评审工作在工程实施之前就列入整个开发工程的工程计划中；

④ 提高软件开发项目管理的精确度。

综上所述，过去的软件市场只是一种技术交易，成功的关键取决于软件的功能。时至今日，竞争对手在软件的功能上可以很快地赶超对方，成功的一个有力保障就是软件质量保证。

2.4 软件质量保证活动

选择和确定 SQA 活动的目的是策划在整个项目开发过程中所需要进行的质量保证活动。软件质量保证活动应与整个项目的开发计划和配置管理计划相一致。SQA 主要活动包括：识别质量需求；参与项目计划的制定；制定 SQA 计划；按照 SQA 计划评审工作产品；按照 SQA 计划实施审核工作；编写 SQA 报告，通知相关人；处理不合格项；监控软件产品的质量；采集软件质量保证活动的数据；度量软件质量保证活动。

1. 识别质量需求

SQA 小组应参与项目组的需求开发工作，站在客户的角度，协助项目组识别质量指标和可能的质量风险，反应在系统需求中。

2. 参与项目计划制定

(1) SQA 小组进行有关项目计划、标准和规程的咨询；

(2) SQA 小组验证项目计划、标准、规程是否到位，且可用于评审和审核项目；

(3) SQA 小组参与项目计划的评审。

3. 制定 SQA 计划

(1) 在项目计划制定的同时，SQA 小组负责制定 SQA 计划；

(2) 项目经理、项目组、SCM(Software Configuration Management，软件配置管理)小组评审 SQA 计划；

(3) SQA 计划经 SQA 经理审核、CCB(Configuration Control Board，配置控制委员会)批准后纳入配置管理。

4. SQA 小组评审工作产品

(1) 依据 SQA 计划，SQA 小组可以使用下列方式评审工作产品。

- SQA 小组参与项目组评审；
- SQA 小组独立对工作产品评审；
- SQA 小组邀请别的专家评审工作产品。

(2) 依据适用的标准、规程和合同需求，SQA 小组客观的评价工作产品。

(3) SQA 小组识别和记录工作产品中的不合格项，验证纠正结果，跟踪到问题关闭。

5. SQA 小组实施审核工作

(1) 根据 SQA 计划，SQA 小组审核项目组和相关组的活动，评价其与计划、适用的标准和规程的一致性。

(2) SQA 小组记录和识别项目活动中的不合格项，验证纠正结果，跟踪到问题关闭。

6. SQA 小组报告

(1) SQA 小组应及时提交审核报告或不合格项报告给项目经理及项目组相关人员；

（2）SQA 人员定期（一般是每周）提交 SQA 报告给项目经理和 SQA 经理；

（3）SQA 经理定期（一般是每月）提交 SQA 报告给高层管理和 SEPG（Software Engineering Process Group，软件工程过程组）。

7. 处理不合格项

（1）SQA 小组提交不合格报告给项目组相关人；

（2）项目经理负责在规定的期限内进行处理；

（3）SQA 小组将项目组未能及时处理的不合格项报告高层管理者（事业部、研究所高层管理或产品办公室）；

（4）高层管理者负责这些不合格项的裁决；

（5）SQA 人员跟踪不合格项到关闭。

8. 监控软件产品质量

（1）对软件产品的验收；

（2）把握采购软件的质量；

（3）监控分承包商的软件质量保证工作。

9. 收集项目各个阶段数据

（1）记录不协调事项；

（2）跟踪不协调事项直至解决；

（3）收集各阶段的评审和审计情况。

10. 度量软件质量保证活动

（1）度量目的是为了判断 SQA 活动的成本和进度状态，主要包括：

• 与其计划相比，SQA 活动完成的里程碑数；

• 在 SQA 活动中完成的工作，花费的工作量及支出的费用；

• 与其计划相比，产品审计和活动评审的次数。

（2）SQA 活动应接受以下的验证：

• 事业部、研究所管理层、产品办公室定期或事件驱动的评审 SQA 活动；

• 项目经理定期或事件驱动的评审 SQA 活动；

• SEPG 或其他研究所的 SQA 小组定期或事件驱动的评审 SQA 活动；

• 合适时，客户的 SQA 人员定期评审 SQA 活动。

2.5 全面软件质量管理

2.5.1 全面软件质量管理定义

全面质量管理（Total Quality Management，TQM）是一个组织以质量为中心，以全员参与为基础，目的在于通过让顾客满意和本组织所有成员及社会受益而达到长期成功的一种质量管理模式。步骤如下：

（1）是指一个连续的过程改进系统，目标是开发一个看得见的、可重复的和可度量的过程；

（2）检查影响过程的无形因素，并优化这些因素对过程的影响；

（3）关注产品的用户，通过检查用户使用产品的方式，促进产品本身的改进和（潜在地）改进产品的生产过程；

（4）将管理者的注意力从当前的产品上移开并拓宽，这是一个面向商业的步骤，通过观察产品在市场上的用途，寻找产品在可以识别的相关领域中的发展机会。

TQM的核心思想是：

（1）全员性——全员参与质量管理。

（2）全过程性——管理好质量形成的全过程。

（3）全面性——管理好质量涉及的各个要素。

2.5.2 全面软件质量管理四个要素

全面质量管理包含如下四个要素。

（1）关注客户：目标是取得全面客户满意度，包括收集和研究客户的期望和需求，测量和管理客户满意度。

（2）过程改进：目标是降低过程的变化性，获得持续的过程改进，包括商业过程和产品过程。

（3）质量的人性化要素：目标是在全组织内营造质量文化，重点包括领导能力、管理承诺、全面参与、职员授权及其他社会、心理、人文因素。

（4）度量和分析：目标是推进所有质量参数的持续改进。

2.5.3 全面软件质量管理三个原则

全面软件质量管理应遵循如下三个原则。

1. 系统的原则

产品质量的形成和发展过程包括了许多相互联系、相互制约的环节，不论是保证和提高产品质量还是解决产品质量问题，都应该把生产企业看成一个开放的系统，运用系统科学的原理和方法，对所有环节进行全面的组织管理。

2. 向用户服务的观点，用户满意是第一原则

要树立质量第一、用户第一的思想，满足广义用户（产品的使用者以及企业生产过程的下一阶段）对产品质量的要求。

3. 预防为主的原则，事前主动进行质量管理

这个观点要求生产企业的质量管理重点应从事后检验把关转移到事前预防，从管理结果转变为管理因素，找出影响产品质量的各种因素，抓住主要因素，使生产经营活动处于受

控状态。

2.5.4　全面软件质量管理方法

全面质量管理最重要的方法是 PDCA 循环，最早由美国质量管理专家戴明提出来的，所以又称为"戴明环"。PDCA 的含义如下：P(Plan)——计划；D(Do)——执行；C(Check)——检查；A(Action)——处理，它反映了质量工作过程的 4 个阶段，通过 4 个阶段循环不断地改善质量。对总结检查的结果进行处理，成功的经验加以肯定并适当推广、标准化；失败的教训加以总结，未解决的问题放到下一个 PDCA 循环里，如图 2.3 所示。

PDCA 循环具有四个明显特点。

1．周而复始

PDCA 循环的四个过程不是运行一次就完结，而是周而复始地进行。一个循环结束了，解决了一部分问题，可能还有问题没有解决，或者又出现了新的问题，再进行下一个 PDCA 循环，以此类推。

2．大环带小环

一个公司或组织的整体运行的体系与其内部各子体系的关系，是大环带小环的有机逻辑组合体，彼此协同，互相促进，如图 2.4 所示。

图 2.3　PDCA 循环的基本模型

图 2.4　PDCA 循环的大环带小环

3．阶梯式上升

PDCA 循环不是停留在一个水平上的循环，不断解决问题的过程就是水平逐步上升的过程，如图 2.5 所示。

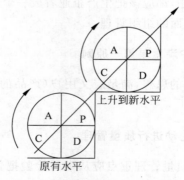

图 2.5　PDCA 循环的阶梯式上升

4．统计的工具

PDCA 循环应用了科学的统计观念和处理方法。作为推动工作、发现问题和解决问题的有效工具，典型的模式被称为"四个阶段"、"八个步骤"和"七种工具"。

PDCA 的四个阶段分别是 P（Plan）——计划、D（Do）——执行、C（Check）——检查、A（Action）——处理。

PDCA 的八个步骤如下：

（1）分析现状，找出所有存在的质量问题和主要质量问题。尽可能用数据说明存在的质量问题，要注意克服"没有问题"、"质量尚可"的自满情绪；

（2）诊断分析产生质量缺陷的各种影响因素。逐个问题，逐个因素加以分析，把所有差错都列出来；

（3）找出影响质量的主要因素。影响质量的因素是多方面的，要解决质量问题，就必须找出影响质量的主要因素，以便从主要矛盾入手，使其迎刃而解；

（4）针对影响质量的主要因素，制定措施，提出改善计划，预计效果。制定的措施和改善计划要具体、明确，可采用"5W＋1H"的方法，5W 即 What（达到什么目标）、When（什么时间完成）、Where（在何处执行）、Why（为什么要制定这个措施）、Who（由谁负责完成），1H 即 How（怎样执行）。

以上步骤（1）～（4）是 P（计划）阶段的具体化。

（5）执行既定计划和措施是 D（执行）阶段要完成的工作；

（6）根据要改善的计划要求，检查、验证执行结果。计划安排的措施是否落实，是否达到预期的效果是 C（检查）阶段要完成的工作；

（7）根据检查结果进行总结，把成果的经验和失败的教训都纳入到有关的标准、制度和规定之中，巩固已经取得的成绩，防止"差错"重现；

（8）把没有解决或新出现的问题转入下一个 PDCA 循环中去解决。

步骤（7）和（8）是 A（处理）阶段的具体化。

戴明不仅是从科学的层面来改进生产程序，还特别指出"质量管理 98％的挑战在于发掘企业上的知识诀窍"。戴明推崇团队精神、跨部门合作、严格的培训以及同供应商的紧密合作。

七种工具是指在质量管理中广泛应用的统计分析表、分层法、散布图、因果图、控制图、直方图、帕累托图。这七种工具，大多采用数理统计方法，以从生产中收集到的数据为依据，适于过程的分析和控制，是质量管理中最为常用的分析工具。

统计分析表是利用统计表对数据进行整理和储备分析原因的一种工具，如图 2.6 所示。

影响质量因素	频数	排序
A	4	3
B	12	1
C	2	4
D	7	2
合计	25	

图 2.6　统计分析表

分层法又称分类法,即把收集来的原始质量数据,按照一定的目的和要求加以分类整理,以便分析质量问题及其影响因素的一种方法。如图 2.7 和图 2.8 所示,其中图 2.7 是将某轧钢厂某月的废品按废品项目分类整理,图 2.8 是按操作者分类整理的。

废品项目	废品数量(t)			
	甲	乙	丙	合计
尺寸超差	30	20	15	65
轧废	10	23	10	43
耳子	5	10	20	35
压痕	8	4	8	20
其他	3	1	2	6
小计	56	58	55	169

图 2.7   某轧钢厂某月的废品按废品项目分层数据

操作者	漏油数	不漏油数	漏油发生率
甲	6	13	0.32
乙	3	9	0.25
丙	10	9	0.53
小计	19	31	0.38

图 2.8   某轧钢厂某月的废品按操作者分层数据

散布图又叫相关图,是通过分析研究两种因素的数据的关系,来控制影响产品质量的相关因素的一种有效方法。相关关系一般可为原因与结果的关系、结果与结果的关系、原因与原因的关系。

简单地说,散布图的形式就是一个直角坐标系,它是以自变量 x 的值作为横坐标,以因变量 y 的值为纵坐标,通过描点作图的方法在坐标系内形成一系列的点状图形,如图 2.9 所示。

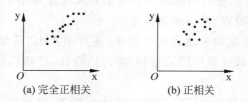

(a) 完全正相关   (b) 正相关

图 2.9   散布图

在图 2.9(a)表示 x 增大,y 随之增大,是完全正相关;图 2.9(b)是 x 增大,y 基本上随之增大。这表明此时除了因素 x 之外,y 还受其他因素影响,称之为正相关。

因果图又称鱼骨图、树枝图等,是一种逐步深入研究和讨论质量问题的图示方法。因果图是以结果作为特性,以原因作为因素,在它们之间用箭头联系表示因果关系,如图 2.10 所示。在图中,枝干分为大枝、中枝、小枝和细枝,它们分别代表大大小小不同的原因。

控制图又称管理图,如图 2.11 所示。它是一种有控制界限的图,用来区分引起质量波动的原因是偶然还是系统的,可以提供系统原因存在的信息,从而判断工作过程是否处于受控状态。

帕累托图又称排列图,是分析和寻找质量主要因素的一种工具,如图 2.12 所示。图中

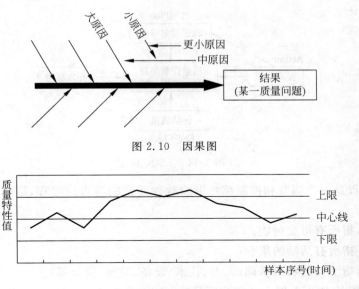

图 2.10 因果图

图 2.11 控制图

左边纵坐标表示频数,也就是各种影响质量因素发生或出现的次数;右边纵坐标表示频率,也就是各种影响质量因素在整个诸因素中的百分比,图中的折线表示累积频率。横坐标表示影响质量的各项因素,按影响程度的大小(即出现频率多少)从左向右排列。

直方图是表示数据变化情况的一种主要工具。在制作直方图时,如何合理分组是其中的关键问题。分组通常是按组距相等的原则进行,两个关键数字是分组数和组距,如图 2.13 所示。

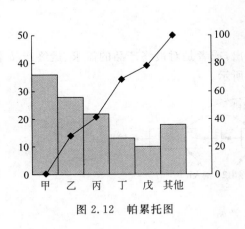

图 2.12 帕累托图

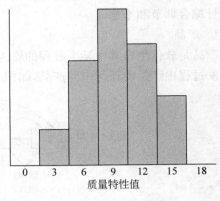

图 2.13 直方图

2.5.5 全面软件质量控制模型

1. 全面软件质量控制模型

全面软件质量控制(Total Software Quality Control,TSQC)是指导开发者计划和控制软件质量的框架,TSQC 模型用来描述各组成要素间的关系,如图 2.14 所示。

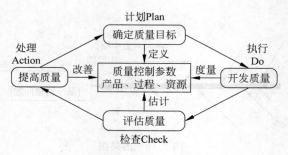

图 2.14　TSQC 模型

TSQC 过程是一个调节和控制那些影响软件质量的参数的过程,影响软件质量的参数包括:

(1) 产品,指所有可交付物;

(2) 过程,指所有活动的集合;

(3) 资源,指活动的物质基础(人力、技术、设备、时间、资金等)。

TSQC 过程是 PDCA 四个活动的循环:

(1) 计划(Plan),确定参数要求;

(2) 执行(Do),根据要求开展活动;

(3) 检查(Check),通过评审、度量、测试,确认满足要求;

(4) 处理(Action),纠正参数要求,再开发。

2．全面软件质量控制模型参数

在质量控制模型中的参数不是孤立的,它们具有相关性。在质量控制中,需要对这些参数进行综合调节和平衡。

1) 产品

产品是软件生命其中某个过程的输入和输出,或者是对最终产品的需求、最终产品本身或开发过程中产生的任何中间产品,如图 2.15 所示。

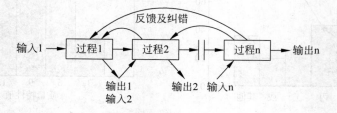

图 2.15　产品

这些产品包括计划、报告、编码、数据等。其中间产品是某个阶段的输出,也是后续阶段的输入;作为输入的产品的质量不会比过程的输出更高;产品的缺陷在后续阶段不会自动消失,影响会更大。

2) 过程

过程是为完成开发、维护和为保证软件质量所进行的管理和技术活动。其中管理过程包括计划、监控、资源分配、组织等;技术过程是以软件工程方法为特征,包括工具等。

对于软件质量,过程分两类,分别是质量设计和构造过程、质量检查过程。

过程对质量的影响主要有如下几个方面:

(1) 产品质量是通过开发过程设计并构造进入产品的,同时也引入了缺陷;

(2) 产品的质量是通过检查过程检查并确认的;

(3) 每个过程所涉及的组织的数量以及它们之间的关系都直接影响引入缺陷的概率和纠正错误的概率;

(4) 在软件开发过程中人的心理、社会、组织因素对产品生产率和质量有强烈影响。

3) 资源

资源是指为得到要求的产品质量,过程所需的时间、资金、人力、设备等。资源的数量和质量影响产品质量,具体如下:

(1) 人力因素是影响软件质量和生产率的主要因素;

(2) 时间、资金不足将削弱软件质量控制活动;

(3) 不充分、不合适、不可靠的开发环境和测试环境会使缺陷率增加,发现并纠正错误的时间和资金也将增加。

2.5.6　全面软件质量控制技术

软件质量控制技术是为解决软件的实际问题而产生的。下面列出一系列由买主或客户及开发者在软件质量控制过程中经常遇到的一些问题以及为解决这些问题所涉及的质量控制技术。

(1) 最终产品的质量需求是什么?

所需技术:

① 运行概念文档:描述软件的运行环境和方式,是对软件动态特征的描述。

② 招标建议书的准备和评审:需制定质量标准并确保需求清楚、详尽且可验证。

③ 初样:系统的有限实现,用于描述复杂的或有争议的需求。

(2) 选择什么样的开发组织?

选择开发组织是客户的重要工作。所需技术:

① 招标建议书的准备和评审:建议书中包含选择标准,竞标者须提供足够信息应标,主要包括:

- 开发组织的软件工程方法、标准、实践和开发环境(工具及设备);
- 是否拥有相应的业务领域知识能力;
- 是否拥有必需的经验,是否熟悉所需要的开发过程;
- 所提出的软件工程方法和过程是否成熟;
- 能提供的质量保障和配置管理措施;
- 对项目的承诺和对开发管理技术的理解程度;
- 组织的内部结构及与其他组织的关系,任务分配方案;
- 技术方案的健全性;
- 费用、进度计划的可信性。

② SEI 软件能力评估:用于评估开发组织控制和改进软件开发过程并使用现代软件工程技术的能力。

③ SEI 的 CMM 评估可以在不同开发组织之间、同一组织的不同时间点上较客观、一致地评估组织的软件开发能力。

④ 软件开发能力/资格评审：用于评估开发组织开发一个具体项目的能力。

⑤ 软件工程实践：借助微型开发，客户评估开发商的过程、工具和技术能力，评估领域经验。

（3）为预防软件质量缺陷应该做些什么？

客户和开发商都有必要采取措施以预防缺陷的产生，客户可以提出要求，开发商更应该主动行动，主要包括：

① 标准：即活动规范，分三类：

* 客户标准，提供管理和维护程序的一致性；
* 开发组织标准，目的是使过程可重复、对工具的投资与过程相适应、训练开发人员、使开发过程可度量和改进，客户需要了解开发组织标准；
* 技术标准，用于描述功能部件和接口，包括良好定义的技术规格说明；与其他系统的互操作性；设计方法的可维护性；接口的通用性；产品的可移植性、灵活性和可适应性。

② 软件工程初样：是由客户要求的针对原型系统的开发实践，目的是要证明开发商的开发能力。初样的技术指标中包含一组指令，以便客户的评审。

③ 使用初样的目的包括：

* 便于客户了解开发组织的过程和能力；
* 显示软件的开发环境和开发组织的理解程度；
* 了解开发组织对软件应用环境和工程原理的理解水平；
* 根据初样的经验和教训改进开发过程；
* 可以将初样作为实际系统的一部分。

④ 配置管理：目的是在整个生命期内控制配置的变化，保持配置的完整性和可追踪性。步骤为：

* 标志配置项的功能部件及特性，建立文档；
* 控制配置项特性的变化；
* 记录并存储状态报告。

⑤ 性能工程：是估计、度量和控制软件时效性的活动，由客户、开发组分别或共同执行。包括以下性能特征：

* 执行时间，即执行一个特定任务的时间；
* 反应时间，即系统对输入做出反应的时间；
* 吞吐量，即系统完成一特定任务或处理一个特定加载的速率；
* 储备，即未使用但可用的处理时间、输入/输出容量及对需求变更的适应性。

性能工程技术包括分析建模、仿真、软硬件选择等。

⑥ 软件工程环境：由一组集成的自动化工具组成，用于制成开发组织的开发过程。对质量的影响包括：

* 对软件及相关文档的产生、修改和管理提供帮助；
* 对各种文档及相关设计的一致性检查；

- 使配置管理自动化；
- 检查相对编码标准的偏差；
- 度量测试覆盖；
- 从其他形式的文档产生代码，如图、表、字典等。

⑦ 重用：即利用已开发的软件或部件，目的是提高开发效率和质量。可重用的软件包括：

- 已经开发并取得充分经验的软件；
- 已经广泛使用并具有完整文档，可靠且支持好的商业软件；
- 客户提供的类似软件；
- 对以上软件进行修改并已经确认的软件。

（4）怎样检查软件质量？

检查软件质量既包括预测软件质量也包括评估软件质量，既可以连续进行也可以设置检查点，主要技术包括：

① 评审和审计：客户评审属于计划评审，与阶段开发活动进度吻合。目的是检查开发进度、质量和预防缺陷、理解错误。软件审计是客户对开发过程的关键点的评审，目的是评估开发组织是否完成了必要的需求分析和系统设计，是否为软件的初步设计做好了准备；评估开发组织是否有合适的开发计划；评估需求规格说明和需求分解的完整性；评审时效性分析、客户界面设计、测试理论和计划及设计准备。检查是开发者在测试前进行的评审，目的是及早发现和纠正错误，可以是正式的或非正式的。

② 独立的确认和验证（Independent Verification and Validation，IV&V）：软件开发过程中，由客户雇用某独立组织对照技术规格说明评估软件产品，IV&V 连续、客观地向客户提供可视的软件质量和开发状态。

③ IV&V 过程包括需求验证、设计验证、编码验证、程序确认、文档验证等。

④ 软件质量保障：是由开发者执行的一系列质量控制活动，也可以由组织内独立的小组完成，主要是检查过程、程序与标准的一致性。

⑤ 测试：通常开发过程中的测试由开发者完成，客户的测试是在开发结束时或在向客户提交了某个版本时进行的，客户也可以通过以下方式介入开发者的测试活动：

- 评审和批准开发者的测试计划和程序；
- 提供测试设备、工具和人员；
- 提供测试环境。

测试等级包括：

- 非正式测试；
- 初步的鉴定测试：针对特定配置项，客户可不在；
- 正式的鉴定测试：客户到现场，由独立机构组织；
- 开发性测试：在开发环境下的集成测试，客户参与；
- 验收测试；
- 起始运行测试：在客户运行环境下的确认测试；
- 正式运行测试：目的是客户学习。

⑥ 可靠性建模：是用统计学方法分析软件故障的一种方法，即在软件测试或软件运

行、维护期间,收集软件发生故障的时间数据,或收集在一定时间间隔内的故障数据,并运用于一个或几个软件可靠性模型中,以预测软件可靠性的增长情况。

可靠性建模应用于对软件可靠性有明确规定的场合,也适用于预测测试过程达到可靠性要求的所需时间的场合。

(5) 在检查点应该获得哪些信息?

检查点是为评估和预测软件质量设置的,应收集的信息包括:

① 计划:开发者是如何执行开发活动的。

② 状态:已完成了多少工作,使用了多少资源。

③ 产品文档:软件外部、内部的描述。

④ 客户文档:使用指南,维护文档。

⑤ 证明软件质量的产品分析。

可使用的技术包括:

① 软件问题报告分析:用于度量质量、预测进度和改进过程。

② 模块开发卷宗。

- 审计、检查和评审过程,分析单元问题;

- 确定是否遵守了组织的或计划的 SQA 标准;

- 有助于配置管理。

(6) 开发组织为改善过程和资源,应做些什么?

许多技术可用于开发组织改善过程和资源,比较重要的有:

① 因果分析:目的在于辨别有内在联系的缺陷的产生原因。对当前项目,可以改变过程或改变资源以避免缺陷的产生。对将来项目,可修改、改善过程、资源标准;

② SEI 自我评价:开发组织通过自我评估以确定开发过程的薄弱环节。不同于 SEI 能力评估,自我评估由开发组织内部实施,结果不与客户共享。

在选择控制技术过程中应考虑如下因素:

- 有些技术是任何时候都要考虑的,尽管它们的使用等级可以变化;

- 要考虑所选技术的效益并使需求、风险和限制得到平衡;

- 有些技术是冗余的或是矛盾的,只需或只能选择其一;

- 有些技术是互补的,同时使用可能提高效益;

- 控制技术的选用不能与约定相矛盾;

- 有些技术只能用于特定的开发阶段或特定的开发活动中;

- 检测性技术宜尽早使用,以防早期缺陷的产生和传播;

- 对于高风险的设计和程序,质量控制活动和检查点的安排时间上不要隔太久。

2.6　软件质量管理体系结构

质量管理体系是指在质量方面指挥和控制组织的管理体系,软件质量管理体系是指应对于软件领域的质量管理体系。软件的质量管理通常有两大体系:CMM/CMMI 和 ISO 9000 系列。两大体系版本演变如图 2.16 所示。

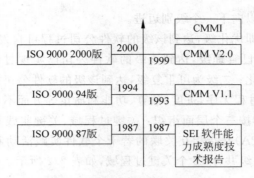

图 2.16　常见软件质量体系版本演变

2.6.1　CMM/CMMI

1. 什么是 CMM

CMM 是指"能力成熟度模型",其英文全称为 Capability Maturity Model for Software,英文缩写为 SW—CMM,简称 CMM。它是对于软件组织在定义、实施、度量、控制和改善其软件过程的实践中各个发展阶段的描述。CMM 的核心是把软件开发视为一个过程,并根据这一原则对软件开发和维护进行过程监控和研究,以使其更加科学化、标准化、使企业能够更好地实现商业目标。

CMM 的工作最早开始于 1986 年 11 月,当时为满足美国政府评估软件供应商能力并帮助其改善软件质量的要求,由美国国防部资助的卡内基——梅隆大学的软件工作研究所(SEI)牵头,在 Mitre 公司协助下,于 1987 年 9 月发布了一份能力成熟度框架(Capability Maturity Framework)以及一套成熟度问卷(Maturity Questionnaire)。四年后,SEI 在总结自 1987 年以来对成熟度框架和初版成熟度问卷的经验基础上,推出了 CMM 1.0 版。CMM 1.0 版在成熟度框架的基础上建立了一个可用的模型,该模型可以更加有效地帮助软件公司建立和实施过程改进计划。两年后,SEI 于 1993 年推出了 CMM 1.1 版。近几年,SEI 又推出了 CMM 2.0 版,同时进入了 ISO 体系,称为 ISO/IEC 15504(软件过程评估)。

2. CMM 的基本思想

CMM 的基本思想是,因为问题是由我们管理软件过程的方法引起的,所以新软件技术的运用不会自动提高生产率和利润率。CMM 有助于组织建立一个有规律的、成熟的软件过程。改进的过程将会生产出质量更好的软件,使更多的软件项目免受时间和费用的超支之苦。

软件过程包括各种活动、技术和用来生产软件的工具。因此,它实际上包括了软件生产的技术方面和管理方面。CMM 策略力图改进软件过程的管理,而在技术上的改进是其必然的结果。

CMM 为软件企业的过程能力提供了一个阶梯式的进化框架,阶梯共有五级。第一级实际上是一个起点,任何准备按 CMM 体系进化的企业都自然处于这个起点上,并通过这个起点向第二级迈进。除第一级外,每一级都设定了一组目标,如果达到了这组目标,则表明达到了这个成熟级别,可以向下一个级别迈进。

其中五级是最高级,即优化级,达到该级的软件公司过程可自发地不断改进,防止同类问题二次出现;四级称为已管理级,达到该级的软件公司已实现过程的定量化;三级为已定义级,即过程实现标准化;二级为可重复级,达到该级的软件公司过程已制度化,有纪律,可重复;一级为初始级,过程无序,进度、预算、功能和质量等方面不可预测。

能力成熟度等级内容按三个层面组织:关键过程域、关键实践和公共特性。关键过程域(Key Process Area,KPA)是指相互关联的若干个软件实践活动和有关基础设施的一个集合,除第一级外,其他 4 级共计 18 个关键过程域,如表 2.2 所示。

表 2.2　CMM 关键过程域

CMM 级别	CMM 关键过程域
CMM2: 可重复(Repeatable)	需求管理:Requirement Management
	软件项目计划:Software Project Planning
	软件项目跟踪和监督:Software Project Tracking Oversight
	软件子合同管理:Software Subcontract Management
	软件质量保证:Software Quality Assurance
	软件配置管理:Software Configuration Management
CMM3: 已定义(Defined)	组织过程焦点:Organization Process Focus
	组织过程定义:Organization Process Definition
	培训大纲:Training Program
	集成软件管理:Integrated Software Management
	软件产品工程:Software Product Engineering
	组间协调:Intergroup Coordination
	同行评审:Peer Review
CMM4: 已管理(Managed)	定量管理过程:Quantitative Process Management
	软件质量管理:Software Quality Management
CMM5: 优化(Optimizing)	缺陷预防:Defect Prevention
	技术改革管理:Technology Change Management
	过程更改管理:Process Change Management

关键实践(Key Practice,KP)是指关键过程域的基础设施和活动,对关键过程的实践起关键作用的方针、规程、措施、活动以及相关基础设施的建立。为完成各个关键过程域中的关键实践活动,各个关键实践按每个关键过程域的 5 个公共特性归类,这些特性是执行约定、执行能力、执行活动、测量和分析、验证执行。

3. 什么是 CMMI

美国联邦政府、产业界和 CMU/SEI 于 1998 年启动了"能力成熟度模型集成"(Capability Maturity Model Integration,CMMI)项目,于 2000 年第四季度发布了第一个正式的 CMMI,最近的修改是 2002 年 6 月 10 日。

CMMI 是在 CMM 的基础上对一部分的学科进行集成得来的,不但包括了软件开发过程改进,还包括系统集成、软硬件采购等方面的过程改进内容。CMMI 纠正了 CMM 存在的一些缺点,使其更加适用企业的过程改进实施。CMMI 适用 SCAMPI(Standard CMMI

Appraisal Method for Process Improvement,标准的用于过程改进的 CMMI 评估方法)。需要注意的是,SEI 没有废除 CMM 模型,只是停止了 CMM 评估方法 CBA－IPI(CMM Based Appraisal for Internal Process Improvement,以 CMM 为基础的用于内部过程改进的评估)。

CMMI 也划分为 5 个成熟度等级,分别是初始级(Initial)、已管理级(Managed)、已定义级(Defined)、定量管理级(Quantitatively Managed)、优化级(Optimizing)。除第一级外,成熟度等级由一系列的关键域描述,CMMI-DEV 1.2 中共计 22 个关键过程域,如表 2.3 所示。

表 2.3 CMMI 关键过程域

CMMI 级别	CMMI 关键过程域
CMMI2： 已管理级(Managed)	配置管理
	过程与产品质量保证：Process and Product Quality Assurance
	度量与分析：Measurement and Analysis
	供应商协议管理：Supplier Agreement Management
	项目监督与控制：Project Monitoring and Control
	项目计划：Project Planning
	需求管理：Requirements Management
CMMI3： 已定义级(Defined)	决策分析与解决方案：Decision Analysis and Resolution
	确认：Validation
	验证：Verification
	产品集成：Product Integration
	技术解决方案：Technical Solution
	需求开发：Requirements Development
	风险管理：Risk Management
	集成项目管理：Integrated Project Management
	组织级培训：Organizational Training
	组织过程定义：Organization Process Definition
	组织过程焦点：Organization Process Focus
CMMI4： 定量管理级(Quantitatively Managed)	组织过程绩效：Organizational Process Performance
	定量项目管理：Quantitative Project Management
CMMI5： 优化级(Optimizing)	组织革新与推广：Organizational Innovation and Deployment
	因果分析：Causal Analysis and Resolution

4. CMM 与 CMMI 的区别

从等级划分上看,1,3,5 级的名称没有变化,均是初始级,已定义级和优化级;但是 2 级和 4 级 CMMI 分别定义为已管理级和定量管理级,这个变化更突出了 CMMI 定性管理和定量管理的特点。

CMMI 共有分属于 4 个类别的 22 个过程域,覆盖了 4 个不同的领域;相对应的 CMM 共有 18 个过程域。

CMM 基于活动的度量方法和瀑布过程的有次序的、基于活动的管理规范有非常密切的联系,更适合瀑布型的开发过程;而 CMMI 相对 CMM 更进一步支持迭代开发过程和推动组织采用基于结果的方法,开发业务安全,构想和原型方案,细化后纳入基线结构,可用发布,最后确定为现场版本的发布。

CMMI 比 CMM 进一步强化了对需求的重视。在 CMM 中,关于需求只有需求管理这一个关键过程域,也就是说强调对有质量的需求进行管理,而如何获取需求则没有提出明确的要求;在 CMMI 中,3 级有一个独立的关键过程域,叫作需求开发,提出了对如何获取优秀需求的要求和方法。

CMMI 对工程活动进行了一定的强化。在 CMM 中只有 3 级中的软件产品工程和同行评审两个关键过程域是与工程过程密切相关的;而在 CMMI 中,则将需求开发、验证、确认、技术解决方案和集成项目管理这些工程过程活动都作为单独的关键过程域进行了要求。

CMMI3 级中单独强调了风险管理,而在 CMM 中把风险的管理分散在项目计划、项目跟踪与监督中进行要求。

从评估方法上看,随着 CMM 过渡到 CMMI,其通用评估框架 CAF(Common Assessment Framework)变成评估需求 ARC (Appraisal Requirement for CMMI);CBA—IPI 的评估方法被 SCAMPI 方法替代。

2.6.2　ISO 9000

1. ISO 9000 简介

ISO 9000 是由国际标准化组织所属的质量管理和质量保证技术委员会 ISO/TC176 工作委员会制定并颁布的关于质量管理体系的族标准的统称。

ISO 9000 标准中针对软件的部分是《ISO 9001 质量体系/设计、开发、生产、安装和服务的质量保证模式》和《ISO 9000—3 质量管理和质量保证标准第三部分:ISO 9001 在计算机软件开发、供应、安装和维护中的指南》。

ISO 9000 国际系列标准发源于欧洲经济共同体,波及美国、日本及世界各国。我国发表了与其相应的质量管理国家标准系列 GB/T 19000,同时积极实施和开展质量认证工作。

ISO 9000 用的比较好的两个原因,一是它的目标在于开发过程,而不产品;二是只决定过程的要求是什么,而不管如何达到。

2. ISO 9000 与 CMM 联系与区别

ISO 9000 是通用的国际标准,适用于各类组织,CMM 是美国军方为评价软件供应商的质量水平,委托 SEI 开发的一个评价模型,只用于软件业,从软件业角度来说,CMM 更详细,更专业。ISO 9000 只建立了一个可接受水平,而 CMM 是一个具有五个水平的评估工具。ISO 9000 聚焦于供应商和用户间的关系,而 CMM 更关注软件的开发过程。

ISO 9000 相当于 CMM 二级和三级的一部分内容,ISO 9000 和 CMM 的认证本身没有优劣之分,对于预算、项目周期管理等 ISO 9000 涉及不到的内容,CMM 有所覆盖。

3. ISO 9000 与 CMMI 联系与区别

ISO 9000 与 CMMI 都共同着眼于质量和过程管理,目前 2000 版的 ISO 更多的是和 CMMI 有直接对应的关系,其中包括大量的 CMMI 4 和 CMMI 5 级的要求。

CMMI 是专门针对软件产品开发和服务,而 ISO 9000 涉及的范围则相当宽。CMMI

强调软件开发过程的成熟度,即过程的不断改进和提高,而 ISO 9000 则强调可接收的质量
体系的最低标准。

☞ 本 章 小 结

　　本章主要介绍了软件质量保证及软件质量控制和全面软件质量管理等方面内容。其中
软件质量保证主要讲解相关概念、软件质量保证目标和任务、活动,以及软件质量保证体系
结构。在软件质量保证体系结构中,重点介绍了常用的软件质量标准 CMM、CMMI、ISO
9000。在软件质量控制部分主要讲解了软件质量控制的基本概念,同时介绍了目标问题度
量法和风险管理法两大常用的软件质量控制方法。在全面软件质量管理中,除介绍了全面
软件质量管理的定义、要素、原则和模型、技术外,重点讲解了最早由美国质量管理专家戴明
提出来的 PDCA 循环,PDCA 循环应用了科学的统计观念和处理方法。作为推动工作、发
现问题和解决问题的有效工具,典型的模式被称为"四个阶段"、"八个步骤"和"七种工具"。

✅ 本 章 习 题

　　1. 简述软件质量保证定义。

　　2. 简述软件质量保证要素。

　　3. 简述软件质量控制定义。

　　4. 举例说明软件质量控制的风险管理法如何控制软件质量。

　　5. 简述软件质量保证的目标。

　　6. 简述软件质量保证的任务。

　　7. 什么是全面软件质量管理?

　　8. 什么是 PDCA 循环? PDCA 有哪些特点?

　　9. 简述 CMM 和 CMMI 的区别与联系。

　　10. 简述 ISO 9000 与 CMMI 联系与区别。

第3章 软件质量保证过程

本章学习目标：
- 掌握软件开发各个阶段的质量保证过程。
- 掌握每个阶段质量保证的目标和质量保证内容。

提高软件质量是软件工程的主要目标，但由于软件产业不同于传统行业，软件开发过程不是制造生产过程，而是高科技的智力创造性活动，很难像传统工业那样通过执行严格的操作规范来保证软件产品的质量，也没有像传统工业那样的自动化生产线来保证生产过程高度的一致性、稳定性和有效性，软件开发过程质量的保证工作具有相当的难度。

软件开发一般可划分为计划、需求分析、软件设计、编码、测试、系统交付和安装几个阶段，本章介绍各个开发阶段的软件质量保证过程，重点介绍各个开发阶段质量保证的内容和目标。

3.1 计划阶段

计划阶段主要是根据所开发项目的目标、性能、功能和规模来确定项目所需要的资源，并对项目开发费用和开发进度做出估计，以便在不超出项目预算和工期的前提下，将高质量的产品交付给客户。

计划阶段主要包含 3 个需要在项目中执行和管理的计划，分别是软件项目管理计划、软件项目质量管理计划和软件配置管理计划。

1. 软件项目管理计划

3 个计划中的软件项目管理计划涉及从软件项目开始到结束所有与软件项目管理有关的问题。主要内容包括基础设施计划、进度计划（包括各种类型的估算）、风险管理计划、项目培训计划、执行计划、客户管理计划，具体如下：

1）基础设施计划

基础设施计划包括项目开始执行前必须获得的所有需求，包括软件工程需求、基础设施需求、角色和职责、内外部接口、过程需求、知识和技能需求。

2）进度计划

进度计划涉及制定合理可用的项目进度。在制定项目进度时，需要进行规模、工作量估算。项目进度需要描述以下内容：执行的活动、估算的人时、投入的人员、责任人和时间线、里程碑事件的标识。

　　3）风险管理计划

　　风险管理包括识别并标识风险（与管理相关的风险、与执行相关的风险，与客户相关的风险等）、评估风险并设定风险优先级、制订风险缓解和应急计划并跟踪该计划。

　　4）项目培训计划

　　根据项目及人员结构制订项目培训计划，包括业务领域知识、技术、工具等方面的培训计划。

　　5）执行计划

　　项目执行计划包含了与执行当前项目关系最大的生命周期模型。项目生命周期模型通常包括项目执行的阶段、各阶段的输入和输出、可交付的产品、需要迭代（反复）的阶段。

2. 软件项目质量管理计划

　　软件项目质量管理计划涉及与软件质量相关的所有需求，这些需求要在产品中实现，并保证用于构建产品的项目过程。制订软件项目质量管理计划包含如下主要内容：

　　1）质量标准

　　项目设定要达到的质量标准。

　　2）同级评审计划

　　同级评审计划中描述了在不同的软件生命周期开发阶段，对不同的工作产品所采用的同级评审类型。

　　3）测试计划

　　制定良好的、切实可行的、有效的测试计划，包括对可执行文件/模块或整个系统将要进行的各种测试。根据项目测试过程来制定测试计划。

　　4）度量管理计划

　　通过裁剪组织级的度量过程来制定项目度量管理计划。

　　5）缺陷预防计划

　　管理、开发和测试人员互相配合制订缺陷预防计划，防止已识别的缺陷再次发生。

　　6）过程改进计划

　　项目级过程改进的机会要记录到过程改进计划中。这些机会主要来源于度量分析、缺陷预防分析和标识出的好的或可避免的实践。

3. 软件配置管理计划

　　软件配置管理计划用于管理与配置管理相关的需求，这些需求与工作产品和可交付产品有关。该计划的目的在于：为执行软件工程相关活动提供依据，并在整个开发和维护过程中对软件项目进行管理。

　　软件配置管理计划主要包括以下内容：

　　1）软件配置管理计划组织

　　指计划所影响的成员及成员组织方式。

　　2）角色和职责

　　在配置管理活动中每一个受影响的人员的职责。

3）开发/维护配置管理计划

包括可配置项的标识、命名约定、目录结构、访问控制、变更管理、基线库创建、放入/提取(Check in/Check out)机制、版本控制。

4）产品配置管理

包括产品中部件的可跟踪性、产品的版本设定和发布、交付的配置管理(标识出要交付的产品构成)、需求配置管理(需求基线的确定、产品版本与划定基线的需求版本之间的关系)、配置审计。

可以使用不同的检查表来制定软件项目管理计划、软件项目质量管理计划和软件配置管理计划。每个计划都包含：目标、执行方法和当前状态三部分。前两部分不会经常变更，但第三部分在执行跟踪时会被修改。因此，前两部分通常被直接放到计划中，而第三部分则以链接的形式放到计划中。

项目计划阶段的软件质量保证工作主要是确保制定了上述计划，并对计划进行评审、批准并确立。

3.2　需求分析阶段

需求分析阶段主要完成需求说明和需求管理两种活动，需求说明指的经过需求分析形成系统需求规格说明书，该文档是需求过程中形成基线的主体，它是以后进一步设计和测试的基础。另外，在软件开发过程中，会经常遇到由于客户又有新需求或开发组织自身对项目有了更清楚的理解或认识，要对需求进行变更的情况。在对最初的需求规格说明书进行变更时，要用到需求管理过程，保证对软件需求修改的质量和一致性。

1. 需求说明

需求说明过程主要包括的任务是执行需求分析、定义需求规格说明书、定义验收标准、评审需求规格说明书和验收标准。

1）执行需求分析

需求分析的任务是发现问题域并求解的过程，首先通过开发者与客户有效的合作，采用举行预备会议或访谈等方式获取用户需求。然后利用原型法、用例分析技术等对收集到的需求进行分析，并确定可用的需求。这个任务要求需求说明应该在正确性、完整性、一致性、清晰性和可测试性上达到比较合理的程度。

2）定义需求规格说明书

基于对需求的分析编写软件需求规格说明书。这个文档应清晰记录以下内容：

- 目标和范围；
- 功能需求；
- 外部接口需求；
- 内部接口需求；
- 内部数据需求；
- 性能需求；
- 适应性、保密性、环境等其他需求。

如果需求不清晰,可建立原型,通过评估原型来获取需求,形成需求规格说明书。

3) 定义验收标准

基于对步骤(2)定义的需求规格说明书,针对所有的需求建立验收标准和验收解决方案。这个验收标准将成为客户批准最终产品的依据,因此要求在制定验收标准时充分地与客户进行沟通交流。

4) 评审需求规格说明书和验收标准

建立评审团队,进行分层次和分阶段评审。其中分层次评审主要由于用户的需求是分层次的,一般而言,用户需求可分成如下的层次:

(1) 目标性需求,定义了整个系统需要达到的目标;

(2) 功能性需求,定义了整个系统必须完成的任务;

(3) 操作性需求,定义了完成每个任务的具体的人机交换需求。

目标性需求是企业的高层管理人员所关注的,功能性需求是企业的中层管理人员所关注的,操作性需求是企业的具体操作人员所关注的。对于不同层次的需求,参与评审的人员也是不同的,如果让具体的操作人员去评审目标性需求,可能会出现无法把握全局的现象。

分阶段评审是应该在需求形成的过程中进行分阶段的评审,而不是在需求最终形成后再进行评审。分阶段评审可以将原本需要进行的大规模评审拆分成各个小规模的评审,降低需求分析返工的风险,提高了评审的质量。

2. 需求管理

我们生活的世界是不断变化的,软件系统的需求也是如此。需求的变更贯穿了软件项目的整个生命周期。需求变更的原因很多,例如,没有获取全部的需求所带来的需求的增加;业务发生了变更所带来的需求的更新;需求错误;需求不清楚等。如果需求变更没有得到管理策略的控制,会给工作团队带来误解和混淆。而需求管理的目标就是最大限度地减少需求变更所带来的缺陷和风险,保证软件项目的顺利实施。

需求管理过程包括以下 6 个任务:

1) 记录变更请求

形成基线的需求规格说明书的变更可能是由客户提出的,也可能是由于设计或编码阶段开发人员根据一些限制或优化而提出的。所有需求变更必须经过客户的批准,并且必须是可行的。需求变更可以由组织自己定义开始时间,并且所有需求变更需要记录到变更登记表中。

2) 分析受到影响的组件

任何经过批准的变更需要在整个项目组范围内进行受影响组件分析,以此估算变更所带来的影响。

3) 估算需求变更成本

项目成本与需求变更有关。任何规模的变更对于成本来讲都是一种损耗。如果一个受影响组件是非常重要的,那么可行性就需要重新进行成本估算。

4) 重新估算所有产品的交付日期和时间

如果没有考虑有效的缓冲,成本的变化可能会影响整个项目的交付日期和时间。在交付期间内的任何实质的变更都需要再同用户商议决定。

5）评审受影响组件

在这个步骤中所有相关的受影响组件都需要进行评审，确保变更没有带来负面影响，通常由项目负责人执行此项任务。

6）获得客户的批准

这个过程的最后一项任务是获得客户的签字。客户应该同意已经形成基线的软件需求规格说明书、验收标准和已记录的受影响组件的变更。

该阶段要确保需求说明和需求管理是按照相关的质量标准和指定的流程完成的；确保客户提出的需求是可行的；确保客户了解自己提出的需求的含义，并且这个需求能够真正达到他们的目标；确保开发人员和客户对于需求没有误解或误会；确保向用户提供为满足他所提出的需求而实际构建的适当软件系统；确保规格说明书与系统需求保持一致；确保规格说明书能适当地改进系统的灵活性、可维护性以及性能；确保已建立了测试策略，确保已建立了现实的开发进度表；确保已为系统设计了正式的变更规程。

3.3 设计阶段

软件设计是软件开发的重要阶段，是把软件需求转换为软件表示的过程，也是将用户需求准确转化为软件系统的唯一途径。在需求分析质量得到保证的前提下，软件设计质量是最重要的，关系到软件的最终实现，包括对软件编码、测试和维护的直接影响。设计过程包括概要设计和详细设计两个阶段。

1. 概要设计

概要设计阶段要确定软件的整体结构，这个阶段包括以下的任务：结构设计、逻辑设计、项目标准定义、系统/集成测试计划的创建，并要进行同级评审。

1）结构设计

在这个步骤中，完成软件解决方案的总体设计。按照模块化原则，系统被分解成基础模块/组件，为保证模块独立性，尽量设计出高内聚和松耦合的模块。通常情况下，模块的划分是基于需求分析中的功能需求而定的。

2）逻辑设计

在这个步骤中，完成软件系统解决方案与应用程序的逻辑转换设计。设计模块接口和应用需求的主要逻辑。在保证效率的前提下，应尽量设计出简明易懂的运算方法。

3）定义项目标准

在这个步骤中，所有的项目开发标准被定义。制定标准时还要考虑标准将来的扩展性、灵活性和方便性。

4）创建集成/系统测试计划

基于对概要设计的理解，制定集成和系统测试计划。测试最后生产的产品是否达到设计要求，通常采用基于黑盒的功能或性能测试。

5）评审设计

作为所有开发阶段基础的概要设计是非常重要的，因此需要进行同级评审，通常由高级软件工程师组成的同级评审小组完成，确保软件解决方案的设计合理。

2．详细设计

详细设计是从逻辑上定义软件应如何满足已分配的需求，这个阶段包括以下任务：详细设计和准备单元测试计划。

1）类/函数/数据结构设计

根据项目所采用的设计方法（结构化设计方法、面向对象设计方法）进行类、函数及数据结构的设计。详细描述类和函数的算法、状态转换、数据设计并实现用户界面。

2）创建单元测试计划

测试计划应该包括被测试的每一个模块的每一个元素：是否与需求一致；是否与其他元素一致；是否满足在性能上的要求。

单元测试通常采用白盒测试方法，对于测试人员来讲，实际运行代码的控制流程是可见的，设计测试用例测试模块是否按照预先设计的控制流程工作。

3）评审详细设计

详细设计阶段的输出是代码编写工作的基础，是非常重要的，因此需要在项目组中很好地进行评审。评审小组负责评审和清除那些在详细设计中出现的问题。

3．选择有用工具

项目组需要选择能提高软件质量和软件生产力的工具，从而缩短软件开发周期。

要确保建立了设计标准，并且按照该标准进行设计；要确保规格定义能够完全符合、支持和覆盖前面描述的系统需求；确保建立了可行的、包含评审活动的开发进度表；确保设计变更被正确跟踪、控制、文档化；确保按照计划进行设计评审；确保设计按照评审准则评审通过并被正式批准后开始正式编码。

3.4 编码阶段

编码过程的目的是选择合适的开发语言和开发工具将详细设计阶段设计结果转换为可运行软件。高质量的编码能够提高客户满意度和降低维护成本。

为了代码达到高质量、高标准，代码编写过程一定要合理规范。编码过程主要包括准备阶段、编写代码阶段、检查和更改阶段。其中准备阶段完成制定编码计划、认真阅读开发规范、理解设计、编码准备、专家指导几项活动；编写代码阶段主要完成代码的编写活动；检查与更改阶段完成代码审查、代码测试、提交代码；更改代码几项活动。编码过程流程如图 3.1 所示。

1．制定编码计划

在编码前，项目经理要根据详细设计中的模块划分情况制定编码计划。编码计划的主要内容如下：

1）本次编码的目的

在制定编码计划时，必须要明确编码目的。

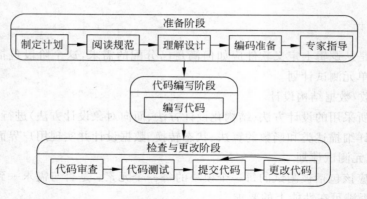

图 3.1 编码过程流程

2）编码人员组成

在编码之前，要确定本次编码的人员组成。选择编码人员时主要考虑以下几点：责任心、技术能力、服从意识、努力程度、团队精神、编码效率、编码质量等。

3）编码任务分配

在编码之前，一定要为每个编码人员划分好自己所负责的模块，并且要对编码进度做出安排，要规定各个模块的编码开始日期和结束日期。

2．认真阅读开发规范

为了实现编码的风格一致，需要制定编码规范。编码人员在编写代码之前一定要理解并掌握相关编码规范的所有内容，这样有助于以后编码工作的规范统一。

如果本次编码采用的是公司自己的开发规范，编码人员在阅读的过程中如果发现编码规范有不足或不合理之处，可以编写开发规范建议书提交给项目经理，项目经理再和软件质量保证人员取得联系以决定是否要对目前的编码规范进行更改。有的项目，客户也会提供一些开发规范用来对本次编码进行约束。

3．理解详细设计说明书

由于项目模块功能的复杂性，即使再详细的设计也会有表达不够准确之处，因此在编写代码之前，一定要把每个模块的详细设计思路弄清楚。如果编码人员在理解详细设计时有疑惑，一定要询问详细设计人员。为了保证编码人员对详细设计的理解的正确性，采用以下方法：

（1）详细设计同级评审时，要求编码人员参加；

（2）要求编码人员对详细设计进行讲解；

（3）让编码人员根据自己的理解画出详细设计算法流程，由详细设计者确认，如果编码人员在理解详细设计书的过程中存在疑问，应填写详细设计疑问列表提交给项目经理或详细设计人员。

4．编码准备

在进行编码之前还要进行一些相关的准备。

（1）软硬件环境配置包括开发工具、测试工具、配置管理工具、数据库和一些必要的辅助工具。

（2）了解程序设计语言的特性，选择良好的程序设计风格：程序设计风格是程序设计质量的一个重要方面，具有好的程序设计风格的程序更容易阅读和理解。

5．专家指导

在编码之前或编码过程中，为了保证编码工作的顺利进行以及代码质量，项目经理要根据目前编码人员的技术能力或开发进度情况邀请本项目组内部或外部专家对编码人员进行指导，指导的内容主要包括以下两方面：

（1）对于本次编码有关的业务进行指导。对编码人员进行业务上的指导，有助于编码人员对详细设计的理解。

（2）对技术进行指导。通过对编码人员的技术指导，可以解答编码人员在技术上的一些疑问。

6．编写代码

在很多的软件开发中，客户为了提高程序的可维护性，往往会对程序代码编写过程做出一些规定，如变量的命名规则、书写规范和公共处理等，所以这就要求编码人员要熟悉这些要求和规范，并严格的遵守这些规范，如果客户没有规定，就要按照公司的规定执行。

1）精化程序的流程图

在编码之前，一定要对详细设计阶段设计的程序流程图反复核对，保证其正确性，这对一个复杂的程序来说是非常必要的，而且对于代码的正确性和质量都是一个很好的保证。

2）程序的注释

程序的注释对于程序的阅读与理解起着重要的作用。注释主要分两部分：

序言性的注释，在程序的开头处，主要是模块功能的说明、输入输出变量的说明、算法的说明、程序员姓名和程序完成以及变更的日期列表。这些主要是满足管理者的需要，管理者易于掌握哪些程序是由哪个编码人员负责的。

程序内部的注释包括语句注释和功能注释，语句注释是对程序中的一些难以理解的语句加上注释；功能注释程解释某段代码的必要性及功能，以使阅读者容易理解设计者的意图，易于理解程序。

实践表明程序注释可以提高程序的可读性和可维护性。

3）数据类型/变量说明

- 数据说明的次序应标准化，如按数据类型或者数据结构来确定数据说明的次序，次序的规则在数据字典中加以说明，以便在测试调试阶段和维护阶段可以方便的查找数据说明的情况；
- 在同一个语句中的多个变量加以说明时，应按英文字母的顺序排列；
- 使用一个复杂的数据结构时，要加注释语句；
- 变量说明不要遗漏，变量的类型、长度、存储及其初始化要正确。

4）语句构造

- 不要为了节省空间把多个语句写在同一行；
- 尽量避免复杂的条件；

- 对于多分支语句,应该把出现可能性大的情况放在前面,把较少出现的分支放在后面,这样可以加快运算时间;
- 避免大量使用循环嵌套语句和条件嵌套语句;
- 利用括号使逻辑表达式或算术表达式的运算次序清晰直观;
- 每个循环要有终止条件,不要出现死循环,也要避免不可能被执行的循环;
- 尽量减少"非"条件测试;
- 尽量少用 GOTO 语句等。

5) 程序效率

程序效率主要指处理工作时间和内存这两方面的效率,在程序满足了正确性、可理解性、可测试性和可维护性的基础上,提高程序的效率也是非常必要的。

可通过如下方法缩短程序运行时间:

- 简化算术和逻辑表达式;
- 嵌套循环,确定是否有语句可从内层往外移;
- 尽量避免使用多维数组;
- 尽量避免使用指针和复杂的表达式;
- 使用执行时间短的算术运算;
- 不要混合使用不同的数据类型;
- 尽量使用整数运算和布尔表达式;
- 选用高效率算法。

在考虑内存效率的时候,可通过考虑操作系统页式调度特点,将程序功能合理分块,每个模块或一组密切相关程序体积与每页容量相匹配的方法,减少页面调度;选择生成较短目标代码且存储压缩性能优良的编译程序。

在编码过程中,一定要严格按照规定的开发规范进行编码,如果没有按照编码规范进行编码,再好的程序代码也不能被接受。另外,在编写代码时,如果认为开发规范有不合理或有待补充之处,应该填写开发规范建议书提交给项目经理;如果发现详细设计中有问题或对详细设计产生疑问,应该填写详细设计疑问列表并提交给项目经理。

7. 代码审查

在编码过程中,每个模块或程序的自我审查的关键环节是绝对不能缺少的。无论多么好的编码人员编写的代码,都会或多或少的存在缺陷,从而影响程序的运行。有的缺陷可以在很短的时间内暴露出来,有的缺陷需要很长的时间才能显现出来。因此在代码审查过程中,一定要仔细认真,不要遗漏。编码人员切勿对自己编写的代码过于自信而不去自我审查。

在进行代码审查过程中,并不是盲目地进行审查,而是要按照代码审查列表中的内容进行审查。审查之后还要把自己审查的内容以及发现的问题记录到代码审查记录中,代码审查记录不作为考核个人的依据。通过代码审查记录,管理人员可以掌握每个编码人员的代码审查工作情况以及自我审查的质量效率。

如果是比较重要的代码(重要的算法、复杂的 SQL 程序段、要求性能比较高的模块等),可以让经验丰富的设计人员或编码人员来复查或进行同级评审。

代码审查作为提高编程质量的一个方式,已经越来越受到重视。但因为编码的人为因素较多,使得代码审查缺乏统一的标准。不过软件编码中也存在一些共同的特点是可以规范和控制的,如语句的完整性、注释的明确性、数据定义的准确性、嵌套层次的限制、特定语句(GOTO 语句)的控制使用等,均可作为代码审查的基本内容。

8．代码测试

为了进一步保证代码的正确性和合理性,编码人员还要对自己编写的代码进行测试。代码测试的依据是详细设计过程中的单元测试计划书。编码人员按照测试计划书中所提供的每个测试项目的测试用例进行测试。本次测试只是编码人员对自己所编写的代码进行自我测试,测试主要采用白盒与黑盒结合的方法。在代码测试过程中,应该填写代码测试记录。在单元测试过程中,因为有些模块不能独立运行,可能需要编写辅助模块配合测试。

9．提交代码

编码人员对自己编写的代码审查完毕,并认为代码不会有任何问题,就可以把代码提交给相应的测试人员。在提交代码时一定要注意自己所提交的代码是最新的版本。

10．更改代码

更改代码的情况可以分为两种:
(1)在测试中发现代码有误或者逻辑不合理。
出现这种情况的主要原因一是编码人员本身的错误而造成的缺陷;二是在需求、设计阶段的错误没有被查出,被带到编码阶段而造成的缺陷。
(2)由于需求和设计的变更引起的代码变更。
在变更代码的过程中一定要注意对代码的版本管理。
该阶段要确保建立了编码规范、文档格式标准,并且按照该标准进行编码;确保代码被正确地测试和集成,对代码的修改得到适当的标识,代码的修改符合变更控制和版本控制流程;确保按照既定的进度计划编写代码;确保按照进度计划进行代码评审。

3.5 测试阶段

软件质量控制要求对软件产品进行检验,这种检验最主要的手段就是软件测试。软件测试过程的目的是为了尽可能发现软件错误,从而保证软件产品的正确性、完整性和一致性,保证提供实现用户需求的高质量、高性能的软件产品,提高用户对软件产品的满意程度。

1．软件测试的各个阶段

软件测试是软件质量保证的关键元素,代表了需求分析、设计和编码的最终检查。软件测试针对不同的测试阶段和测试内容,可以分为单元测试、集成测试、系统测试以及验收测试。在编码阶段进行单元测试,单元测试的目的是测试单一的功能模块是否有错误,能否正常运行;集成测试主要是根据设计阶段制定的测试计划进行,集成测试是测试模块与模块之间的连接是否正确;系统测试主要是对系统的整体质量进行测试;验收测试根据需求分析阶段制定的测试计划进行测试,是测试整个软件产品是否满足了用户的需求。

1) 单元测试

单元测试是针对单个模块进行的测试,通过测试发现实现该模块的实际功能与定义该模块的功能说明是否相符,以及编码的缺陷。主要采用结构测试(白盒法),辅之以功能测试(黑盒法)。重点测试模块接口、局部数据结构、重要执行路径、出错处理通路、边界条件。

2) 集成测试

将经过单元测试的模块进行组装并进行测试,对照软件设计测试和排除子系统或系统结构上的缺陷。在集成测试阶段,测试方法是动态变化的,从白盒方法向黑盒方法逐渐过渡,在自底向上的早期,白盒方法占较大的比例,随着集成测试的不断深入,这种比例在测试过程中越来越小,黑盒测试逐步占据主导地位。黑盒测试法,重点检测模块接口相关问题:穿越接口数据是否丢失;一模块功能是否对另一模块功能产生不利影响;各子功能组合起来,能否达到预期的父功能;全局数据结构是否有问题;单个模块误差累积起来,是否会放大等。

3) 系统测试

检测软件系统运行时与其他相关要素(硬件、数据库及操作人员等)的协调工作情况是否满足要求,包括性能测试、恢复测试和安全测试、压力测试等内容。

(1) 性能测试:程序的响应时间、处理速度、精确范围、存储要求等性能的满足情况。

(2) 恢复测试:系统在软硬件发生故障后,控制并保存数据以及进行自动恢复的能力。

(3) 安全测试:检查系统对用户使用权限进行管理、控制和监督以防非法进入、篡改、窃取和破坏等行为的能力。

(4) 压力测试:是在一种需要异常数量、频率或资源的方式下,执行可重复的负载测试,以检查程序对异常情况的抵抗能力,找出性能瓶颈。异常情况主要指那些峰值、极限值、大量数据的长时间处理等。

系统测试通常是由系统工程组负责进行的,如果小的项目没有系统工程组,那么建议系统测试合并到验收测试中。

4) 验收测试

验收测试是指按规定需求,逐项进行有效性测试。以检验软件的功能和性能及其他特性是否与用户的要求相一致,一般采用黑盒测试法。

验收测试可以让测试人员模拟用户的身份进行测试,也可以让实际用户进行测试,并反馈测试结果。

2．测试方法

测试方法是测试中的灵魂,可以使测试工作事半功倍,但良好的测试方法还得靠良好的测试过程去支持。良好的测试过程是保证软件质量的重要因素,通过严格的、规范的、科学的测试过程,可以正确评估软件产品的质量。测试过程的质量保证主要体现在如下几个方面:

1) 测试计划的有效性和全面性

在进行软件测试前,要制定良好的,切实可行的、有效的测试计划。软件测试计划的目标是提供一个测试框架,不断收集产品的特性信息,对测试的不确定性(测试范围、测试风险等)进行分析,将不确定的内容转化为确定的内容,该过程最终对测试的范围、测试用例的数量、测试的工作量、所需的资源和时间等进行合理的估算,从而对测试策略、方法、人力、日程等做出决定或安排。

2)测试用例的评审

测试用例的设计是整个软件测试工作的核心,所以对测试用例的评审显得非常重要。测试用例设计完后,要经过非正式的复审和评审。从测试用例设计的有效性、测试用例的覆盖面、测试用例的复用性和可维护性等方面进行复审和评审。测试用例在评审后,根据评审已经做出修改,继续评审,直至通过。

3)严格执行测试

测试执行是测试计划和测试用例实现的基础,测试执行的管理相对复杂。确保实施一个真实、符合要求的执行过程,需要通过测试过程跟踪、过程度量和评审、有效的测试管理系统来实现。

4)准确报告软件缺陷

软件缺陷的描述既是软件缺陷报告的基础部分,也是测试人员就一个软件问题与开发小组交流的最初且最好的机会。好的描述需要使用简单、准确、专业的语言来抓住缺陷的本质。准确报告软件缺陷是非常重要的,可以减少软件缺陷从开发人员返回的数量,提高软件缺陷修复的速度,提高测试人员的信用度,得到开发人员对缺陷处理的快速响应。

5)提高测试覆盖度

测试覆盖度评估是软件测试的一个阶段性结论,用所生成的测试评估报告,来确定测试是否达到完全和成功的标准。测试覆盖率是用来衡量测试完成多少的一种量化的标准。测试评估可以说贯穿整个软件测试的过程,可以在测试每个阶段结束前进行,也可以在测试过程中某一个时间进行。目的只有一个,提高测试覆盖度,保证测试的质量。通过不断的测试覆盖度评估或测试覆盖率计算,计算掌握测试的实际状况与测试覆盖度目标的差距,及时采取措施,就可以提高测试的覆盖度。

6)测试结果分析和质量报告

一个好的测试报告是建立在正确的、足够的测试结果的基础之上的,它不仅要提供必要的测试结果的实际数据,同时要对结果进行分析,发现产品中问题的本质,对产品质量进行准确的评估。通常对测试结果的分析包括缺陷分析和产品总体质量分析。

3.6　系统交付和安装阶段

经过测试阶段,要将开发完成并且通过测试的软件应用系统和相关文档交付给用户,并负责协助用户正确安装运行,对用户进行相关培训。

系统交付和安装阶段要完成如下质量保证工作:

(1)制定软件交付及培训计划。

计划保证软件能及时交付并充分对用户进行培训。

(2)制定软件维护计划。

软件维护是一个综合过程,可以说比软件开发更为复杂、要求更为严格,所以要制定软件维护计划,以保证有效的维护实施和可靠的软件维护质量。在软件维护计划中,要定义软件维护的目标、功能和任务、人员和资源分配、组织机构和保障措施,而且要分析和制定、确认软件维护的策略、流程和规则、实施方法和工具等。

软件维护计划制定过程中,软件维护策略是其中一项很重要的工作。要分析维护的影响因素和可能存在的各种风险,如何克服一些不利的因素,如何将维护的风险降到最低,是软件维护策略的核心。

(3) 交付给用户所有的文档。

保证所有文档的一致性、完整性和正确性。

(4) 交付、安装软件系统。

包括搭建产品环境、安装软件和配置环境等。

(5) 评审批准软件维护计划。

评审通过并批准软件维护计划。

(6) 用户验收确认。

项目通过了用户的验收,用户接受了被交付的系统并签字确认。

该阶段除保证上述内容外,还要对即将进入到维护阶段的软件确保代码和文档的一致性;确保对已建立的变更控制过程进行监测,包括将变更集成到软件的产品版本中的过程;确保对代码的修改遵循编码标准,并且要对其进行评审,不要破坏整个代码结构。

☞ 本 章 小 结

本章从软件开发过程的计划阶段、需求分析阶段、设计阶段、编码阶段、测试阶段、系统交付和安装阶段介绍软件质量保证过程,从软件质量保证的角度给出各个开发阶段应该如何实施,如何审查。

✔ 本 章 习 题

1. 软件计划阶段需要制定哪几项计划?
2. 需求说明过程包括哪几项任务?
3. 简述需求分析阶段质量保证的目的。
4. 简述制定编码计划的主要内容。
5. 简述测试过程的质量保证包括哪几方面。
6. 简述系统交付和安装阶段的质量保证过程。

第 4 章
软件测试基础

本章学习目标：

- 掌握软件缺陷的定义。
- 掌握软件测试的概念、软件测试的目的。
- 掌握软件测试分类。
- 了解软件测试误区。
- 掌握软件测试的原则。

4.1 软件测试的概念

软件测试是保证软件质量的重要手段，软件质量的好坏将决定软件企业的市场命运。因此，越来越多的软件机构开始重视软件测试，配备测试人员，建立测试团队，逐步将软件测试从软件开发团队分离出来，作为一个独立的组织。

本节将详细介绍软件测试相关的术语、软件测试的概念、测试分类以及测试原则等内容。

4.1.1 软件缺陷

1. 软件缺陷的案例

历史上的很多软件缺陷案例，都是由于软件测试不充分而导致的。

1963 年，由于用 FORTRAN 程序设计语言编写的飞行控制软件中的循环语句 DO 5 I＝1,3 误写为 DO 5 I＝1.3，结果导致美国首次金星探测飞行失败，造成价值约 1000 多万美元的损失。

1979 年，新西兰航空公司的一架客机因计算机控制的自动飞行系统发生故障而撞在阿尔卑斯山上，机上 257 名乘客全部遇难。

1983 年，美国科罗拉多河水泛滥，由于计算机对天气形势预测有误，水库未能及时泄洪，以致造成严重的经济损失和人员伤亡。

1990 年 1 月 15 日，通信中转系统软件发生故障，导致主干远程网大规模崩溃，使数以千计的电信运营公司损失惨重。

1992 年 10 月 26 日，伦敦救护中心的计算机辅助发送系统刚启动就崩溃了，导致这个全世界最大的每天要接运 5000 多病人的救护机构全部瘫痪。

1994 年，美国迪士尼公司出品的《狮子王》虽能在少数系统中正常工作，但在大众常用的系统中不能运行，这是由于兼容性问题所致。

1996 年 6 月 4 日，耗资 80 亿美元的欧洲航空航天局发射的阿里亚娜 501 火箭，发射升空 37 秒后爆炸。原因是主发动机打火顺序开始 37 秒后，制导信息由于惯性制导系统的软件出现规格和设计错误而完全遗失。

临近 2000 年时，著名的"千年虫"问题。在 20 世纪 70 年代，由于计算机硬件资源很珍贵，程序员为节约内存资源和硬盘空间，在存储日期数据时，只保留年份的后 2 位，如"1980"被存储为"80"。当 2000 年到来时，问题出现了，计算机无法分清"00"是指"2000 年"还是"1000 年"。例如，银行存款的软件在计算利息时，本应该用现在的日期"2000 年 1 月 1 日"减去当时存款的日期。但是，由于"千年虫"的问题，结果用"2000 年 1 月 1 日"减去当时存款的日期，存款年数就变为负数，导致顾客反要付给银行巨额的利息。为了解决"千年虫"问题，花费了大量的人力、物力和财力。

对于以上描述的各种案例问题，我们都可用"软件缺陷"来表达。软件在它的生命周期内各个阶段都可能发生问题，发生问题的情况和形式是各不相同的，大家都习惯使用"bug"这个词描述这些问题，它包含一些偏差、谬误或错误，更多地表现在功能上和实际需求的不一致。软件缺陷的含义相对比较广泛，包含了各种偏差、谬误或错误，其结果表现在功能上的失败和不符合设计要求、用户实际需求，即与需求相矛盾（inconsisitency）。所以，软件缺陷是指计算机系统或程序中存在的任何一种破坏正常运行能力的问题、错误，或者隐藏的功能缺陷、瑕疵，其结果会导致软件产品在某种程度上不能满足用户的需要。IEEE729(1983) 中对软件缺陷给出了一个标准的定义：

- 从产品内部看，软件缺陷是软件产品开发或维护过程中所存在的错误、毛病等各种问题；
- 从外部看，软件缺陷是系统所需要实现的某种功能的失效或违背。

软件缺陷就是软件产品中所存在的问题，最终表现为用户所需要功能没有完全实现，没有满足用户的需求。而软件缺陷的表现形式各种各样，不仅仅体现在功能的失效方面，还体现在其他方面，例如：

- 功能、特性没有实现或部分实现；
- 设计不合理，存在缺陷；
- 实际结果和预期结果不一致；
- 运行出错，包括运行中断、系统崩溃、界面混乱；
- 数据结果不正确、精度不够；
- 用户不能接受的其他问题，如存取时间过长、界面不美观。

用户需要根据软件特点和使用环境定义自己的质量需求，从而定义软件缺陷的表现形式。如果想要定义清楚软件缺陷，首先需要了解一下软件缺陷的评判依据。产品说明书是一个软件开发和使用过程中的通称，可以简称为说明书，它包括需求规格说明书、设计说明书、产品使用说明书、用户手册等。它对软件进行了定义，给出了软件的细节、如何做、做什么、不能做什么。通常，可以从以下 5 个规则来判别出现的问题是否是软件缺陷：

- 软件未实现产品说明书要求的功能；
- 软件出现了产品说明书指明不应该出现的错误；

- 软件出现了产品说明书未提到的功能；
- 软件未实现产品说明书虽未明确提及但应该实现的目标；
- 软件难以理解、不易使用、运行缓慢或者从测试人员的角度看最终用户会认为不好。

2．与软件缺陷相关的术语

软件缺陷通常被称为"bug"，实际上，与"bug"相近的词还有很多，例如：错误（error），缺陷（fault），失效（failure），事故（incident）等，它们之间是有区别的。

（1）错误（error）。

一般情况下，是软件本身的错误，是由程序员在编程过程中造成的（something wrong in software itself）。应用到测试过程时，有两种不同使用方式，一是指一个实际测量值与理论预期值之间的分歧；二是指一些人的行为引起的软件中的某种失效或缺陷。

（2）缺陷（fault）。

缺陷是错误的结果，是错误的表现，是软件产品预期属性的偏离现象，是导致系统失败的条件，系统出错的基本原因是缺陷。

（3）失效（failure）。

失效是指不能按软件规格说明的要求执行一个软件片段。缺陷执行时会发生失效，与需求规格说明有关，但不是所有的缺陷都会导致失效。

（4）事故（incident）。

出现失效时，可能会也可能不会呈现出来，当呈现时，就称为事故，事故说明出现了与失效类似的情况，警告用户注意所出现的失效。

如果在系统中有一个错误，则失效必然出现；如果失效出现了，则系统中必然有一个缺陷；如果系统中有一个缺陷，系统有可能出现失效，但并非一定出现失效。

3．软件缺陷的产生

由于软件系统越来越复杂，不管是需求分析、程序设计等都面临越来越大的挑战。由于软件开发人员思维上的主观局限性，且目前开发的软件系统都具有相当的复杂性，决定了在开发过程中出现软件错误是不可避免的。造成软件缺陷的主要原因可从软件本身、团队工作和技术问题等多个方面来查找，以确定造成软件缺陷的主要因素。

（1）技术问题。

- 开发人员技术的限制，系统设计不能全面考虑功能、性能和安全性的平衡；
- 刚开始采用新技术时，解决和处理问题时不够成熟；
- 由于逻辑过于复杂，很难在第一次就将问题全部处理好；
- 系统结构设计不合理或算法不科学，造成系统性能低下；
- 接口参数太多，导致参数传递不匹配；
- 需求规格说明书中有些功能在技术上无法实现；
- 没有考虑系统崩溃后的自我恢复或数据的异地备份、灾难性恢复等需求，导致系统存在安全性、可靠性的隐患。

一般情况下，对应编程语言的编译器可以发现这类问题。对于解释性语言，只能在测试运行的时候发现。

（2）软件本身。

- 不完善的软件开发标准或开发流程；
- 文档错误、内容不正确或拼写错误；
- 没有考虑大量数据使用场合，从而可能引起强度或负载问题；
- 对程序逻辑路径或数据范围的边界考虑不够周全，漏掉某几个边界条件造成的问题；
- 对一些实时应用系统，缺乏整体考虑和精心设计，忽视了时间同步的要求，从而引起系统各单元之间的不协调、不一致性的问题；
- 与硬件、第三方系统软件之间存在接口或依赖性。

（3）团队工作。

- 团队文化，如对软件质量不够重视；
- 系统分析时对客户的需求不是十分清楚，或者和用户的沟通存在一些困难，从而造成对用户需求的误解或理解不够全面；
- 不同阶段的开发人员相互理解不一致，软件设计对需求分析结果的理解偏差，编程人员对系统设计规格说明书中某些内容重视不够或存在着误解；
- 设计或编程上的一些假定或依赖性，没有得到充分的沟通。

4. 软件缺陷的构成

根据软件缺陷的产生可以看出，软件缺陷是由很多原因造成的，如果把它们按需求分析结果——规格说明书、系统设计结果、编程的代码等归类和比较后发现，规格说明书是软件缺陷出现最多的地方，如图 4.1 所示。

通常软件规格说明书扩展理解为需求规格说明、功能规格说明、操作规格说明、使用规格说明等软件文档，该类文档是内部用户开发人员设计开发的基础，也是外部用户参考的依据。为什么是引入软件缺陷最多的地方呢？主要原因有以下几种：

- 用户一般是非计算机专业人士、软件开发人员和用户的沟通存在较大困难，对要开发的软件产品功能理解不一致。

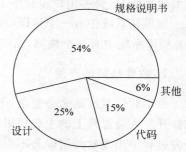

图 4.1　软件缺陷构成示意图

- 由于软件产品还没有设计、开发，完全靠想象去描述软件系统的实际情况，所以有些特性思考的还不够清晰。
- 需求变化的不一致性。用户的需求总是在不断变化的，这些变化如果没有在产品规格说明书中得到正确描述，容易引起前后的矛盾。
- 对于规格说明书普遍不够重视，在规格说明书的设计和写作上投入的人力、实践不足。

排在规格说明书之后的是设计，编码只能排在第三位。许多人印象中，软件测试主要是找程序代码中的错误，这是一个认识误区。如果从软件开发各个阶段来看软件缺陷分布，也主要集中在需求分析、系统设计中，代码的错误要比前两个阶段少，如图 4.2 所示。在单元测试、测试执行阶段引起的缺陷主要是修正原来缺陷而引起的新问题，这就是常说的回归缺陷。

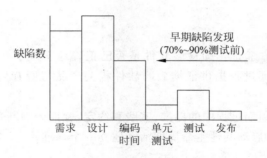

图 4.2 软件缺陷在不同阶段的分布

5. 软件缺陷的修复代价

软件缺陷被发现后,要尽快修复。为什么这样做?原因很简单,软件生命周期的各个阶段的工作都有可能发生错误,并不只是在编码阶段产生错误,需求和设计阶段同样会产生错误。由于前一阶段的成果是后一阶段的工作基础,前一阶段的错误自然会导致后一阶段的工作结果中有相应的错误,而且错误会累积、扩散,越来越多。越到后期,修复缺陷的代价就会越大,因此,缺陷发现或解决的越迟,成本就越高。

Boehm 在 *Software Engineering Economics*(1981 年)一书中写到:"平均而言,如果在需求阶段修正一个错误的代价是 1,那么,在设计阶段就是它的 3~6 倍,在编码阶段是它的 10 倍,在内部测试阶段是它的 20~40 倍,在外部测试阶段是它的 30~70 倍,而到了产品发布出去时,这个数字就是 40~1000 倍。修正缺陷的代价不是随时间线性增长,而几乎是呈指数增长的。"因此,尽早发现软件缺陷是测试人员的目标。如图 4.3 所示就说明了这样一个道理。

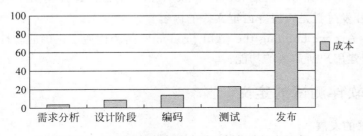

图 4.3 软件缺陷修复成本随时间推移越来越高

4.1.2 验证和确认

从上节讨论可知,软件缺陷不仅存在于可执行的程序中,而且存在于需求定义和设计的文档中,所以软件测试不仅仅是"为了发现错误而执行程序的过程",而且还包括对产品规格说明书、技术设计文档等的测试。软件测试贯穿整个软件开发过程,是软件验证和用户需求确认的统一。

软件测试不仅要检查程序是否出错,程序是否和软件产品的设计规格说明书一致,而且还要检验所实现的功能是否就是客户或用户所需要的功能,这就引出了软件测试中有名的 V&V。V&V,即英文单词 Verification 和 Validation 的首字母组合。

1. 验证

Verification，翻译为"验证"，即检验软件是否已正确地实现了产品规格说明书所定义的系统功能和特性。验证过程提供证据表明软件相关产品与所有生命周期活动的要求相一致。

验证是否满足生命周期过程中的标准、实践和约定，验证为判断每个生命周期活动是否已经完成，以及是否可以启动其他生命周期活动建立一个基准。

2. 确认

Validation，翻译为"确认"，可以理解为"有效性确认"。这种有效性确认要求更高，要能保证所生产的软件可追溯到用户需求的一系列活动。确认过程提供证据表明软件是否真正满足客户的需求，并解决了软件系统所要处理的业务问题。

3. 两者的区别

为了更好地理解"验证"和"确认"的区别，可以概括地说，验证是检验开发出来的软件产品和设计规格说明书的一致性，即是否满足软件厂商的生产要求。但设计规格说明书本身就可能存在错误，所以即使软件产品中某个功能实现的结果和设计规格说明书完全一致，但可能并不是用户所需要的，因为设计规格说明书很可能一开始就对用户的某个需求理解错了，所以仅仅进行验证测试还是不充分的，还要进行确认测试。确认就是检验产品功能的有效性，即是否满足用户的真正需求。所以，Barry W. Boehm 给出了 V&V 最著名又最简单的解释。

Verification：Are we building the product right? 是否正确地构造了软件？即是否正确地做事，验证开发过程是否遵守已定义好的内容？

Validation：Are we building the right product? 是否构造了正确的软件？即是否做正确的事或正在构建用户所需要的功能？

4.1.3　软件测试的定义

1. 软件测试的发展

在早期的软件开发过程中，软件开发等于编程，软件工程的概念和思想还没有形成，也就没有明确的分工，软件开发的过程随意、混乱无序，测试和调试混淆在一起，没有独立的测试，所有的工作基本都是程序员完成，一面写程序，一面调试程序。直到 1957 年，软件测试才开始区别于调试，作为一种发现软件缺陷的独立活动而存在。但这时，测试活动往往发生在代码完成之后，测试被认为是一种产品检验的手段，成为软件生命周期最后一项活动而进行。在这一时期，测试的投入还很少，也缺乏有效的测试方法，所以，软件产品交付到客户那里仍然存在很多问题，软件产品的质量无法保证。

1972 年，软件测试领域的先驱 Bill Hetzel 博士在美国的北卡罗来纳大学（University of North Carolina）组织了历史上第一次正式的关于软件测试的会议。从此以后，软件测试开始出现在软件工程的研究和实践中。在 1973 年，Bill Hetzel 正式为软件测试下了一个定义：软件测试就是为程序能够按预期设想运行而建立足够的信心。Bill Hetzel 觉得原来的定义不够清楚，理解起来比较困难，所以在 1983 年将软件测试的定义修改为：软件测试就是一系列活动，这些活动是为了评估一个程序或软件系统的特性或能力，并确定其是否达到了预期结果。

可以说 Bill Hetzel 是软件测试的奠基人，但他的观点还是受到业界一些权威的质疑和挑战，其中代表人物为 Glenford J. Myers（代表论著《软件测试的艺术》，*The Art of Software Testing*，1979）。Myers 认为测试不应该着眼于验证软件是工作的，相反，应该用逆向思维去发现尽可能多的错误。1979 年，他给出了软件测试的不同定义：测试是为了发现错误而执行一个程序或者系统的过程。从这个定义可以看出，假定软件总是有错误的，测试就是为了发现缺陷，而不是证明程序无错误。发现了问题说明程序有错，但如果没有发现问题，并不能说明问题就不存在，而是至今未发现软件中所潜在的问题。

2．软件测试的定义

Myers 对软件测试的定义虽然受到业界的普遍认可，但也存在一定问题。如：

- 如果只强调测试的目的是寻找错误，就可能使测试人员容易忽视软件产品的某些基本需求或客户的实际需求，测试活动可能会存在一定的随意性和盲目性；
- 如果只强调测试的目的是寻找错误，使开发人员容易产生一个错误的印象，测试人员的工作就是挑毛病的。

除此之外，Myers 的软件测试定义还强调测试是执行一个程序或者系统的过程，也就是说，测试活动是在程序代码完成之后进行，而不是贯穿整个软件开发过程的活动，即软件测试不包括软件需求评审、软件设计评审和软件代码静态检查等一系列活动，从而使软件测试的定义具有局限性和片面性。

Bill Hetzel 的软件测试定义可能使软件测试活动的效率降低，甚至缺乏有效的方法进行测试活动。但是 Bill Hetzel 的软件测试定义也得到了国际标准的采纳，例如 IEEE 在 1983 of IEEE Standard 729 中对软件测试下了一个标准的定义：使用人工和自动手段来运行或测试某个系统的过程，其目的在于检验其是否满足规定的需要或是弄清楚预期结果与实际结果之间的差别。该定义明确提出了软件测试以检验是否满足需求为目标。

Myers 和 Bill Hetzel 的两种对软件测试定义的观点是从不同角度看问题，一方面通过测试来保证质量，另一方面又要改进测试方法和提高软件测试效率，两者应该相辅相成。因为测试不能证明软件没有错误、不能确认所有功能可以正常工作，所以测试要尽可能找出那些不能正常工作、不一致性的问题。

概括起来，软件测试的正确定义就是：软件测试是由"验证（Verification）"和"确认（Validation）"活动构成的整体。

4.1.4   软件测试的目的

站在不同的立场，软件测试的目的也不同。

从用户角度出发，希望通过软件测试暴露软件隐藏的错误和缺陷，从而考虑是否可接受该产品。从软件开发者角度出发，希望表明软件产品不存在错误，验证该软件能正确地实现用户需求，确立人们对软件质量的信心。从软件管理者角度出发，希望花费有限的资源达到该软件用户的质量要求,经费和进度是其首要考虑的焦点。

Glenford J. Myers 在 *The Art of Software Testing* 一书中的观点:

- 软件测试是程序的执行过程,目的在于发现错误;
- 测试是为了证明程序有错,而不是证明程序无错误;
- 一个好的测试用例是在于它能发现至今未发现的错误;
- 一个成功的测试是发现了至今未发现的错误的测试。

软件测试的重点在检测缺陷上,许多重要的缺陷主要来自于对需求和设计的误解、遗漏和不正确,早期的结构化静态测试可用于缺陷的预防。因此,检测和预防已经成为软件测试的重要目标。

4.1.5　测试用例

软件测试是程序的执行过程,目的在于发现错误,测试目标是找出软件的缺陷。为了高效地找出软件缺陷,我们可以通过精心设计并执行少量测试数据,并利用这些数据去运行程序,以发现程序错误,这些少量测试数据成为测试用例。从测试用例构成来说,不仅仅包括测试数据。

IEEE 610.12 给出测试用例的定义为:

(1) 测试用例是一组输入(运行前提条件)和为某特定的目标而生成的预期结果及与之相关的测试规程的一个特定的集合,或称为有效地发现软件缺陷的最小测试执行单元。

(2) 测试用例是一个文档,详细说明测试的输入、期望输出和为一个测试项所准备的一组执行条件。

因此,我们说测试用例是指对一项特定的软件产品进行测试任务的描述,体现了测试方案、方法、技术和策略,其内容包括测试目标、测试环境、输入数据、测试步骤、预期结果和测试脚本等。简单地说,测试用例是针对要测试的内容所确定的一组输入信息,是为达到最佳的测试效果或高效地揭露隐藏的错误而精心设计的少量测试数据。

测试用例编写设计测试设计说明、测试用例说明和测试软件说明等,具体测试用例模板可参考附录 A.2。

一般一个测试用例是有目的进行选择的,如果一次测试使用很多测试用例,称作测试用例集(test case set)。

软件测试的核心工作就是针对要测试的内容设计一组测试用例。那么,什么是质量良好的测试用例? 一个好的测试用例在于它能发现至今未发现的错误,所以设计测试用例比测试用例执行重要。设计测试用例通常遵守以下原则:

(1) 使用成熟的测试用例设计方法来进行设计;

(2) 保证测试用例数据的正确性和操作的正确性;

(3) 确保测试用例应该针对单一的测试项;

(4) 每个测试用例应该针对单一的测试项;

(5) 保证测试结果是可以判定并且可以再现的;

(6) 保证测试用例的描述准确、清晰、具体;

(7) 测试用例设计应满足项目的时间、人员和资金约束。

设计测试用例时依据的文档和资料包括软件需求规格说明书、概要设计规格说明书、详细设计说明书、与开发组进行交流时的记录、其他已经成熟的测试用例等。对项目充分地了解、有充足的项目相关文档、对其他测试用例的借鉴,都有助于设计出好的测试用例。

4.2　软件测试的分类

从不同的角度,可以把软件测试分成不同种类。

4.2.1　按技术分类

按测试技术分,软件测试可分为白盒测试和黑盒测试两种。

1. 白盒测试技术

白盒测试技术是通过对程序内部结构的分析、检测来寻找问题。如果已知产品的内部活动方式,就可以采用白盒测试技术来测试它的内部活动是否都符合设计要求,对软件的实现细节做细致的检查,如图 4.4 所示。

2. 黑盒测试技术

黑盒测试技术是通过软件的外部表现来发现其缺陷和错误。这是在已知产品需求的情况下,通过测试来检验是否都能被满足的测试方法。对于软件测试而言,黑盒测试技术把程序看成一个黑盒子,完全不考虑程序的内部结构和处理过程,如图 4.5 所示。

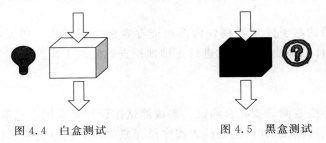

图 4.4　白盒测试　　　　　　　图 4.5　黑盒测试

4.2.2　按测试方式分类

按测试方式分,软件测试可分为静态测试与动态测试两种。

1. 静态测试

静态测试又称为静态分析技术,其基本特征是不执行被测试软件,而对需求分析说明书、软件设计说明书、源程序做结构检查、流程图分析、符号执行等找出软件错误。静态测试可以人工进行分析,也可以用静态分析测试工具来进行自动分析,它将被测试程序的正文作为输入,经静态分析程序分析得出测试结果,如图 4.6 所示。

2. 动态测试

动态测试的基本特征是执行被测程序,通过执行结果分析软件可能出现的错误。可以人工设计程序测试用例,也可以由动态分析测试工具做检查与分析。通过执行设计好的相关测试用例,检查输入与输出关系是否正确,动态测试如图 4.7 所示。

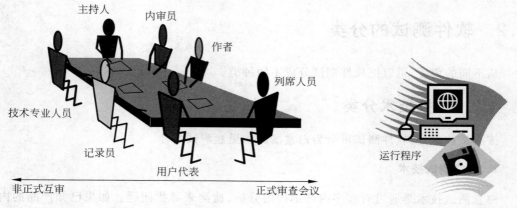

主持人　内审员

作者

列席人员

技术专业人员

记录员

用户代表

非正式互审　　　　　　　　　　正式审查会议

运行程序

图 4.6　静态测试　　　　　　　　　　　图 4.7　动态测试

4.2.3　按测试阶段分类

按测试实施的阶段来划分,测试可以分为单元测试、集成测试、确认测试、系统测试和验收测试。

1. 单元测试

单元测试的目的在于发现各模块内部可能存在的各种差错。单元测试又称为模块测试,是针对软件设计的最小程序单位进行正确性检查的测试工作。

2. 集成测试

集成测试也称组装测试或联合测试。集成测试按设计要求把通过单元测试的各个模块组装在一起之后进行测试,其目的是检查程序单元或部件的接口关系,以便发现与接口有关的各种错误。集成测试依据的标准是软件概要设计规格说明书。

3. 确认测试

确认测试也称为合格性测试,用来检验集成后的软件功能是否符合用户的需求。它依据软件需求规格说明书,主要验证软件是否满足预期用途的需求。

4. 系统测试

系统测试是将已经集成好的软件系统,作为整个基于计算机系统的一个元素,与计算机硬件、外设、某些支持软件、数据和人员等其他系统元素结合在一起,在实际运行(使用)环境下,对计算机系统进行一系列的测试。系统测试一般依据系统需求规格说明书。

有时会把确认测试和系统测试合并为一个过程,统称为系统测试。

5．验收测试

验收测试又称有效性测试。验收测试的任务是验证软件的功能、性能及其他特性是否与用户的要求一致。验收测试要由使用用户参加测试,检验软件规格说明的技术标准的符合程度,是保证软件质量的最后关键环节。

4.2.4　按测试内容分类

按照测试内容可以分为功能测试、压力测试、性能测试、可靠性测试、安全性测试、兼容性测试、安装测试、灾难性恢复测试、回归测试等。

1．功能测试

功能测试可以验证每个功能是否按照事先定义的要求那样正常工作。

2．压力测试

压力测试也称为负载测试,用来检查系统在不同负载(如数据量、并发用户、连接数等)条件下的系统运行情况,特别是高负载、极限负载下的系统运行情况,以发现系统不稳定、系统性能瓶颈、内存泄露、CPU 使用率过高等问题。

3．性能测试

性能测试是指测试系统在不同负载条件下的系统具体的性能指标。

4．可靠性测试

可靠性测试是检验系统是否能保持长期稳定、正常的运行,如确定正常运行时间,即平均失效时间(Mean Time Between Failures,MTBF)。可靠性测试包括强壮性测试和异常处理测试。

5．安全性测试

安全性测试是测试系统在应对非授权的内部/外部访问、故意损坏时的系统防护能力。

6．兼容性测试

兼容性测试是测试在系统不同运行环境(网络、硬件、第三方软件等)下的实际表现。

7．安装测试

安装测试是验证系统是否能按照安装说明书成功地完成系统的安装。

8．灾难性恢复测试

灾难性恢复测试是在系统崩溃、硬件故障或其他灾难发生之后,重新恢复系统和数据的能力测试。

9. 回归测试

回归测试是为保证软件中新的变化(新增代码、代码修改等)不会对原有功能的正常使用有影响而进行的测试。

软件测试是一个三维空间,包括测试技术、测试阶段和测试内容,如图4.8所示。测试目标主要验证软件的质量特性,测试方法主要指白盒测试和黑盒测试方法,测试阶段包括了各类活动。

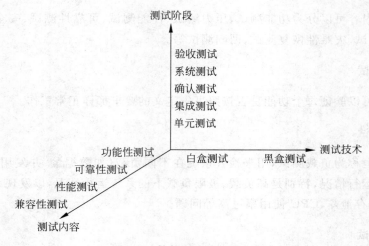

图 4.8　软件测试的三维空间

4.3　软件测试的误区

与软件开发相比,软件测试的地位和作用还没有真正受到重视,很多人(包括软件项目组的技术人员)对测试存在许多认识误区,影响了测试活动的开展。下面介绍一些常见的测试误区。

误区 1:在软件开发完成后进行软件测试。

一般认为,软件开发要经过需求分析、概要设计、详细设计、软件编码、软件测试、软件发布等。据此,常常错误地认为软件测试是在软件编码之后。其实,软件测试贯穿于软件项目的整个生命过程,在软件项目的每一个阶段都要进行不同目的和内容的测试活动,以保证各个阶段的正确性。软件测试的对象不仅仅是软件代码,还包括软件需求文档和设计等各类文档。

软件开发与软件测试是交互进行的。例如,编码需要单元测试,模块组合阶段需要集成测试。如果等到软件编码后才进行测试,测试的时间将会很短,测试的覆盖面将很不全面,测试的效果也将很差。

误区 2:在软件发布后发现质量问题,是测试人员的问题。

软件错误可能来自软件项目中的各个过程,软件测试只能确认软件存在错误,不能保证软件没有错误。从软件开发的角度看,高质量的软件依赖于软件生命周期的各个过程,特别是需求分析和设计阶段。如果软件质量出现问题,不能简单地归结为测试人员的责任,而应该分析软件过程的各个阶段,寻找错误的原因和改进的措施。

误区 3:软件测试要求不高,随便找个人就行。

软件测试作为一个相对独立的领域,其技术不断更新和完善,新工具、新流程、新方法都在不断出现,随着软件测试行业的大力发展,需要更多有丰富测试技术和管理经验的测试人员。

误区 4:软件测试是测试人员的事情,与程序员无关。

开发和测试是相辅相成的过程,测试人员需要和程序员保持密切的联系,加强交流和协作。因此,软件测试不仅仅是测试人员的事情,也与程序员有关。

误区 5:项目进度慢时少做些测试,时间充足时多做测试。

误区 5 是在软件开发过程中不重视软件测试的常见表现,也是软件项目过程管理混乱的表现。软件项目开发需要各种计划,对项目实施过程中的任何问题,都要有风险分析和相应对策,不要因为开发进度的延期而简单地缩短测试时间、人力和资源。缩短测试时间会导致测试不完整,对项目的质量引入风险,会造成更大的软件缺陷。克服这种现象的最好办法是加强软件过程的计划和控制,包括软件测试计划、测试设计、测试执行、测试度量和测试控制。

误区 6:软件测试是低级工作,开发人员才是软件高手。

软件测试人员和开发人员并没有技术的高低之分。软件开发人员往往只对自己开发的模块比较了解,对算法掌握的程度较高。而软件测试人员不仅要懂得如何测试,还要懂得被测软件的业务知识和专业知识。因此,软件测试和开发人员只是工作侧重点有所不同,并不存在水平差异的问题。

另外,软件测试的目标就是发现软件和规格说明之间的差异和矛盾。这些软件缺陷一经发现就必须报告给开发人员。通常认为软件开发是建设性行为,而软件测试则是破坏性行为。由于这种理解导致开发人员对开发软件比测试更有兴趣,开发人员在进行测试时会进行的比较肤浅,从而忘记执行合理的测试用例。因此,除非开发人员对自己的程序能够保留审慎的距离,否则一定程度的测试独立通常可以高效地发现软件缺陷和失效。

4.4 软件测试的原则

在过去的四十年中,软件测试界提出了很多测试原则,并且提供了适合所有测试的一些通用的测试指南,目前已经被普遍接受并广泛应用。

原则 1:测试显示存在缺陷。

测试可以显示软件存在缺陷,但不能证明系统不存在缺陷。测试可以减少软件中存在未被发现缺陷的可能性,但即使测试没有发现任何缺陷,也不能证明软件或系统是完全正确的。

原则 2:穷尽测试是不可行的。

除了小型项目,考虑所有可能输入值和它们的组合,并结合所有不同的测试前置条件进行穷尽测试是不可能的。在实际测试过程中,对软件进行穷尽测试会产生天文数字的测试用例。所以,应通过运用风险分析和不同系统功能的测试优先级,确定测试的关注点,从而代替穷尽测试。

　　原则 3：测试活动要尽早开始。

　　为了尽早发现缺陷，在软件或系统开发生命周期中，测试活动应尽可能早地介入，并且应该将关注点放在已经定义的测试目标上。

　　原则 4：缺陷集群性。

　　通常情况下，大多数缺陷只存在于测试对象的极小部分中。缺陷并不是平均而是集群分布的。因此，如果在一个地方发现了很多缺陷，那么通常在附近会有更多的缺陷。在测试中，应当灵活地运用这条原则。

　　原则 5：杀虫剂悖论。

　　采用同样的测试用例多次重复进行测试，最后将不再能够发现新的缺陷。因此，为了克服这种"杀虫剂悖论"，维持测试的有效性，测试用例需要进行定期评审和修改，同时需要不断增加新的不同的测试用例来测试软件或系统的不同部分，从而发现潜在的更多的缺陷。

　　原则 6：测试依赖于测试背景。

　　测试必须与应用程序的运行环境和使用中固有的风险相适应。针对不同的测试背景，进行不同的测试活动。如，对安全攸关的软件进行测试与对一般电子商务软件的测试是不一样的。

　　原则 7：没有失效就是有用系统是一种谬论。

　　找到失效、修正缺陷并不能保证整个系统可以满足用户的预期要求和需要。如系统无法使用，发现和修改缺陷是没有任何意义的。在开发过程中用户的早期介入和原型系统的使用就是为了避免出现问题的预防性措施。

本 章 小 结

　　软件测试领域的技术术语如软件缺陷、验证、确认以及软件测试是了解软件测试、掌握软件测试目的的主要内容。软件测试是一个三维空间，按照不同的角度可以分为不同类别的测试。许多人对软件测试存在认识误区，在测试前应排除这些认识误区。为了更加高效地找到软件缺陷，测试中应当牢记 7 条基本原则。

本 章 习 题

　　1. 软件测试是什么？目的是什么？
　　2. 什么是软件缺陷？如何产生的？
　　3. 为什么说随着时间的推移修复软件缺陷的成本越来越高？
　　4. 简述验证和确认的区别。
　　5. 什么是测试用例？如何设计好的测试用例？
　　6. 软件测试都可以分哪些类别？
　　7. 软件测试的原则都包括哪些？

第5章 软件测试过程

本章学习目标：
- 掌握常见的软件测试模型。
- 掌握软件测试过程中的主要活动。

5.1 常见测试过程模型

随着测试技术的蓬勃发展，测试过程的管理显得尤为重要，过程管理已成为测试成功的重要保证。经过多年努力，测试专家提出了许多测试过程模型，包括 V 模型、W 模型、H 模型等。这些模型定义了测试活动的流程和方法，为测试管理工作提供了指导。但这些模型各有长短，并没有哪种模型能够完全适合于所有的测试项目，在实际测试中应该吸取各模型的长处，归纳出适合自己组织的测试理念。在运用这些理念指导测试的同时，测试组应不断关注基于度量和分析过程的改进活动，不断提高测试管理水平，更好地提高测试效率、降低测试成本。

软件测试过程模型是一种抽象的概念模型，用于定义软件测试的流程和方法。众所周知，开发过程的质量决定了软件的质量，同样的，测试过程的质量将直接影响测试结果的准确性和有效性。软件测试过程和软件开发过程一样，都遵循软件工程原理，遵循管理学原理。

本节重点介绍常见的软件测试过程模型原理及特点。

5.1.1 V 模型

V 测试过程模型（以下简称 V 模型）最早是由 Paul Rook 在 20 世纪 80 年代后期提出的，旨在改进软件开发的效率和效果。V 模型反映出了测试活动与分析设计活动的关系。如图 5.1 所示，从左到右描述了基本的开发过程和测试行为，非常明确地标注了测试过程中存在的不同类型的测试，并且清楚地描述了这些测试阶段和开发过程期间各阶段的对应关系。

在软件测试方面，V 模型是最广为人知的模型，它和瀑布开发模型有着一些共同的特性，因此也和瀑布模型一样地受到了批评和质疑。

V 模型的价值在于它非常明确地标明了测试过程中存在的不同等级，并且清楚地描述了这些测试阶段和开发过程期间各阶段的对应关系。在 V 模型中，单元测试是基于代码的

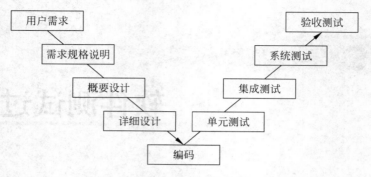

图 5.1　软件测试 V 模型

测试,最初由开发人员执行,以验证其可执行程序代码的各个部分是否已达到了预期的功能要求;集成测试验证了两个或多个单元之间的集成是否正确,并有针对性地对详细设计中所定义的各单元之间的接口进行检查;在所有单元测试和集成测试完成后,系统测试开始以用户环境模拟系统的运行,以验证系统是否达到了在概要设计中所定义的功能和性能;最后,当测试部门完成了所有测试工作后,由业务专家或用户进行验收测试,以确保产品能真正符合用户业务上的需要。

　　V 模型指出,单元和集成测试应验证程序的执行是否满足软件设计的要求;系统测试应验证系统功能、性能等质量特性是否达到系统要求的指标;验收测试确定软件的实现是否满足用户需要或合同的要求。但 V 模型存在一定的局限性,它仅仅把测试作为在编码之后的一个阶段,是针对程序进行的寻找错误的活动,而忽视了测试活动对需求分析、系统设计等活动的验证和确认的功能。

5.1.2　W 模型

　　W 模型由 Evolutif 公司提出,相对于 V 模型,W 模型增加了软件各开发阶段中应同步进行的验证和确认活动。如图 5.2 所示,W 模型由两个 V 字型模型组成,分别代表测试与开发过程,图中明确表示出了测试与开发的并行关系。

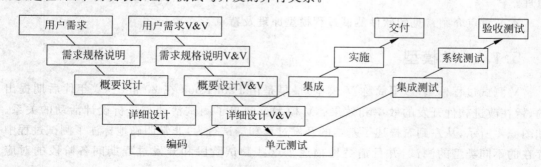

图 5.2　软件测试 W 模型

　　W 模型强调测试伴随着整个软件开发周期,而且测试的对象不仅仅是程序,需求、设计等同样要测试,也就是说,测试与开发是同步进行的。W 模型有利于尽早全面地发现问题。例如,需求分析完成后,测试人员就应该参与到对需求的验证和确认活动中,以尽早地找出缺陷所在。同时,对需求的测试也有利于及时了解项目难度和测试风险,及早制定应对措施,这将显著减少总体测试时间,加快项目进度。

但 W 模型也存在局限性。在 W 模型中,需求、设计、编码等活动被视为串行的,同时,测试和开发活动也保持着一种线性的前后关系,上一阶段完全结束,才可正式开始下一个阶段工作。这样就无法支持迭代的开发模型。对于当前软件开发复杂多变的情况,W 模型并不能解除测试管理面临的困惑。

5.1.3　H 模型

V 模型和 W 模型均存在一些不妥之处。如前所述,它们都把软件的开发视为需求、设计、编码等一系列串行的活动,而事实上,这些活动在大部分时间内是可以交叉进行的,所以,相应的测试之间也不存在严格的次序关系。同时,各层次的测试(单元测试、集成测试、系统测试等)也存在反复触发、迭代的关系。为了解决以上问题,有些专家提出了 H 模型。它将测试活动完全独立出来,形成了一个完全独立的流程,将测试准备活动和测试执行活动清晰地体现出来,如图 5.3 所示。

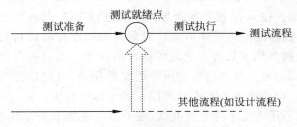

图 5.3　软件测试 H 模型

这个示意图仅仅演示了在整个生产周期中某个层次上的一次测试“微循环”。图中标注的其他流程可以是任意的开发流程。例如,设计流程或编码流程。也就是说,只要测试条件成熟了,测试准备活动完成了,测试执行活动就可以进行了。

H 模型揭示了一个原理:软件测试是一个独立的流程,贯穿产品整个生命周期,与其他流程并发地进行。H 模型指出软件测试要尽早准备,尽早执行。不同的测试活动可以是按照某个次序先后进行的,但也可能是反复的,只要某个测试达到准备就绪点,测试执行活动就可以开展。

5.1.4　X 模型

X 模型的基本思想是由 Marick 提出的。Robin F. Goldsmith 引用了一些 Marick 的想法,并重新经过组织,形成了 X 模型,如图 5.4 所示。其实并不是为了和 V 模型相对应而选择这样的名字,而是由于 X 通常代表未知,而 Marick 也认为他的观点并不足以支撑一个模型的完整描述,但其中已经有一个模型所需要的一些主要内容,其中也包括了像探索性测试(exploratory testing)这样的亮点。

Brian Marick 对 V 模型的质疑有主要三点:

(1) V 模型无法引导项目的全过程。他认为一个模型应能处理开发的所有方面,包括交接,频繁重复的集成,以及需求文档的缺乏等。

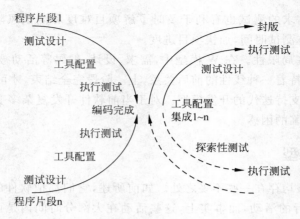

图 5.4　软件测试 X 模型

（2）V 模型基于一套必须按照一定顺序严格排列的开发步骤，而这很可能并没有反映实际的实践过程。

（3）质疑单元测试和集成测试的区别，因为在某些场合人们可能会跳过单元测试而热衷于直接进行集成测试。按照 V 模型所指导的步骤进行工作，某些做法并不实用。

针对以上质疑，X 模型的左边描述的是针对单独的程序片段进行相互分离的编码和测试，此后通过频繁的交接和集成最终合成为可执行的程序。然后再对这些可执行程序进行测试。已通过集成测试的成品可以进行封版并提交给用户，也可以作为更大规模和范围内集成的一部分。多根并行的曲线表示变更可以在各个部分发生。

由图中可见，X 模型还定位了探索性测试（右下方），这是不进行事先计划的特殊类型的测试，如：我这么测一下结果会怎么样？这一方式往往能帮助有经验的测试人员在测试计划之外发现更多的软件错误。但这样可能对测试造成人力、物力和财力的浪费，对测试人员的熟练程度要求比较高。

V 模型的一个强项是它明确地需求角色的确认，而 X 模型没有这么做，这是 X 模型的一个不足之处。X 模型并不要求在集成测试之前，对每一个程序片段都进行单元测试（图中左侧的行为）。但 X 模型没能提供是否要跳过单元测试的判断准则。X 模型及其探索性测试的提倡是为了避免把大量时间花费在测试文档编写上面，这样真正用于测试的时间就比较充裕。

5.1.5　前置模型

前置模型由 Robin F. Goldsmith，Dorothy Graham 提出，是一个将测试和开发紧密结合的模型，该模型提供了轻松的方式，可以使你的项目加快速度。V 模型和 X 模型是当前被测试专家所推崇的主要的测试模型。前置模型从 V 模型和 X 模型中汲取其中精华，并设法弥补了它们的不足之处。虽然前置模型也不是完美的，但它可以带来明显的益处。前置模型示意图如图 5.5 所示。

前置测试模型体现了以下的要点。

（1）开发和测试相结合。

前置测试模型将开发和测试的生命周期整合在一起，标识了项目生命周期从开始到结

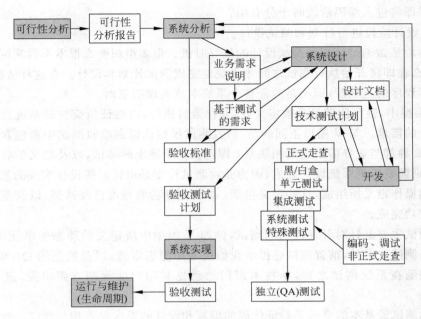

图 5.5 软件测试前置模型

束之间的关键行为,并且标识了这些行为在项目周期中的价值所在。如果其中有些行为没有得到很好地执行,那么项目成功的可能性就会因此而有所降低。如果有业务需求,则系统开发过程将更有效率。在没有业务需求的情况下进行开发和测试是不可能的。而且,业务需求最好在设计和开发之前就被正确定义。

(2) 对每一个交付内容进行测试。

每一个交付的开发结果都必须通过一定的方式进行测试。源程序代码并不是唯一需要测试的内容。在图中标识要测试的对象,包括可行性报告、业务需求说明以及系统设计文档等。这同 V 模型中开发和测试的对应关系是相一致的,并且在其基础上有所扩展,变得更为明确。

前置测试模型包括两项测试计划技术:其中的第一项技术是开发基于需求的测试用例。这并不仅仅是为以后提交上来的程序的测试做好初始化准备,也是为了验证需求是否可测试的。这些测试可以交由用户来进行验收测试,或者由开发部门做某些技术测试。很多测试团体都认为,需求的可测试性即使不是需求首要的属性,也应是其最基本的属性之一。因此,在必要的时候可以为每一个需求编写测试用例。不过,基于需求的测试最多也只是和需求本身一样重要。一项需求可能本身是错误的,但它仍是可测试的。而且,你无法为一些被忽略的需求来编写测试用例。第二项技术是定义验收标准。在接受交付的系统之前,用户需要用验收标准来进行验证。验收标准并不仅仅是定义需求,还应在前置测试之前进行定义,这将帮助揭示某些需求是否正确,以及某些需求是否被忽略了。

同样的,系统设计在投入编码实现之前也必须经过测试,以确保其正确性和完整性。很多组织趋向于对设计进行测试,而不是对需求进行测试。Goldsmith 曾提供过 15 项以上的测试方法来对设计进行测试,这些组织也只使用了其中很小的一部分。在对设计进行的测试中有一项非常有用的技术,即制订计划以确定应如何针对提交的系统进行测试,这在处于设计阶段并即将进入编码阶段时十分有用。

(3) 在设计阶段进行计划和测试设计。

设计阶段是做测试计划和测试设计的最好时机。很多组织要么根本不做测试计划和测试设计,要么在即将开始执行测试之间才飞快地完成测试计划和设计。在这种情况下,测试只是验证了程序的正确性,而不是验证整个系统本该实现的东西。

在 V 模型中,验收测试最早被定义好,并在最后执行,以验证所交付的系统是否真正符合用户业务的需求。与 V 模型不同的是,前置测试模型认识到验收测试中所包含的 3 种成分,其中的 2 种都与业务需求定义相联系:即定义基于需求的测试,以及定义验收标准。但是,第三种则需要等到系统设计完成,因为验收测试计划是由针对按设计实现的系统来进行的一些明确操作定义所组成,这些定义包括:如何判断验收标准已经达到,以及基于需求的测试已经成功完成。

技术测试主要是针对开发代码的测试,例如 V 模型中所定义的动态的单元测试,集成测试和系统测试。另外,前置测试还提示我们应增加静态审查,以及独立的 QA 测试。QA测试通常跟随在系统测试之后,从技术部门的意见和用户的预期方面出发,进行最后的检查。

对技术测试最基本的要求是验证代码的编写和设计的要求是否相一致。一致的意思是系统确实提供了要求提供的,并且系统没有提供不要求提供的。技术测试在设计阶段进行计划和设计,并在开发阶段由技术部门来执行。

(4) 测试和开发结合在一起。

前置测试模型将测试执行和开发结合在一起,并在开发阶段以编码→测试→编码→测试的方式来体现。也就是说,程序片段一旦编写完成,就会立即进行测试。普通情况下,先进行的测试是单元测试,因为开发人员认为通过测试来发现错误是最经济的方式。但也可参考 X 模型,即一个程序片段也需要相关的集成测试,甚至有时还需要一些特殊测试。对于一个特定的程序片段,其测试的顺序可以按照 V 模型的规定,但其中还会交织一些程序片段的开发,而不是按阶段完全地隔离。

在技术测试计划中必须定义好这样的结合。测试的主体方法和结构应在设计阶段定义完成,并在开发阶段进行补充。这尤其会对基于代码的测试产生影响,这种测试主要包括针对单元的测试和集成测试。不管在哪种情况下,如果在执行测试之前做一点计划和设计,都会提高测试效率,改善测试结果,而且对测试重用也更加有利。

(5) 让验收测试和技术测试保持相互独立。

验收测试应该独立于技术测试,这样可以提供双重的保险,以保证设计及程序编码能够符合最终用户的需求。验收测试既可以在实施阶段的第一步来执行,也可以在开发阶段的最后一步执行。

前置测试模型提倡验收测试和技术测试沿 2 条不同的路线来进行,每条路线分别地验证系统是否能够如预期的设想进行正常工作。这样,当单独设计好的验收测试完成了系统的验证,我们即可确信这是一个正确的系统。

(6) 反复交替的开发和测试。

在项目中从很多方面可以看到变更的发生,例如需要重新访问前一阶段的内容,或者跟踪并纠正以前提交的内容,修复错误,排除多余的成分,以及增加新发现的功能等。开发和测试需要一起反复交替地执行。模型并没有明确指出参与的系统部分的大小,这一点和V模型中所提供的内容相似,不同的是,前置测试模型对反复和交替进行了非常明确的描述。

(7) 发现内在的价值。

前置测试模型能给需要使用测试技术的开发人员、测试人员、项目经理和用户等带来很多不同于传统方法的内在的价值。与以前的方法中很少划分优先级所不同的是,前置测试用较低的成本来及早发现错误,并且充分强调了测试对确保系统的高质量的重要意义。前置测试代表了整个对测试的新的不同的观念。在整个开发过程中,反复使用了各种测试技术以使开发人员、经理和用户节省其时间,简化其工作。

通常情况下,开发人员会将测试工作视为阻碍其按期完成开发进度的额外负担。然而,当我们提前定义好如何对程序进行测试以后,我们会发现开发人员将节省至少 20%的时间。虽然开发人员很少意识到他们的时间是如何分配的,也许他们只是感觉到有一大块时间从重新修改中节省下来可用来进行其他的开发。保守地说,在编码之前对设计进行测试可以节省总共将近一半的时间,这可以从以下几个方面体现出来:

(1) 针对设计的测试编写是检验设计的一个非常好的方法,由此可以及时避免因为设计不正确而造成的重复开发及代码修改。通常情况下,这样的测试可以使设计中的逻辑缺陷凸显出来。另一方面,编写测试用例还能揭示设计中比较模糊的地方。总的来说,如果用户不能勾画出如何对程序进行测试,那么程序员很可能也很难确定他们所开发的程序怎样才算是正确的。

(2) 测试工作先于程序开发而进行,这样可以明显地看到程序应该如何工作,否则,如果要等到程序开发完成后才开始测试,那么测试只是查验开发人员的代码是如何运行的。而提前的测试可以帮助开发人员立刻得到正确的错误定位。

(3) 在测试先于编码的情况下,开发人员可以在完成编码时就立刻进行测试。而且会更有效率,在同一时间内能够执行更多的现成的测试,思路也不会因为去搜集测试数据而被打断。

(4) 即使是最好的程序员,从他们各自的观念出发,也常常会对一些看似非常明确的设计说明产生不同的理解。如果他们能参考到测试的输入数据及输出结果要求,就可以帮助他们及时纠正理解上的误区,使其在一开始就编写出正确的代码。

前置测试模型定义了如何在编码之前对程序进行测试设计,开发人员一旦体会到其中的价值,就会对其表现出特别的欣赏。前置方法不仅能节省时间,而且可以减少那些令他们十分厌恶的重复工作。

5.1.6 测试模型总结

任何模型都不完美,都是针对其他模型的缺点提出的,其本身也存在一些不周到的地方,不应为了使用模型而照搬。在实际测试工作中,应灵活运用各模型的优点,例如在 W 模型框架下,运用 H 模型的思想进行独立测试,寻找恰当的就绪点开始测试并反复迭代测试,最终保证按期完成预定目标。当有变更时,按 X 模型和前置模型的思想进行处理。表 5.1 给出了各种测试模型的特点。

表 5.1　各测试模型的特点

模型	特　　　点
V 模型	强调整个软件项目开发需要经历若干个测试级别,与开发阶段对应,没有指出对需求、设计进行测试
W 模型	强调测试计划等工作的先行和对需求和设计的测试,没有专门针对测试流程予以说明
H 模型	表现了测试是独立的。对每一个测试细节都有一个独立的操作流程,只要测试前提具备,就可以测试
X 模型	提出了测试设计,没有指出在软件测试各个阶段都应该进行测试设计
前置模型	将开发和测试的生命周期整合在一起,伴随项目开发生命周期每个关键行为

5.2　基本测试过程

软件测试也存在着生命周期的概念,即软件测试生命周期,通常又被称为软件测试的基本过程,它包括的活动主要有:测试计划和控制、测试分析和设计、测试实现和执行、测试评估等几个部分。在测试过程中主要完成内容如下所示。

1. 拟定软件测试计划(Plans)

定义测试项目的阶段,便于对项目进行适当的评估与控制,测试计划包括测试需求、测试策略、测试资源和测试进度。

2. 编制软件测试大纲(Outlines)

测试大纲主要说明要测试的内容、参考资料、测试的阶段(内部测试、α 测试、β 测试)、要进行哪些类型的测试(功能测试、性能测试、界面测试)、进度安排、人员和资源的需求等。

3. 设计和生成测试用例(Test Case Generation)

设计测试用例及测试过程阶段,是验证测试需求被测试到的最有效的方法。

4. 实施测试(Execution)

实施测试包含测试的执行过程(如单元测试、集成测试、系统测试等),是对测试设计阶段已被定义的测试进行创建或修正的阶段。

5. 生成软件测试报告(Software Testing Reports)

对被测试软件进行一系列的测试并记录结果,分析测试结果并判断测试的标准是否被满足,一般生成如下两个报告,即软件问题报告(Software Problem Report)和测试结果报告(Test Result Reports)。

虽然以上这些活动在逻辑上是有连续性的,但在整个测试过程中它们可能会重叠或同时进行。如图 5.6 所示,就给出了基本的软件测试过程。

下面对这些过程进行详细描述。

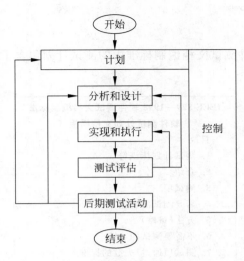

图 5.6 软件测试的基本过程

5.2.1 测试计划和控制

测试过程的计划应该在软件开发项目的最初开始。即使都计划好了，随着项目的进行，对于最初的测试计划也必须不断地进行核查、更新和调整。

测试控制是持续进行的活动。通过对测试实际进度和测试计划之间的比较，报告测试的状态，包括与测试计划之间存在的偏差。测试控制包括在必要的时候采取必要的措施来满足测试的任务和目标。需要在项目的整个生命周期中对测试活动进行监督，以达到控制测试过程的目的。同时，测试计划的制定也需要考虑测试监控活动的反馈信息。

测试计划重点描述被测试项目的背景、目标、范围、方式、资源、进度安排、测试组织，以及与测试有关的风险等各个方面。定义测试项目的过程，以便测试项目能被正确地度量和控制，包括测试需求、测试策略、测试资源和测试计划。

1．测试计划的目的

测试计划具有如下 3 个目的。

（1）使软件测试工作进行得更顺利。

（2）促进项目参加人员彼此易于沟通。

（3）使软件测试工作更易于管理。

2．测试计划的制定原则

测试计划是软件测试中必需的工作，一般应遵循如下原则。

（1）制订测试计划应尽早开始。

（2）保持测试计划的灵活性。

（3）保持测试计划的简洁性和易读性。

（4）尽量争取多渠道评审测试计划。

（5）计算测试计划的投入。

3．测试计划的内容

IEEE 829—1998 软件测试文档编制标准中的测试计划包含了 16 项，如图 5.7 所示，简要说明如下。

```
IEEE 829—1998 软件测试文档编制标准
        软件测试计划文档模板
 目录
 1. 测试计划标识符
 2. 介绍
 3. 测试项
 4. 需要测试的功能
 5. 方法（策略）
 6. 不需要测试的功能
 7. 测试项通过/失败的标准
 8. 测试中断和恢复的规定
 9. 测试完成所提交的材料
 10. 测试任务
 11. 环境需求
 12. 测试人员的工作职责
 13. 人员安排与培训需求
 14. 进度表
 15. 潜在的问题和风险
 16. 审批
```

图 5.7　IEEE 软件测试计划文档模板

1）测试计划标识符

测试计划标识符具有唯一的值，用于标识测试计划的版本、等级，以及与该测试计划相关的软件版本。

2）介绍

测试计划的介绍部分主要是概要地描述测试软件基本情况和测试范围。

3）测试项

测试项主要描述在测试范围内对哪些具体内容进行测试，确定一个包含所有测试项在内的一览表，有功能测试、设计测试和整体测试。IEEE 指出，应参考需求规格说明、用户指南、操作指南、安装指南和与测试相关的报告方能完成测试项。

4）需要测试的功能

需要确定测试对象以及测试工作的范围（如安排时间表、测试设计等）。

5）策略

这部分内容是测试计划的核心。测试策略描述测试小组用于测试整体和每个阶段的方法。要描述如何公正、客观地开展测试，要考虑模块、功能、整体、系统、版本、压力、性能、配置和安装等各个因素的影响，要尽可能地考虑到细节，并制作测试记录文档的模板，为即将开始的测试做准备。其主要完成以下工作：

- 确定要使用的测试技术和工具；

- 确定测试完成的标准；
- 对于影响资源分配的特殊考虑，如测试与外部接口等。

7）不需要测试的功能

测试计划中的这一部分列出了不需要测试的功能。

7）测试项通过/失败的标准

测试项通过/失败的标准如下：

- 通过测试用例所占的百分比；
- 缺陷的数量、严重程度和分布情况；
- 测试用例覆盖；
- 用户测试的成功结论；
- 文档的完整性；
- 性能标准。

8）测试中断和恢复的规定

常用的测试中断标准有关键路径上的未完成任务、大量的缺陷、严重的缺陷、不完整的测试环境和资源短缺。

9）测试完成所提交的材料

测试完成所提交的材料包含了测试工作开发设计的所有文档、工具等，如测试计划、测试设计规格说明、测试用例、测试日志、测试数据、自定义工具、测试缺陷报告和测试总结报告等。

10）测试任务

这一部分给出了测试工作所需完成的一系列任务，还列举了所有任务之间的依赖关系和可能需要的特殊技能。

11）环境需求

环境需求是确定实现测试策略必备条件的过程。例如：

- 人员：人数、经验和专长；
- 设备：计算机、测试硬件、打印机和测试工具等；
- 办公室和实验室空间：在哪里？空间有多大？怎样排列？等；
- 软件：文字处理程序、数据库程序和自定义工具等；
- 其他资源：软盘、电话、参考书和培训资料等。

12）测试人员的工作职责

测试人员的工作职责明确指出了测试任务和测试人员的工作责任。

13）人员安排与培训需求

测试人员的工作职责是指哪类人员（如管理、测试和程序员等）负责哪些任务，需要明确测试人员具体负责软件测试的哪些部分、哪些测试性能等。

培训需求通常包括学习如何使用某个工具、测试方法、缺陷跟踪系统、配置管理，或者与被测试系统相关的业务基础知识。

14）进度表

测试进度围绕着包含在项目计划中的主要事件（如文档、模块的交付日期、接口的可用性等），为项目管理员提供信息，以便更好地安排整个项目的进度。

15）潜在的问题和风险

下面是一些潜在的问题和风险，它们有助于测试人员确定待测试项的优先顺序，集中精力去关注那些极有可能发生失效的领域。

- 不现实的交付日期；
- 与其他系统的接口；
- 处理巨额现金的特征；
- 极其复杂的软件；
- 有过缺陷历史的模块；
- 发生过许多或者复杂变更的模块；
- 安全性、性能和可靠性问题；
- 难于变更或测试的特征。

16）审批

测试计划审批部分的一个重要部件是签名页。审批人除了在适当的位置签署自己的名字和日期外，还应该签署表明他们是否建议通过评审的意见。

4．一些关键问题

软件测试计划需要考虑如下几个关键问题。

1）明确测试的目标，增强测试计划的实用性

软件测试计划的重要目的是使测试过程能够发现更多的软件缺陷，因此软件测试计划中的测试范围必须足够大，测试方法必须切实可行，测试工具必须具有较高的实用性，便于使用，测试结果必须直观、准确。

2）坚持"4W＋1H"规则，明确内容与过程

"4W＋1H"规则指的是"What（做什么）"、"Why（为什么做）"、"When（何时做）"、"Where（在哪里做）"和"How（如何做）"。利用"4W＋1H"规则创建软件测试计划，帮助测试团队理解测试的目的（Why），明确测试的范围和内容（What），确定测试的开始和结束日期（When），指出测试的方法和工具（How），给出测试文档和软件的存放位置（Where）。"4W＋1H"覆盖的范围如表5.2所示。

表 5.2　"4W＋1H"覆盖范围

测试计划内容	解　释	意　义
Who	人	哪些测试人员可以使用
When	时	测试的时间
Where	地	测试的环境和地点
What	物	测试的项目是什么
How	事	用什么样的测试方法和工具

- 谁（Who）执行测试。

通常的做法是开发者负责完成代码的单元测试，而系统测试则由测试人员或专门的测试机构进行，测试者通过测试来检测产品中是否存在缺陷，包括根据特定目的设计的测试用例、执行测试和评价测试结果等。

- 测试具有什么（What）内容。

在程序中出现的故障,通常并不一定是由编码所引起的,往往可能由详细设计、概要设计,甚至是需求分析的问题所引起。因此,要排除故障、修正错误必须追溯到前期的工作。而事实表明,软件需求分析、设计和实施阶段是软件故障的主要来源。

- 什么时候（When）开始进行测试。

测试是与开发并行的过程,还是在开发完成某个阶段任务之后或者是开发结束后。

- 测试环境（Where）。

测试的具体实施环境和人员等。

- 测试如何（How）进行。

根据软件的功能规范说明,利用各种测试方法,生成有效的测试用例,对软件进行测试。

3) 采用评审机制,保证测试计划满足实际需求

测试计划完成后,没有经过评审,直接发送给测试团队,测试计划的内容可能不准确或遗漏测试内容,或者软件需求变更引起测试范围的增减,往往误导测试执行人员。因此,应采用评审机制,保证测试计划满足实际需求。

4) 创建测试计划文档

测试详细规格文档包含详细的测试技术指标,把用于指导测试小组执行测试过程的测试用例放到独立创建的测试用例文档或测试用例管理数据库中。测试计划和测试详细规格、测试用例之间是战略和战术的关系,测试计划主要从宏观上规划测试活动的范围、方法和资源配置,而测试详细规格、测试用例是完成测试任务的具体战术。

详细测试计划模板可参考附录 A.3。

5.2.2　测试分析和设计

测试分析和设计是将概括的测试目标转化为具体的测试条件和测试用例的一系列活动。即为每一个测试需求确定测试用例集,并且确定执行测试用例的测试过程。测试设计具体内容如下:

(1) 对每一个测试需求,确定其需要的测试用例。

(2) 对每一个测试用例,确定其输入及预期结果。

(3) 确定测试用例的测试环境配置。

(4) 编写测试用例文档。

(5) 对测试用例进行同行评审。

测试用例包含详细的测试步骤,为每一个测试步骤定义详细的测试结果验证方法,准备输入数据,编写测试过程文档,对测试过程进行同行评审,以及在实施测试时对测试过程进行更改。

5.2.3　测试实现和执行

测试实现和执行阶段的主要活动包括:通过特定的顺序组织测试用例来完成测试的设计,并且包括测试执行所需的其他任何信息,以及测试环境的搭建和运行测试。

软件测试的实现和执行一般经历如下 3 个阶段：

（1）初测期：主要测试软件的主要功能模块和关键的执行路径，排除主要障碍。

（2）细测期：依据测试计划、测试大纲和测试用例，逐一测试软件的功能、性能、用户界面、兼容性等多个方面。

（3）回归测试期：主要是复查已知错误的纠正情况，确认在未引发任何新的错误时，终结回归测试。

测试执行过程的 3 个阶段如图 5.8 所示。

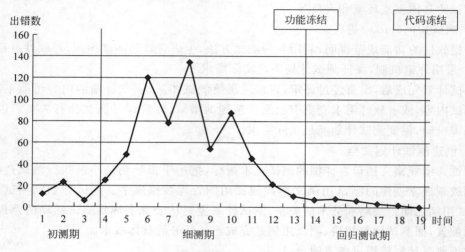

图 5.8   测试执行过程的 3 个阶段

图中功能冻结和代码冻结是集成测试的两个重要的里程碑。这两个里程碑可界定出回归测试期的起止界限。功能冻结是指经过测试，符合设计要求，确认系统功能及其他特性均不再做任何改变。代码冻结是指理论上，在无错误时冻结程序代码，但实际上，代码冻结只标志系统当前版本质量已达到预期的要求，冻结程序的源代码，不再对其做任何修改。这个里程碑设置在软件通过最终回归测试之后。

软件测试执行过程分为单元测试、集成测试、确认测试、系统测试、验收测试和回归测试，如图 5.9 所示。

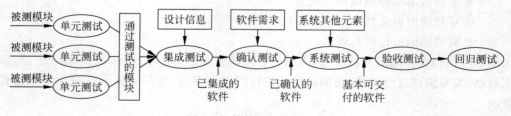

图 5.9   软件测试执行过程

（1）单元测试：通过对每个最小的软件模块进行测试，对源代码的每一个程序单元实行测试，检查各个程序模块是否正确地实现了规定的功能，确保其能正常工作。

（2）集成测试：对已测试过的模块进行组装集成，目的是检验与软件设计相关的程序结构问题。

（3）确认测试：检验软件是否满足需求规格说明中的功能和性能需求，确定软件配置完全、正确。

（4）系统测试：检验软件产品能否与实际运行环境中的系统的其他部分（如硬件、数据库及操作人员等）协调地工作。

（5）验收测试：检验软件产品质量的最后一道工序，主要让用户对软件进行测试。

（6）回归测试：重新执行已经做过的测试的某个子集，保证没有引入新的错误。

软件测试执行过程各阶段的具体活动及任务将在第8章讲述。

5.2.4 测试评估和报告

软件测试的主要评测方法包括覆盖评测和质量评测。覆盖评测是对测试完全程度的评测，由测试用例的覆盖或已执行代码的覆盖表示。质量评测是对测试对象（系统或测试的应用程序）的可靠性、稳定性以及性能的评测，它建立在对测试结果的评估和对测试过程中确定的变更请求（缺陷）分析的基础上。评测方法有如下几种。

1. 覆盖评测

覆盖指标主要回答"测试的完全程度如何"这一问题。最常用的覆盖评测是基于需求的测试覆盖和基于代码的测试覆盖。简言之，测试覆盖是针对需求（基于需求的）或代码的设计/实施标准（基于代码的）的评测。

2. 质量评测

测试覆盖的评估提供对测试完全程度的评测，在测试过程中已发现缺陷的评估提供了最佳的软件质量指标。

3. 性能评测

在评估测试对象的性能行为时，可以使用多种评测，这些评测侧重于获取与行为相关的数据，如响应时间、计时配置文件、执行流、操作可靠性和限制。

测试结束后从已完成的测试活动中收集和整合有用的数据，这些数据可以是测试经验、影响测试的因素和其他数据。

☞本 章 小 结

本章重点介绍了五种常见测试过程模型及各模型的特点，在实际测试过程中要灵活运用测试模型。软件测试也有生命周期，包括测试计划和控制、测试分析和设计、测试实现和执行以及测试评估和报告，在每个阶段都要完成不同的测试活动和任务。

✅ 本 章 习 题

1. 比较 V 模型、W 模型、H 模型、X 模型、前置模型的优缺点。
2. 测试生命周期包括哪些阶段？
3. 软件测试的执行过程包括哪些步骤？
4. 测试计划包括哪些内容？
5. 制定软件测试计划时特别需要注意哪些问题？
6. 参考附录 A.3 软件测试计划模板编制一份测试计划。

第6章

静态测试

本章学习目标：

- 了解静态测试的基本概念及重要性。
- 掌握评审成功的因素及正式评审的基本过程。
- 了解技术评审的主要目的、内容和技术评审团队。
- 掌握评审的过程。
- 了解走查的主要内容。
- 掌握数据流分析和控制流分析两种静态分析方法。

6.1 静态测试概述

按照通常的认识，软件测试都是需要运行软件的。测试人员在被测软件上运行不同的测试用例，寻找软件内部潜在的错误。实际上，并非所有的软件测试工作都需要运行软件，软件测试可以分为静态测试和动态测试。

静态测试（Static Testing）：对组件/系统进行规格或实现级别的测试，而不是执行这个软件，比如代码评审。

动态测试（Dynamic Testing）：通过运行软件的组件或系统来测试软件。

静态分析的目的是在软件源代码和软件模块上找缺陷。静态分析并不需要真正的运行软件，而是通过工具来检查软件或可以手工进行；而动态测试是真正运行软件的代码。静态测试可以发现在动态分析中很难发现的存在。与评审一样，静态分析通常发现的是软件的缺陷而不是运行的失败。

静态测试包括代码检查、静态结构分析、代码质量度量等。广义的理解，还包括软件需求分析和设计阶段的技术评审。

代码检查包括代码审查、代码走查、桌面检查等，主要检查代码和设计的一致性，代码对标准的遵循、可读性、代码的逻辑表达的正确性及代码结构的合理性等方面。代码审查和代码走查由若干程序员与测试员组成一个小组，集体阅读并讨论程序，或者用"脑"执行并检查程序的过程，这项工作分两步完成，即预先作一定的准备工作，然后举行会议进行讨论，会议的主题是发现错误而不是纠正错误。桌面检查是由程序员阅读自己所编的程序，但该种方法的缺点比较明显：第一，由于心理上的原因，容易对自己的程序产生偏爱，没有发现错误的欲望（这和已经知道了程序错了读程序找错误所在极为不同）；第二，由于人的思维定势，有些习惯性的错误自己不易发现；第三，如果根本对功能理解错了，自己不易纠正。所以这种方法效率不高，可作为个人自我检查程序中明显的疏漏或笔误。代码审查和代码走查不仅比桌面检查优越得多，而且与动态测试的方法相比也有很多优点：第一，使用这种方法测试，一旦发现错误，就知道错误的性质和位置，因而调试所花费的代价低；第二，使用这种方法一次能揭示一批错误，而不是一次只揭示一个错误。如果使用动态测试，通常仅揭示错误的征兆，程序不终止运行，而对错误的性质和位置还得逐个查找。经验表明，使用代码审查和代码走查方法能够优先的发现 30%～70% 的逻辑设计和编码错误。IBM 使用代码审查方法表明，错误的检测效率高达全部查出错误的 80%；Myers 的研究发现代码审查和代码走查平均查出全部错误的 30%。研究表明：使用代码审查和代码走查发现某类错误比用动态测试更有效，而对另一类错误情况正好相反。由此可见，代码审查和代码走查方法与使用动态测试相互补充，缺少任何一种方法都会使错误的检测率降低。

静态结构分析主要是以图形的方式表现程序的内部结构，例如函数调用关系图、函数内部控制流图。其中：函数调用关系图以直观的图形方式描述一个应用程序中各个函数的调用和被调用关系；控制流图显示一个函数的逻辑结构，由许多节点组成，一个节点代表一条语句或数条语句，连接节点的叫边，边表示节点间的控制流向。

代码软件质量包括六个方面：功能性、可靠性、易用性、效率、可维护性和可移植性。针对软件的可维护性，目前业界主要存在三种度量参数。

- Line 复杂度：以代码的行数作为计算的基准；
- Halstead 复杂度：以程序中使用到的运算符与运算元数量作为计数目标（直接测量指标）；
- McCabe 复杂度：一般称为圈复杂度，它将软件的流程图转化为有向图，然后以图论来衡量软件的质量。

6.1.1 为什么要进行静态测试

狭隘的软件测试思想只对可运行的软件进行测试，广义的软件测试思想是将测试遍布于软件开发生命周期的各个阶段，包括软件需求、软件设计、软件编码、软件测试及软件维护等阶段。在软件编码完成之前是没有可以运行的软件的，不可能进行动态测试，此时进行的测试全部都是静态测试。在软件编码之后，也可以对软件的代码进行静态测试。从这个意义上讲，静态测试比动态测试具有更长时间的适用范围，也具有更多的测试对象，如图 6.1 所示。

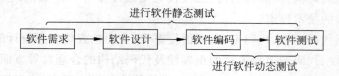

图 6.1 静态测试遍布软件开发生命周期的各个阶段

除了在某些阶段只能进行静态测试这个原因之外，静态测试对于发现软件缺陷而言是至关重要的。研究表明，大约 2/3 的系统错误发生在设计阶段。如果不对系统错误进行检测，那么这些错误最终将带入到软件中，而且在软件中被放大。从测试经济学的角度来说，发现缺陷的时间越晚,纠正这个缺陷所需要的代价将成倍增长。因此也要求对软件的早期制品进行测试。

下面举一个由于需求不完整而导致设计不完整的例子,以说明静态测试的重要性,即没有考虑黑色小鼠的跳台仪设计,如图 6.2 所示。

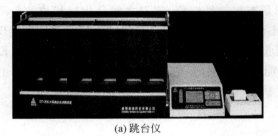

(a) 跳台仪　　　　　　　　　　　　　　(b) 黑色小鼠

图 6.2　跳台仪及黑色小鼠

跳台仪是一种药理学的科学测试仪器,该仪器用于测试动物的记忆能力,对于记忆相关的科研工作以及药物的筛选起到重要的验证作用,其主要针对的实验动物是小白鼠。该仪器的原理是将小白鼠活动的区域分为安全区和非安全区,安全区不会造成小白鼠的损伤,但是安全区设在一个很小的突起平台上,称为跳台,小白鼠待在安全区上会感觉非常不舒服;非安全区区域较大,但带电。对于记忆正常的小白鼠而言,一旦其在非安全区被电击之后会总是呆在安全区,即使感到在小的跳台上非常不舒服,而记忆不佳的小白鼠即使被多次电击还是会不时地进入到非安全区。

该仪器最重要的功能是探测小白鼠所在的区域,为此在安全区的跳台上安装有红外发射和接受管,当小白鼠在安全区跳台上时,红外发射管发射的光照射到小白鼠腹部,然后反射到红外接收管上,则仪器自动探测到小白鼠所处的位置在安全区跳台上。

该仪器应用于小白鼠的实验中并没有发现异常。但是,当用户在使用小黑鼠(生理科研使用的一种转基因小鼠)进行测试时,发现不能够正确探测到小黑鼠的位置,这是什么原因呢?原来,小黑鼠的皮毛是黑色的,它对发射的红外光主要是吸收作用,反射很少,那么通过小黑鼠皮毛反射进入到红外接收管的反射光变弱,致使仪器无法探测小黑鼠的存在。结果是仪器无法满足用户的需求,由于这个问题出在设计阶段,因此很难改进。为什么在设计阶段没有考虑到小黑鼠的存在呢?因为没有做全面的需求调查和评审,导致需求的不完整。

尽管这个例子并非针对软件产品,实际上,静态测试对所有产品的前期检查都是有效的,也同样适合于软件产品。

6.1.2　静态测试的重要性

静态测试是重要的和必须的,下面几个因素可以帮助理解这一点。

1. 发现设计的方向性问题

6.1.1 节中介绍的仪器由于需求的不完整造成最终产品的不完整(缺陷),通过后期测试虽然可以发现这些问题,但是为产品改进付出的代价是巨大的,可能是整个产品的重新设计。如果能够在早期的需求评审中发现这一问题,那么采用不同的设计方案,比如采用微动开关探测小鼠的位置,就不会造成产品开发的方向性错误。从这个意义上讲,静态测试对于软件产品的实现具有更高层次的影响,其需要更多的分析问题和发现问题的技巧和经验。

2. 更早地发现问题

静态测试和动态测试的共同目标都是查找软件缺陷,它们之间是相辅相成的。不同的技术可以有效地发现不同的缺陷,与动态测试相比,静态测试在测试执行之前尽早发现缺陷和问题,容易早期发现软件的高层次问题,包括软件与标准之间的偏差、需求缺陷、设计缺陷、软件可维护性和错误的接口规格说明等。当然,静态测试也可以发现代码细节上的问题,比如代码的后门、代码处理流程的欠缺,代码的复杂性等。

3. 避免杀虫剂现象

静态测试最主要的技术是正式评审。正式评审由多人参加,有些问题对于软件开发者而言可能并没有引起注意,但是有经验的资深评审员可能看出软件中存在的潜在问题,从而更全面地审查在软件中可能出现的各种问题。

可以发现在动态测试过程中很难发现的软件缺陷,比如代码后门。

4. 引起程序设计人员的重视

静态测试时,可能由多名资深程序员或测试员对程序代码进行评审,他们可能检查程序员设计代码的能力和规范性,这对程序员而言是一个压力,将会促使程序员自己首先认真检查自己的代码,以免被别人指责。

5. 静态测试可以训练程序员

有些静态测试是对代码的评审,比如走查。有资深软件人员的加入,他们不仅对代码进行评审,同时讲解如何改进和优化代码、增强代码的可维护性等。它的另一个功能就是培训新的程序员,预防软件缺陷并改进软件设计。比如某个程序员在编写代码时总是不全部初始化变量,因为他认为这样做没有什么问题,的确,很多时候这样做不会出现问题,但这种问题一旦发生却很难发现。在静态测试中资深程序员就可以要求该程序员必须在定义完变量后进行初始化,并讲明这样做可以提高其代码的质量。

6.2 评审

静态测试的主要技术是评审。

评审(Review)是指对产品或产品状态进行评估,以确定与计划的结果所存在的误差,并提供改进建议。

评审是一个过程或会议,在此期间一个软件产品、一组软件产品或软件过程被呈现给工程人员、管理者、使用者、用户、使用者代表、审计人员或其他感兴趣的人员进行检查、评价或建议。

评审是主要的静态测试技术之一,在软件生命周期早期的评审过程中发现缺陷,修改缺陷的成本会比在动态测试中发现此类缺陷修改成本低很多,因此其意义重大,应用广泛。可以通过人工的方式进行评审,也可以通过工具支持的方式进行评审,比如通过代码分析工具对于代码中的通用错误进行查找。人工进行软件评审的主要活动是检查工作产品,并对工作产品提出修改意见。可以对任何软件工作产品进行评审,包括需求规格说明书、设计规格说明、代码、测试计划、测试规格说明、测试用例、测试脚本、用户指南或其他。

软件评审的主要好处是尽早发现和修改软件缺陷、改善开发能力、缩短开发时间、缩减测试成本和时间、减少产品生命周期成本、减少软件缺陷以及改善和开发人员之间的沟通等。评审可以在工作产品中发现一些遗漏的、冗长的内容,这在动态测试中是很难发现的。

本部分的主要内容是以 IEEE Std 1028—2008 软件评审与审计标准为蓝本编写的。

6.2.1　评审成功的因素及基本术语

要确保评审成功,下面列举的因素是重要保障。

(1) 每次评审都有非常明确的目标。

(2) 针对评审目标,有合适的评审人员参与。

(3) 对发现的缺陷持欢迎态度,并客观地描述缺陷。

(4) 能够正确处理人员之间沟通的问题以及心理方面的问题(比如对作者而言,评审的过程是一个提高的过程而非批评的过程)。

(5) 采用的评审技术适合于软件工作产品和评审参与者。

(6) 为了提高缺陷标识的效率,可以采用检查列表的方式或定义不同的角色。

(7) 提供评审技术方面的培训,特别是针对正式评审技术,比如评审技术的培训。

(8) 管理层对评审过程的支持(在项目计划中安排足够的时间来进行评审活动)。

(9) 强调学习和过程的改进。

下面介绍关于评审的一些基本术语。

异常(Anomaly)——任何与基于需求规格说明书、设计文档、用户文档、标准或者人们的感觉和经验所希望的相偏离的状态。异常可能在评审、测试、分析、编辑或者软件的使用中被发现。

规格说明(Specification)——说明组件/系统的需求、设计、行为或其他特征的文档,常常还包括判断是否满足这些条款的方法。理想情况下,文档是以全面、精确、可验证的方法进行说明的。

标准(Standard)——得到一致(绝大多数)同意,并经公认的标准化团体批准,作为工作或工作成果的衡量准则、规则或特性要求,供有关各方共同重复使用的文件,目的是在给定范围内达到最佳有序化程度(1986 年国际标准化组织发布的 ISO 第 2 号指南中提出)。

与规范相比,标准比较严格,有些标准带有强制性。

6.2.2　评审的分类

根据 IEEE Std. 1028——2008 软件评审与审计标准,按照评审过程的正式程度、严格程度可以将评审分为非正式评审和正式评审。非正式评审包括桌面审查、走廊聊天、伙伴测试或者结对编程等;正式评审又可以分为管理评审、技术评审、审查、走查和审计等,如图 6.3 所示。

相对而言,非正式评审在平时的软件开发过程中经常使用,不拘泥于形式,效率很高,但其结果缺乏权威性和正式性。相反,正式评审则非常严格、正式,但由于涉及的资源较多,因此相对于非正式评审而言出现的频率并不高。

6.2.3 非正式评审

非正式评审(Informal Review)是一种不基于正式(文档化)过程的评审。这种软件评审的方式简单适用,可以发生在软件开发的任何时间和地点,也不拘泥于正式的形式,比如走廊聊天(Hallway Chat)、伙伴测试(Buddy Test)或者结对编程(Pair Programming)等。这种评审方式最为方便、廉价和有效,很多程序员都在自觉不自觉地采用这种评审方式,如图 6.4 所示。

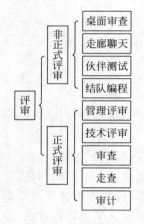

图 6.3 评审分类

图 6.4 非正式评审示意图

1. 非正式评审的特点

- 没有正式的评审过程;
- 对设计文档和代码以技术评审为主;
- 评审的过程和结果可能是文档化的;
- 评审的投入少,效率高;
- 评审主要目的是以较低成本及时地发现问题。

2. 非正式评审举例

甲负责为公司生产的睡眠监测系统编写睡眠分析软件,他知道,这个软件主要供出口使用,界面要以英文为主,这是基本的需求。他在想,现在以英文编写了这套软件,如果将来要将这套软件应用于国内,还需要移植为中文软件,可能会非常麻烦,能否做一个语言通用的软件,即使增加语言也并不影响到代码。他把这种想法告诉了公司的软件负责人乙,乙对这个提议也很感兴趣,于是两人展开讨论,查询资料,最后认为采用 C♯ 卫星程序集的方式可以解决这个问题,于是他们修改了软件设计的需求,将软件只支持英文改为支持可选通用语言,为程序的扩展打下了基础。这种对于技术的讨论活动可以被看作是一次非正式的软件评审,当然最终技术方案的修改则涉及正式评审的内容。

6.2.4　正式评审及其基本过程

正式评审(Formal Review)属于评审,是对评审过程文档化的一种特定评审。

正式评审可以分为以下5种形式,如图6.5所示。

- 管理评审(Management Review)是管理层对软件产品或开发过程进行的系统评估,包括监视开发过程、确定计划和时间表的状态、确认需求和他们的系统分配,评估达到适当目的的管理方法的有效性。
- 技术评审(Technical Review)是指资深人员构成的小组对软件产品进行系统性评估,包括检查软件产品与其使用目的的一致性,识别软件产品与规格说明书及相关标准的差异的一种同行间的小组讨论活动,主要为了所采用的技术实现方法达成共识。技术评审可能提供选择建议和检查各种可能的选择。
- 审查(Inspection)是一种可视化地检查软件产品的方法,为了探测和识别软件的异常,包括错误与标准和规格说明书之间的差异等。这是一种同级评审,通过检查文档以检测缺陷,例如不符合开发标准、不符合更上层的文档等。这是最正式的评审技术,因此总是基于文档化的过程。
- 走查(Walkthrough)是一种静态分析技术,软件设计者或程序员领导几名开发团队成员和其他感兴趣的人员彻查软件产品,参加者提问并且对可能的异常、违反开发标准的事件以及其他问题进行评论,由文档作者逐步陈述文档内容,收集信息并对内容达成共识。
- 审计(Audit)是对软件产品或过程进行的独立评审,来确认产品是否满足标准、指南、规格说明书以及基于客观准则的步骤等。审计包括的文档有:产品的内容与形式;产品开发应该遵循的流程;度量符合标准或指南的准则。

软件产品是正式评审的输入参数,评审的输出是异常行为列表,软件产品改进的建议以及采取的行动,改进的完成日期及跟踪等。

典型的正式评审由团队构建、评审准备、评审过程以及评审跟踪几个子阶段构成,如图6.6所示。

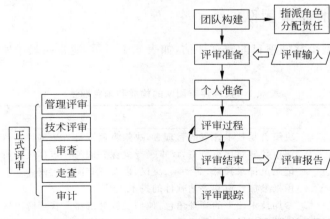

图 6.5　正式评审分类　　　　图 6.6　正式评审的流程

(1) 团队构建阶段:选择评审员,分配角色;为正式评审的类型(比如审查)定义入口和出口准则;选择需要进行评审的文档或文档章节。

（2）评审准备阶段：收集评审输入，分发文档，向评审参与者解释评审的目标、过程和文档，检查入口准则。

（3）个人准备阶段：在评审会议之前，每位参与者准备各自的工作，标注可能的缺陷、问题和建议，然后将总结的资料发给评审领导。

（4）评审过程：召开评审会议，讨论软件产品，通过文档化或会议纪要的方式讨论和记录评审过程和结果。会议参与者也可以简单地表示缺陷，提出建议来处理缺陷，或为如何处理缺陷做决定，评审会议可能不止一次。

（5）评审结束阶段：审查领导就各方面意见达成一致，给出评审总结报告，检查发现的缺陷，通常由作者进行修改。

（6）跟踪结果阶段：检查缺陷是否已解决，收集度量和检查出口准则。

几种正式评审的方法各有不同的目的，是从不同的角度对软件产品进行评估。其中管理评审和技术评审是从宏观上对软件的整个过程及本身的完整性进行评估；而审查和走查则从细节上对软件产品进行查错；审计则是从独立评审的角度对软件产品进行评估。

6.3　技术评审

6.3.1　技术评审的目的和内容

技术评审的目的是由资深人员构成的小组对软件产品进行系统性评估，包括检查软件产品与其使用目的的一致性，识别软件产品与规格说明书及相关标准的差异。它提供处理证据用于确认项目的技术状态。

技术评审可能为项目提供建议和检验各种替代方案，有时需要召开多次会议完成技术评审的工作。

技术评审涉及的软件产品包括软件需求规格说明、软件设计描述、软件测试文档、维护手册、软件开发过程描述、软件构架描述、系统构建过程等。

6.3.2　技术评审团队

技术评审是对整个软件项目的宏观评估，如表 6.1 所示，通常由表中所列角色构建评审团队。

表 6.1　技术评审团队的构成和角色职责

序号	角色	职　责
1	决策者	决策者是技术评审的管理者，决策者确定是否达到评审目标
2	评审领导	评审领导对评审负责，评审领导确保完成与评审相关的行政工作
3	记录员	记录员记录异常、活动项、决议，以及评审团的建议
4	技术评审员	积极参加评审和评估软件的技术人员
5	管理人员	参加技术评审的管理角色，他们主要分辨需要管理解决的问题
6	主顾或使用者代表	由评审领导确定是否需要主顾或使用者代表，他们的责任由评审领导在评审前确定
7	利益相关者	技术员工、顾客和用户

6.3.3 技术评审会议

技术评审将由一个或多个会议构成,这些会议将实现以下目标。

1. 确定评估的软件产品和异常

(1) 软件产品是否完整。

(2) 软件产品是否与规则、标准、指南、计划、规格说明书,以及适当的项目过程相一致。

(3) 假设是合理的,那么修改软件产品是可以完成并且只影响到指定区域。

(4) 软件产品是否与它的使用目标相适合。

(5) 软件产品是否准备好下一阶段活动。

(6) 审查的结果是否需要修改软件项目时间安排。

(7) 是否有存在于其他系统元素,比如硬件、外部组件系统的异常存在。

2. 确定异常及其危险程度

每个软件异常会产生不同的结果,有些结果是良性的,有些结果会导致软件产生严重后果,技术评审需要确定异常的危险程度,然后按照危险程序排序这些异常。

3. 产生活动项的列表,强调风险

产生一个会议活动项的列表,该列表记录了技术评审会议中提到的对异常的处理活动,强调这些活动的重要性,强调异常对软件可能造成的风险。

4. 文档化会议

软件产品技术评审之后,将生成会议记录的文档,包括从软件产品中发现的异常列表,以及给管理者的建议。如果发现的异常十分关键或者数量巨大,那么评审领导要求在软件产品修改之后再做一次额外的技术评审。

6.4 审查

6.4.1 审查的目的和内容

审查的目的是为了探测和识别软件的异常,审查是系统的同事检查,包括以下内容。

(1) 验证软件产品是否符合规格说明书。

(2) 验证软件产品是否满足特定的质量属性。

(3) 验证软件产品是否符合规则、标准、指南、计划、规格说明和过程。

(4) 识别与标准规格说明书之间的偏差。

(5) 收集软件工程数据,如异常和结果数据,用于改进审查过程自身以及其支持文档(比如检查列表)。

(6) 使用数据来说明项目管理的决定是合适的。

涉及审查的软件产品包括但不限于以下部分。

（1）软件需求规格说明（Software Requirement Specification）。

（2）软件设计描述（Software Design Description）。

（3）源代码（Source Code）。

（4）软件测试文档（Software Test Documentation）。

（5）系统构建过程（System Build Procedures）。

（6）安装过程（Installation Procedures）。

（7）发布记录（Release Notes）。

（8）软件模块（Software Models）。

很多时候，会将审查集中在源代码上。

6.4.2　审查团队

审查通常由 2～6 人参加（包括作者）。审查由一名公正的受过训练的人员领导，确定对异常修改和调查的行动是软件审查的强制元素，尽管并不一定能够在审查会议上解决这些问题。以分析和改进软件工程过程为目的的数据收集也是软件审查的强制元素。

审查团队的构成和角色职责如表 6.2 所示。

表 6.2　审查团队的构成和角色职责

序号	角色	职　责
1	评审领导	审查领导负责完成与审查相关的计划和组织工作
2	记录员	记录员记录异常、活动项，决定以及评审团的其他建议
3	宣讲人	宣讲者将以可理解的逻辑形式引导审查团队读完软件产品，解释工作的片断（例如解释 1～3 行），强调重要的方面
4	作者	作者负责软件产品符合审查入口准则，使审查基于对软件产品的特殊理解，执行需要使软件产品符合审查出口准则的任何加工工作
5	审查者	审查者将识别和描述软件产品的异常。选择的审查者（如发起者、最终用户、程序员、测试员、项目管理员等）要具备一定的专业技能并且能够在审查会上表达不同的观点，只有那些与产品审查相关的观点才在审查会议上表达

需要注意的是所有的参加者都是审查者，作者不能担任审查领导、宣讲者和记录人员的角色，其他角色由团队成员分享，一个人可以担任多个角色。

行政职位高于所有审查队员的管理者不能够参加审查，避免他的意见左右整个审查会议。

6.4.3　审查的前提条件

要进行审查，必须在以下条件具备的情况下才可以进入。

1. 授权（Authorization）

审查应该在适当的项目计划文档中被计划和文档化。

2. 输入（Input）

审查的输入包括以下几个方面。

（1）审查的目标陈述。

（2）被审查的软件产品。

（3）文档化的审查过程。

（4）审查报告格式。

（5）异常或问题列表。

（6）源文档比如规格说明，软件产品服务文档输入，被作者用来作为开发软件产品的输入。

（7）检查列表。

（8）前面被审查过的，认可的或以基线形式建立的软件产品。

（9）与审查软件产品相对应的任何规则、标准、指南、计划、规格说明以及过程。

（10）异常分类。

管理领导需要的额外的软件产品负责人员制作的参考资料也作为审查的输入。

3. 最小进入准则（Minimum Entry Criteria）

审查只有在下列事件发生的情况下才可以召开。

（1）审查领导确定被评审的软件产品完成并且符合项目标准格式。

（2）自动化的错误探测工具（比如拼写检查和编译器）已经先于审查用来识别和消除错误。

（3）软件产品依赖的在适当计划文档中列举的关键点（Milestone）已经满足。

（4）需要的支持文档已经可用。

（5）为了再审查，在前面审查中记录的所有影响软件产品的异常已经得到修改。

6.4.4 审查会议过程

审查的流程如图 6.7 所示。

1. 管理准备（Management Preparation）

管理人员需要确保评审需要的适当标准、过程以及法律、合同或其他政策的委托需求可用，然后，管理人员要做以下工作。

（1）计划评审所需要的时间和资源。

（2）提供计划、定义、执行以及管理评审的资金、基础设施和设备。

（3）提供适合于给定项目的培训和评审过程目标。

（4）确保评审员具有适当专业技术以及通用知识水平，保证他们可以理解所评审的软件产品。

（5）确保审查是有计划的并且计划已经评审。

（6）及时处理评审团队的建议。

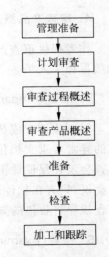

图 6.7 审查的流程

2．计划审查（Planning the Inspection）

作者为审查领导收集整理审查材料。审查材料包括被评审的软件产品、标准和用来开发软件产品的文档等。

评审领导负责下面的活动以便给予审查团队适当的管理支持。

（1）提前分发审查资料给评审人员，保证他们有足够的时间进行查看。

（2）为分发审查材料、意见反馈以及将反馈的信息交给作者处理设置时间表。

（3）指定审查的范围，包括审查文档章节的重点。

（4）为准备和会议建立预期的审查效率（评审领导负责）。

注意：在很多情况下，预期的审查效率是审查计划的关键因素。

如表 6.3 所示为典型的审查效率和异常记录效率提供了指南。

表 6.3　评审材料与速度

序号	审查文档类型	审查速率/（页/小时）或（行/小时）
1	架构	2～3
2	需求	2～3
3	概要设计	3～4
4	详细设计	3～4
5	源代码	100～200
6	测试计划	5～7
7	修复和修改	50～75
8	用户文档	8～20

3．审查过程概述（Overview of Inspection Procedures）

审查领导分配审查角色，准备检查表以及提供审查数据，还需要确定审查的一些问题，比如最少的准备时间，建议的审查效率以及前面对同样产品进行审查发现的异常数等。

4．审查产品概述（Overview of Inspection Product）

作者提供审查产品的整体概述。概述可用于为审查者介绍软件产品，也可以提供给其他项目相关人员。

5．准备（Preparation）

每一位评审成员都需要审查软件产品以及其他会议前发布的评审输入资料，审查中发现的异常要求文档化并且发送给评审领导。评审领导将这些异常进行分类确定是否要取消审查会议并保证评审会议高效地利用这些资料。假设评审领导确认异常非常严重将取消审查会议，只有在软件产品符合了最低进入准则并且合理地消除了错误之后才安排后续审查。审查领导将收集的异常发送给软件产品的作者进行处理。

6．检查（Examination）

检查即审查会议，审查会议将按照下面的日程安排执行。

（1）介绍会议（Introduce Meeting）。

审查领导描述审查者的角色，陈述审查的目的，然后提醒审查者将他们的努力放在异常探测上，而不是解决问题上。评审领导提醒审查者将他们的评论直接告诉记录人员，并且强调审查只针对软件产品而不是作者。

（2）评审通用项（Review General Items）。

常见的软件产品异常将被提供给审查者并且记录，不针对特殊的例子或场景。

（3）评审软件产品和记录异常（Review Software Product and Record Anomalies）。

宣讲人向审查团队介绍软件产品，审查团队客观彻底地检查软件产品，而审查领导在会议上集中于建立异常列表，记录员登记每个异常，描述和分类异常列表。在这期间，作者将回答指定的问题并且根据自己对软件的理解为发现异常做贡献。如果对异常存在分歧，那么潜在的异常被登记并标注在会议结束前解决。

（4）评审异常列表（Review the Anomaly List）。

在审查会议结尾，审查领导让审查团队再次评审异常列表以保证它是完整和精确的。评审领导留出时间来讨论每一个存在分歧的异常，评审领导不允许讨论解决异常而是集中在澄清是否是异常。如果异常分歧不能在会议期间马上解决，那么分歧将被记录在异常报告中。

（5）退出决定（Make Exit Decision）。

退出决定的目的是为了清晰地结束审查会议，如果软件产品符合了审查退出和质量准则那么就可以做出退出决定，审查将根据下面的条款之一核查软件产品的处理：

- 无条件地接受或者重新核查后再接受，软件产品被接受只需要小的处理。
- 验证后再接受，软件产品在审查领导或指定的审查，团队确认改进后接受。
- 重新审查，软件产品不能够被接受，一旦异常解决，那么将重新安排审查。在最小的程度上，重新审查将检查为解决上次审查发现异常所做的软件产品改变部分，以及这些改变带来的副作用。

7. 加工和跟踪（Rework/Follow_up）

评审领导将跟踪和证实审查会议上分配的行动项的完成情况。

6.4.5 审查输出

评审输出以下内容：

（1）被评审的项目。

（2）评审团队成员。

（3）评审会议过程。

（4）被评审的软件产品。

（5）评审材料的大小（如文本页数）。

（6）评审目标及其是否达到。

（7）软件产品异常列表，包括每一个异常的定位、描述和分类。

（8）软件产品的处理。

（9）任何被允许或被请求的放弃。

（10）总共的审查时间。

6.4.6　数据收集

审查将收集以下数据：软件产品的质量分析、需求获取、开发、编码（Operation），以及维护过程的效率和审查过程自身的效率与效果。

收集的异常数据包括以下 3 个方面：

（1）异常分类（Anomaly Classification）。

（2）异常类别（Anomaly Categories）。

（3）异常等级（Anomaly Ranking）。

异常数据对软件产品潜在的影响被分为不同的级别。

- 灾难性的（Catastrophic）：异常可以引起软件产生灾难性后果的失效，比如文件丢失、任务失败或非常大不可弥补的经济或社会损失。
- 关键性的（Critical）：异常可能引起严重后果的软件失效，比如伤害，主系统降级，任务部分失效，或严重的部分不可挽回的经济或社会损失。
- 不重要的（Marginal）：异常可能引起轻微后果的软件失效，有一些损失。
- 无足轻重的（Negligible）：不引起软件失效的异常，没有损失。

审查数据是进行有规律的分析以改善审查过程自身及改进生产软件的活动。经常出现的异常会被包含到审查列表中，分析准备时间、会议时间和参加人数以确定准备率、会议率以及发现异常的数量和严重性之间的联系，也要有规律的评定收益，评审过程应该不断改进以期得到更高的效率。

6.4.7　审查的注意事项

（1）在项目开始时，所有测试人员必须参与需求分析，这样做的目的是解决测试需求的问题。写好软件需求不仅是一种能力，更是一种艺术，但真正能做到这点的人太少了，所以最好让测试设计人员尽早参与需求分析。

（2）有一个明确的测试过程。

（3）建立测试案例模板，先对模板进行评审，避免在对案例评审时又冒出模板的问题。

（4）评审应该分阶段进行，不要一次评审太多，要重点突出。

（5）评审前应该提前告知被评审人及评审组要评审的内容和范围，以便参与评审的成员有所准备。不要请对需求不清楚的人参与评审，他们一般情况下是不说话，要么讲话不能切中要害，耽误时间。

（6）评审开始，首先由被评审人介绍测试需求、测试设计的原则，再进入详细案例的评审。

（7）评审主要检查测试案例是否覆盖了所有的测试需求（正常的和异常的），测试案例是否有相应的环境来执行，测试案例是否有重复性等。

（8）评审过程要有评审记录。

（9）评审不要超过两小时，否则评审很可能成为一种形式。

（10）评审者在评审过程中尽量不要打断被评审者的陈述，应该在评审结束后发表自己的意见,最后形成评审结论。

6.5 代码审查

6.5.1 代码审查的测试内容及组成

代码审查的测试内容如下:

(1) 检查代码和设计的一致性。

(2) 检查代码对标准的遵循、可读性。

(3) 检查代码的逻辑表达的正确性。

(4) 检查代码结构的合理性。

代码审查的组成由一组程序和错误检查技术组成,以代码审查组方式进行。代码审查组通常由 4 人组成,其中一人为组长。组长是关键,最好是一个称职的程序员,但不是被测试程序的编写者,也不需要对所检查的程序很熟悉,但需要较强的组织协调和语言能力。组长的职责包括分配资料、安排计划、主持开会、记录并保存被发现的错误,其余成员包括资深程序员、程序编写者与专职测试人员。根据测试的组织方式(如内部测试和独立测试)不同,代码审查小组组成可以调节,但组长角色不能变动。

6.5.2 代码审查的步骤

代码审查的主要步骤包括:准备、程序阅读、审查会和跟踪及报告。

在准备阶段,组长提前把程序目录表和设计说明书等材料分配给小组成员,小组成员熟悉这些材料,由被测试程序的设计和编码人员向审查组详细说明所准备的材料,特别是代码的主要功能与功能间的关系;程序阅读由审查组人员仔细阅读代码和相关材料,对照代码审查单标出明显缺陷及错误;审查会由组长主持,由程序员逐句阐明程序的逻辑,在此过程中可由程序员或其他小组成员提出问题,追踪错误是否存在。经验证明在上述阐述过程中,有很多错误由讲述程序者而不是其他小组成员发现。大声地朗读程序给听众,这样简单的工作是有效的错误检测技术,然后利用代码审查单来分析讨论。组长负责讨论沿着建设性的方向前进,而其他人则集中注意力发现错误,但不去纠正错误;会后把发现的错误登记造表并交给程序开发人员,如果发现错误较多或发现重大错误,那么在改正之后,组长要再次组织审查会议,为了改进以后的审查工作,对错误登记表也要分析、归类和精炼。

应以第三方测试的方式进行代码审查,应就发现的缺陷及错误与软件开发人员讨论,避免由于理解不一致产生问题,形成共同认可的审查结果。审查的时间大约以 $1.5\sim2$ 小时为宜,审查会需要高度集中注意力,时间太长反而容易使效率降低,每次会议可能处理一个或几个模块。

6.5.3 代码审查单

代码审查单是代码审查过程所用的主要技术,通常是把程序设计及编码中可能发生的各种错误进行分类,对每一类列举出尽可能多的典型错误,然后制成表格。其他测试中发现的错误也要及时归入代码审查单,形成对某一类型软件有针对性的代码审查单,以供审查时使用。

审查都是基于预先的准备,通常而言,每一个评审者将有一张审查表(Check List),评审员依据审查表对软件产品进行审查。

下面是针对源代码的检查列表内容项。

(1) 数据引用错误(Data Reference Errors)。

(2) 数据声明错误(Data Declaration Errors)。

(3) 计算错误(Computation Errors)。

(4) 比较错误(Comparison Errors)。

(5) 控制流错误(Control-Flow Errors)。

(6) 接口错误(Interface Errors)。

(7) 输入/输出错误(Input/Output Errors)。

(8) 其他错误(Other Errors)。

下面以部分检查内容为例说明代码审查单包括的主要内容:

1. 数据引用错误

(1) 是否引用了未赋值或者未初始化的变量?

(2) 所有的数组引用,其下标值是否都在各自的相应维数定义界内?

(3) 所有的数组引用,每一个下标是否是整数值?

(4) 所有引用的指针或变量当前是否已经分配存储了(即是否存在"悬挂引用"的问题)?

(5) 在检索操作或下标引用数组时,是否存在"差 1"的错误?

2. 数据声明错误

(1) 所有变量是否都显示地说明了?

(2) 是否每个变量都赋予正常的长度、类型和存储分类?

(3) 变量的初始化和它的存储类型是否有矛盾?

3. 计算错误

(1) 是否使用过非一致的数据类型的变量进行运算?

(2) 是否存在混合运算?

(3) 赋值语句的目标变量是否比其右边的表达式小?

代码审查单包括的其他内容有编程风格、标准、规范的符合性方面的内容;在错误登记表中应写明所查出的错误的类型、错误类别、错误的严重程度、错误的位置、错误的原因。

6.5.4   阅读的方法

要仔细阅读需求设计等文档,特别是了解软件的整体物理意义、应用背景以及在大系统中的地位。对大型软件而言,这些信息会在阅读程序时有效地帮助读者从一定的高度审视,而不是停留在逐行扫描代码。有些错误要有整体观才能发现。

Beizer 提出至少要读程序 4 次,分别针对印刷错误、数据结构、控制流和处理。4 次阅读要比读一次能更快、更容易、更可靠地完成任务。多遍阅读程序、分步检查问题是代码审查的工作原则。

6.6 走查

6.6.1 走查的目的和内容

代码走查与代码审查相似,它也是由一组程序和错误检查技术组成,只是程序和错误检查技术不完全相同。系统化走查(Walk-throughs)的目的是评估软件产品,走查的另一个目的是培训人员。其主要的目标如下:

(1) 查找异常。

(2) 改进软件产品。

(3) 考虑可替代的实现。

(4) 评估与标准和规格说明之间的一致性。

(5) 评估软件产品的可用性和易用性。

走查其他的重要目标还包括技术交换,风格改变以及参与者培训等。

走查的内容包括软件需求规格说明、软件设计描述、源代码、软件测试计划和过程、软件用户文档以及版权等。

6.6.2 走查团队

代码走查以小组方式进行,代码走查组包括:组长和秘书。组长类似代码审查组长,秘书则负责记录发现的错误,要有一定水平。测试人员,应是具有经验的程序设计人员,或精通程序设计语言的人员,或从未介入被测试程序的设计工作的技术人员(这样的人没有被已有的设计框住),没有约束,比较容易发现问题。

代码走查过程与代码审查过程相似,先把材料交给每个小组人员,让他们认真研究程序,然后再开会。代码走查会的内容与代码审查不同,不是读程序和使用代码审查单,而是由被指定的作为测试员的小组成员提供若干测试用例(程序的输入数据和期望的输出结果),让参加会的成员当计算机,在会议上对每个测试用例用头脑来执行程序,也就是用测试用例沿程序逻辑走一遍,并由测试人员讲述程序执行过程,在纸上或黑板上监视程序状态(变量的值)。每次开会时间以 1～2 小时为宜,但不允许中断,如果发现问题由秘书记下来,中间不讨论任何纠错问题,主要是发现错误。代码走查中,测试用例并不是关键,也并不是仅想验证这几个测试用例运行是否正确,人脑毕竟比计算机慢太多。这里测试用例是作为怀疑程序逻辑与计算错误的启发点,在随测试实例游历程序逻辑时,在怀疑程序的过程中发现错误,这比几个测试用例本身直接发现的错误要多得多。代码走查使用测试用例启发检测错误,人们注意力会相对集中在随测试用例游历的程序逻辑路径上,不如代码审查检查的范围广,错误覆盖面全。

走查团队的构成与角色职责如表 6.4 所示。

表 6.4   走查团队的构成和角色职责

序号	角色	职责
1	走查领导	走查领导引导走查,处理与走查相关的行政事务(比如分发文件和安排会议),还要确保走查是在一种有序状态下进行。走查领导准备阐述走查目标以引导团队进行走查。走查领导确保团队为每次的讨论主题做出的决定或采取的行动,然后发布走查的输出
2	记录员	记录员记录在走查会议期间做出的决定和采取的行动。另外,记录员还要记录在走查期间对发现的异常、有疑问的风格、遗漏和矛盾,为改进提出的建议或者替代方法做出的解释
3	作者	作者应该为走查提供软件产品
4	团队成员	走查团队成员要为走查工作做充分地准备并积极参与。团队成员要识别和描述软件产品中发现的异常

注意:系统的走查至少需要两个成员(包括作者),角色可以在团队成员中共享,走查领导或作者可以充当记录员,走查领导还可能是作者。行政职位高于所有走查队员的管理者不能够参加评审。

6.6.3   走查会议

在走查会议期间,走查领导首先介绍参与者并描述他们的角色.然后走查领导陈述走查的目的,确保每一个参会者有机会提出建议并强化建议以保证每个人的声音都被听到,走查领导提醒审查人员只能对软件产品而非作者做出评论。

作者在评审时需要介绍软件产品的整体概况,然后评审成员开始关于通用问题的讨论。在通用问题讨论之后,作者使用预先准备的用例来呈现软件产品的细节。当作者讲完之后审查成员提出他们的特殊问题,会议期间还可能产生新的问题。走查领导协调讨论并且指导会议做出决定和对每一个项目采取行动。记录员记录所有的建议和要求以及采取的行动。

走查会议期间要做以下事情。

(1) 作者或审查领导在会议上应该做一个软件产品的总体介绍。

(2) 审查领导协调讨论关心的通用异常行为。

(3) 作者或审查领导讲解软件产品,描述它的任何部分。

(4) 当作者讲到程序某一部分时,团队成员针对那一部分提出其特殊异常。

(5) 记录员记录建议和产生于对每个异常讨论的行动。

走查会议结束后,走查领导发布走查结果细化异常、决定、行动以及其他相关信息。

6.6.4   走查与审查

走查和审查都是对软件产品的细节进行检查和评估,其目的和整个评审的过程基本是一致的,因此在走查中不再列举出其评审的整个过程。

走查的目的除了评审软件产品之外,还包括对新手的培训,审查却没有。代码走查的方式与审查也略微不同。走查不只是读程序,实际上在走查中评审者模拟了计算机的执行,被指定的测试员带来一些纸质的测试案例,这些案例包含程序输入和期望的结果。在走查时,所有的案例都人为地在代码中走一遍,即测试数据在程序逻辑中进行一遍,程序的状态在纸上或白板上被监视。当然,要求测试的案例比较简单,数量也不能太多。走查中很多程序问题是程序员找到的,而非案例本身。

1．走查特点

(1) 由作者召集开会。

(2) 以情景、演示的形式和同行参加的方式进行评审。

(3) 评审会议之前的准备、评审报告、发现的问题和记录员都不是必须的。

(4) 在实际情况中可以是非常正式的,也可以是非正式的。

(5) 主要目的是学习、增加理解和发现缺陷。

审查(Inspection):一种同级评审,通过检查文档以检测缺陷,例如不符合开发标准,不符合更上层的文档等。审查是最正式的评审技术,因此总是基于文档化的过程。

2．审查特点

(1) 由专门接受过培训的主持人(不是作者本人)来领导。

(2) 通常是同行检查。

(3) 定义了不同的角色。

(4) 引入了度量。

(5) 根据入口、出口规则和检查列表定义正式的评审过程。

(6) 会议之前需要进行准备。

(7) 具有审查报告和发现问题列表。

(8) 可以进行评审过程改进。

(9) 目的是发现缺陷。

6.7　静态分析

6.7.1　数据流分析

数据流分析是通过查看代码中变量的定义与引用等情况,判定软件可能存在的数据方面的隐患或错误。

要理解数据流分析,首先来理解数据流的一些基本概念。

变量被定义(Variable is Defined)是指如果程序中某个变量 x 的值被某条语句修改,称变量 x 被该语句定义,变量被定义通常意味着变量被赋值。

变量被引用(Variable is Referred)是指如果在某一条语句中引用了变量 x 的值,称变量 x 被该语句引用。变量被引用意味着该变量存在于赋值语句的右边或在一个不改变其值的表达式中。

参看下面的 3 条程序语句来理解上述两个概念。

(1) double Area,r;

(2) Area＝3.14＊r＊r;

（3）if（r＜1）

按照上面的定义：

语句 1 中变量 Area 和 r 既没有被定义也没有被引用。

语句 2 中变量 Area 被定义，变量 r 被引用。

语句 3 中变量 r 被引用。

数据流判断代码是否存在错误隐患的依据如下。

（1）程序中每一个被引用的变量必须预先被定义。

（2）被定义的变量一定要在后续程序中被引用。

对于第 1 条规则而言，说明变量必须先定义，后使用，如果使用了未预先定义的变量，则程序的结果是未知的，说明程序存在错误的隐患。

对于第 2 条规则而言，说明被定义变量的作用是被后面的语句引用，如果某个变量在前面进行了定义，但是从来没有在后续语句中被引用，则说明这是多余的变量，没有任何意义，应该从程序中删除。

通过下面的例子来讲解数据流分析。

【例 6.1】　计算 n 的阶乘。

```
int Factorial()
  {
    int   i,n,f ;
    int   result = 0 ;
    if (n < 0)          //小于 0 的整数没有阶乘
    {
        return(0) ;     //返回 0
    }
    else
    {
        f = 1;
        for(i = 1; i <= n; i++)
        {
          f = f * i;
        }
        return (f);
  }}
```

例 6.1 中被定义或被引用的变量列表如表 6.5 所示。

表 6.5　例 6.1 中被定义或被引用的变量列表

序号	语　　　句	被定义的变量	被引用的变量
1	int i,n,f;		
2	int result＝0;	result	
3	if(n＜0)		n
4	return(0);		
5	else		
6	f＝1	f	
7	for(i＝1;i＜＝n;i++)		i,n
8	f＝f * i;	f	f,i
9	return(f)		f

从表 6.5 中可以看出：

第 3 条语句引用了变量 n，但变量 n 没有在前面被定义，因此这里存在错误隐患。

第 7 条语句引用了变量 i 和 n，但前面都没有定义。

第 8 条语句引用的变量 i 在前面也没有被定义，说明上面的语句 3、7 和 8 都违背了数据流判断的第 1 条规则。

上表的语句 2 定义了变量 result，但是在后面的语句中都没有被引用，其违背了数据流判定的第 2 条规则，说明该变量是冗余的变量，应该被删除。

基于数据流的分析技术已经非常成熟，通常可以由编译器自动检查，比如编译器发现的语法错误很大程度上是根据数据流分析的准则来确定的，如图 6.8 所示。

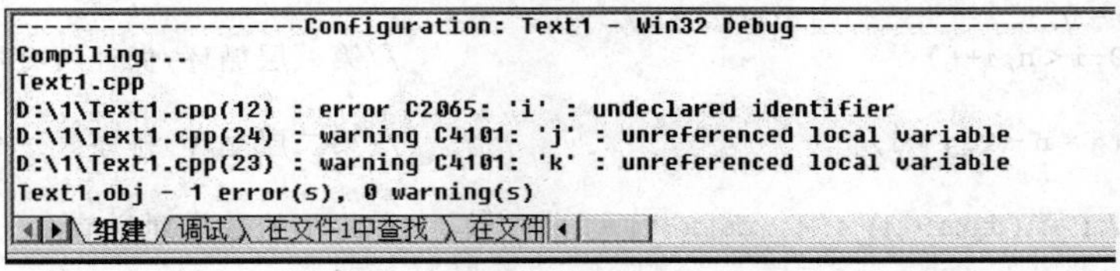

```
------------------Configuration: Text1 - Win32 Debug------------------
Compiling...
Text1.cpp
D:\1\Text1.cpp(12) : error C2065: 'i' : undeclared identifier
D:\1\Text1.cpp(24) : warning C4101: 'j' : unreferenced local variable
D:\1\Text1.cpp(23) : warning C4101: 'k' : unreferenced local variable
Text1.obj - 1 error(s), 0 warning(s)
组建 / 调试 \ 在文件1中查找 \ 在文件
```

图 6.8　VC 6.0 编译器自动探测数据定义与引用错误

基于数据流的分析还可以在程序的其他方面应用，比如找出循环中的不变变量，这对于编译优化是非常有效的，如果将这些在循环中不影响任何变量的语句从循环中移出，可以减少代码的重复执行次数，从而提高程序效率。

【例 6.2】　循环语句中与循环无关的语句应该放在循环外部。

```
…
int sum = 0;
double result = 0;
for (int i = 0; i < 1000; i++)
{
    data[i] = i * 2 + 1;        // (1)计算单个数据
    sum += data[i];            // (2)求和
    result = sqrt(sum);        // (3)开平方
}
…
```

上面的例子没有实际意义，只用于阐述减少循环中的不变变量。在循环中共有 3 条语句，其中(1)、(2)条语句中的变量都会随循环变量 i 的变化而变化，但是，第(3)条语句中的变量表面上也在变，实质上则是一个无效变化，因为 result 与 sum 之间存在确切关系，sum 已经记录了与循环相关的变化，没有必要再使用 result 来记录，即 result 可以被移出循环，这样可以减少 1000 条执行语句。

6.7.2　控制流分析

基于控制流分析是根据软件或系统的内部结构进行的，绘制程序的控制流图是进行控制流分析的基础。这种测试可以分成 3 个级别。

（1）组件级别：结构就是代码本身，即语句、判定/分支及循环等。

（2）集成级别：结构可能是调用树（模块之间相互调用的图表）。

（3）系统级别：结构可能是菜单结构、业务过程或 Web 页面结构等。

控制流图

（1）流程图。

基于代码结构的测试，其表达代码结构的基本方法是程序的流程图，参见例 6.3。

【例 6.3】 冒泡排序法的程序及流程图。

```
void Bubble_Sort(int n,int * data)
{
    int   i = 0;                              //临时变量
    int   j = 0;
    int temp = 0;
    for(i = 0;i < n;i++)                      //第一层循环,保证所有排序完成
    {
        for(j = n - 1;j > i;j -- )            //第二层循环,排序好一个数
        {
            if ( * (data + j) < * (data + j - 1))   //将小的数排列到前面
            {
                temp = * (data + j);          //交换数据
                * (data + j) = * (data + j - 1);
                * (data + j - 1) = temp;
            }
        }
    }
}
```

冒泡排序法的流程图如图 6.9 所示。

流程图表达了一个算法的过程，也表达了程序的结构，包括起始、顺序、分支、循环以及终止等结构，这个结构就是基于结构的白盒测试的基础。

流程图表达了程序的结构，而且还表达了更多的细节信息，而这些细节信息对于结构的表达并无意义，比如流程图 6.9 中出现的连续 3 条赋值语句，写成 1 个还是 3 条好像对程序结构并无影响。换句话讲，流程图可以被简化、抽象，只要这种简化和抽象不影响到程序展现的结构，就对基于结构分析的白盒测试没有影响。

在既描述结构又描述细节的流程图和用于结构分析的流程图之间架起一座桥梁，称为高级流程图，或抽象流程图，但又担心和原来的流程图有所混淆，于是给它起一个新的名字便于区分，这就是控制流图（Control Flow）。

实际上，流程图和控制流图关心的设计视角不同，流程图重在描述算法，便于编码实现；而控制流图重在理解程序结构，便于对程序进行分析和测试。流程图和控制流图之间的关系如图 6.10 所示。

（2）控制流图。

控制流图是流程图简化和抽象来的，它是如何简化和抽象来的呢？

- 首先将连续的顺序语句简化为一条语句；
- 将所有语句的细节抽象为一个语句节点，可以使用一个圆形表示；
- 丰富边的内容，在边上标注序号。

这些变换将程序的流程图变成了控制流图，如图 6.11 所示。初一看图 6.11，可能会觉得并没有什么简化，甚至还可能认为没有流程图清晰，但这只是没有习惯阅读控制流图而已。

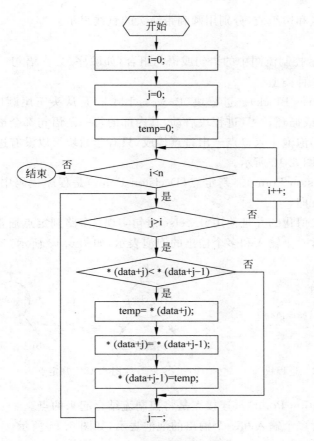

图 6.9 冒泡排序法的流程图

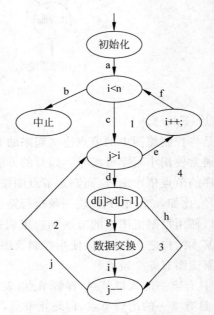

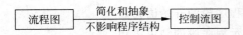

图 6.10 流程图和控制流图之间的关系

图 6.11 冒泡排序法的控制流图

控制流图由节点和边组成,分别用圆和带箭头的直线表示。

- 节点(Node)。

节点(Node)表示控制流图中的语句或语句组合,如顺序、分支语句。节点包括进程块、判定点以及汇合点 3 种类型。

① 进程块(Process Block)。进程块(Process Block)是从头至尾顺序执行的程序语句序列,中间没有分支或循环,一旦进程块启动,其内部的每一条语句都会被顺序执行。

进程块使用圆形泡泡＋入口点＋出口点构成,只有起始块可以没有进入点,只有结束块可以没有退出点,如图 6.12 所示。

② 判定点(Decision Point)。判定点(Decision Point)是程序代码中的某一点,在这一点控制流能够改变方向。

很多判定点是二值化的并且使用 if...else 语句实现;多路判定点通常使用 case 语句实现。判定点使用包含一个输入和多个输出的泡泡表示,如图 6.13 所示。

图 6.12　进程块　　　　　　　　　　图 6.13　判定点

③ 连接点(Junction Point)。连接点是将控制流结合起来的点。

连接点使用包含多个输入和一个输出的泡泡表示,如图 6.14 所示。

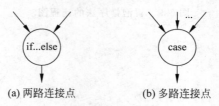

图 6.14　连接点

- 边(Edge)。

边是将控制流图中的节点连接起来的有向线段,方向表示语句的执行顺序。

边通常使用小写字母编号。编号的方法没有明确规定,可以按照易于理解的方式进行,比如顺序的节点依次编号,而判定节点则按照左边优先的方式进行编号。一系列边的编号形成路径,比如,acdgijefb 代表一条执行路径。

可以使用控制流图中的节点和边来表达程序的 3 种基本结构:顺序、分支和循环。有了这些基本结构之后,就可以使用控制流图来表达整个程序代码流程了,如图 6.15 所示。

控制流图有 5 个特点。

- 具有唯一的入口节点,即源节点,表示程序段的开始语句。
- 具有唯一的出口节点,即终止节点,表示程序段的结束语句。
- 节点由带有标号的圆圈表示,表示程序语句。

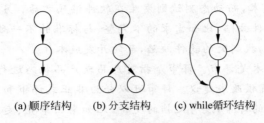

(a) 顺序结构   (b) 分支结构   (c) while循环结构

图 6.15 控制流图表达程序代码中的基本结构

- 控制边由带箭头的直线或弧线表示，代表控制流的方向。
- 包含条件的节点称为判定节点，由判定节点发出的边必须终止于一个节点。

【例 6.4】 根据下面的代码绘制其控制流图。

```
if(a > 0&&c == 1)
{
    x = x + 1;
}
if(b == 30||d < 0)
{
    y = 0;
}
```

根据此例的代码绘制的控制流图如图 6.16 所示。

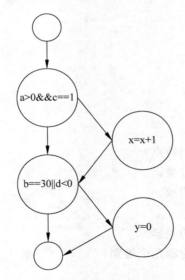

图 6.16 根据上述代码绘制的控制流图

☞本 章 小 结

软件测试可以分为动态测试和静态测试，静态测试具有更加重要的作用。一方面是因为静态测试涵盖更宽泛的软件生命周期，从软件的需求分析，到设计，到编码以及测试都可以使用到静态测试的技术,而动态测试则发生在软件编码之后;另一方面静态测试可以在软件开发的早期找到软件缺陷,比如需求的不完整、与标准的不一致,可以更好地使软件开发按照用户的需求进行,找到大的软件缺陷,节约开发成本。

　　静态测试的主要技术是评审。评审是指对产品或产品状态进行评估,以确定与计划的结果所存在的误差,并提供改进建议。评审可以分为非正式评审和正式评审。非正式评审是一种不基于正式过程的评审,没有文档的支持,比如桌面审查、走廊聊天、伙伴测试,这种评审效率很高,费用很低,多半属于技术方面的讨论,并不做出正式的决定。正式评审则是对评审过程文档化的一种特定评审,分为 5 种形式:管理评审、技术评审、审查、走查和审计。正式评审需要团队参与,评审的过程和结果都需要文档化,得出正式的结论并作出某种决定。因此,在开发的关键点通常需要进行正式评审,以确定开发计划与实际开发的一致性,并对不一致的方面进行改进。

　　数据流分析是通过看代码中变量的定义与引用等情况,判定软件可能存在的数据方面的隐患或者错误。控制流分析是根据软件或者系统内部分支进行的测试。绘制程序的控制流图是进行控制流测试的基础。

✅ 本 章 习 题

1. 名词解释
(1) 静态测试。
(2) 动态测试。
(3) 评审。
(4) 异常。
(5) 规格说明。
(6) 非正式评审。
(7) 正式评审。
2. 非正式评审有什么样的特点?
3. 图示具体说明评审的分类。
4. 图示说明评审的基本构成。
5. 简述审查的团队组成。
6. 简述审查和走查之间的差异。
7. 基于控制流的测试分为哪几个级别?

第**7**章

动态测试——测试用例设计技术

本章学习目标：

- 掌握白盒测试用例设计技术，包括逻辑覆盖、路径测试等。
- 掌握黑盒测试用例设计技术，包括等价类划分、边界值分析、因果图、决策表等。

7.1 白盒测试用例设计技术

白盒测试是对软件的过程性细节做细致的检查，把测试对象看作一个透明的白盒子，允许测试人员利用程序内部的逻辑结构及有关信息，设计或选择测试用例，对程序内部的变量状态、逻辑结构、执行路径进行测试。白盒测试检验程序中每条路径是否能按预定要求正确工作，检查程序内部动作或运行是否符合设计规格要求。白盒测试的测试对象是程序的源代码，因此，白盒测试又称为结构测试、逻辑驱动测试或基于代码测试。

白盒测试示意图如图 7.1 所示。

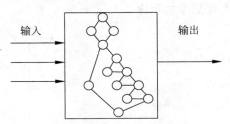

输入　　　　　　　　　　　　　　输出

图 7.1　白盒测试示意图

白盒测试主要用于单元测试，测试具体原则为：

（1）对程序模块的所有独立的执行路径至少测试一次。

（2）所有的逻辑判定，取"真"和取"假"的两种情况都至少测试一次。

（3）在循环的边界和运行界限内执行循环体。

（4）测试内部数据结构的有效性等。

当前，白盒测试方法有静态结构分析法（详见第 6 章）、逻辑覆盖法、基本路径测试法、域测试、符号测试、Z 路径覆盖和程序变异等。无论哪种白盒测试方法，其测试过程都如图 7.2 所示。

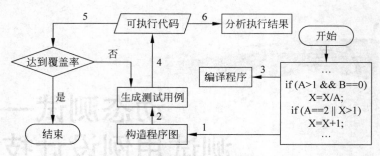

图 7.2　白盒测试方法测试流程

具体测试步骤如下所示：

步骤 1：由源代码出发，构造程序图，如基本路径法的流图等。

步骤 2：根据程序图或控制流图，生成测试用例。

步骤 3：编译被测源程序，生成可执行代码。

步骤 4：测试用例的输入条件驱动，以执行程序测试。

步骤 5：计算测试结果的实际覆盖率，如果达不到既定的覆盖率，则返回到步骤 2，反之，则结束测试。

步骤 6：对于测试结果，进行代码覆盖、测试通过率、失败率和可靠性等分析。

7.1.1　逻辑覆盖

逻辑覆盖又称为控制流覆盖，是选择一组实体以满足覆盖标准，如语句覆盖、判定覆盖、条件覆盖、判定-条件覆盖、条件组合覆盖和路径覆盖等，然后再选择一组覆盖该组实体的有限路径。

下面通过例 7.1 来讲解逻辑覆盖方法。

【例 7.1】　用 C 语言实现简单的程序。

代码如下所示。

```
1. void foo( int A, int B, int X)
2. {
3.     if (A > 1 && B == 0)
4.         X = X/A;
5.     if (A == 2 || X > 1)
6.         X = X + 1;
7. }
```

例 7.1 的程序流程图如图 7.3 所示。其中 a、b、c、d、e 为程序执行路径标识。

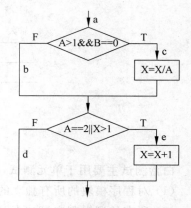

图 7.3　被测程序流程图

1. 语句覆盖

语句覆盖是指测试时，设计若干个测试用例，运行被测试程序，使被测试程序中的每条语句至少执行一次。

$$语句覆盖率 = \frac{至少被执行一次的语句数量}{可执行语句的总数} \times 100\%$$

例 7.1 的测试用例选择为：

$$A=2, B=0, X=4\text{------------}CASE1$$

程序执行路径为 a->c->e，这样程序段的 4 条语句都得到执行，从而做到了语句覆盖。但是，如果测试用例选择 A=2，B=1，X=4，程序段按照路径 a->b->e 执行，则未能达到语句覆盖。

从程序中每个语句都得到执行来看，语句覆盖似乎能够全面地检验程序的每一个语句，但实际上是仅仅针对程序中的显式语句，对隐藏条件无法测试。假如这一程序段中两个判断的逻辑运算有问题，例如，第一个判断的运算符"&&"错写成运算符"‖"或是第二个判断的运算符"‖"错写成运算符"&&"，仍采用 CASE1 进行测试，程序执行路径仍旧为 a->c->e，显然，也达到了语句覆盖，但却没有发现判断中的逻辑运算错误。

实际上，语句覆盖是一种比较弱的逻辑覆盖。做到语句覆盖可能给人一种心理上的满足，以为每个语句都经历到就可以放心了，其实，这仍然不十分可靠。语句覆盖在测试程序时并没有排除被测试程序包含的逻辑错误的风险，必须看到，被测试程序并非语句的无序堆积，语句之间存在很多有机的联系。

【例 7.2】　考虑如下例子：

```
total = 0;                        /* 把 total 设置为 0 */
if(code == "M")
{
    语句 1;
    语句 2;
    语句 3;
    语句 4;
    语句 5;
    语句 6;
    语句 7;
}
else
percent = value/total * 100;      /* 除以 0 */
```

在上面的例子中，如果用 code="M"测试，则可以得到 80%的代码覆盖率。但是如果现实世界中，数据的分布为在 90%的时间内 code 取值不是="M"，则这段程序有 90%的概率出错（由于最后一条语句出现除以 0 的情况）。因此，即使代码覆盖率达到 80%，仍然会留下出错概率 90%的缺陷。

2. 判定覆盖

判定覆盖又称为分支覆盖，测试控制结构中的布尔表达式分别为真和假（如 if 语句和 while 语句等）。布尔型表达式被认为是一个整体，取值为 true 或 false，而不考虑内部是否包含"逻辑与"或"逻辑或"等操作符。

判定覆盖的基本思想是指设计若干测试用例，运行被测试程序，使被测试程序中的每个判定分别取"真"分支和取"假"分支至少一次，即判断真假值均被满足。

$$判定覆盖率 = \frac{至少被执行一次的判定（分支）数量}{总的判定（分支）数量} \times 100\%$$

例 7.1 的测试用例选择为：

$$A=2,B=0,X=4\text{------------CASE1}$$
$$A=1,B=0,X=1\text{------------CASE2}$$

则可分别执行路径 a->c->e 和 a->b->d,使两个判断的四个分支 c、e 和 b、d 分别得到覆盖。

当然,我们也可以选择另外两组测试用例

$$A=3,B=0,X=1\text{------------CASE3}$$
$$A=2,B=1,X=1\text{------------CASE4}$$

分别执行路径为 a->c->d 和 a->b->e,同样也可覆盖四个分支。

我们注意到,以上两组测试用例不仅满足判定覆盖,同时还满足语句覆盖。判定覆盖作为语句覆盖的超集,比语句覆盖要多几乎一倍的测试路径,当然也就具有比语句覆盖更强的测试能力。同样,判定覆盖也具有和语句覆盖一样的简单性,无须细分每个判定就可以得到测试用例。但是,往往大部分的判定语句是由多个逻辑条件组合而成(如判定语句中包含 &&、|| 等),若仅仅判断其整个最终结果,而忽略每个条件的取值情况,必然会遗漏部分测试路径。

分析下面一段代码。

```
if (condition1&&(condition2 || functionl ()))
      statementl ;
else
      statement2 ;
```

当 condition1 和 condition2 取值为真时,执行 statementl 表达式;当 condition1 取值为假时,则 condition2 取值不进行判定,执行 statement2 表达式。可见,在这段代码的控制结构的执行中,操作符 && 排除了 condition2||functionl()的影响,使得不用考虑 condition1 之后的表达式。

编译器在不生成不需要的测试代码时称为惰性判定。例如,“||”表达式的第一个条件为真,则第二个条件就不测试。又如,“&&”表达式中的第一个条件为假,则第二个就不进行判定。因此,判定语句由多个逻辑条件组合而成,仅仅判断最终结果,忽略每个条件的取值情况,必然会遗漏部分测试路径。

另外,虽然看似判定覆盖比语句覆盖更强些,但如果,在该例程序段中第二个判断的条件 X>1 错写成 X<1,使用上述测试用例 CASE5,照样能够执行路径 a->b->e,不影响结果。这个事实说明,只做到判定覆盖,仍无法确定判断内部条件的错误。因此,需要更强的逻辑覆盖准则去检验判断内的条件。

3．条件覆盖

条件覆盖是指设计若干测试用例,执行被测试程序后,使每个判定中每个条件的可能取值至少满足一次。

$$条件覆盖率 = \frac{至少被执行一次的条件数量}{条件总数} \times 100\%$$

针对例 7.1 中的第一个判定,考虑

A>1 取真值,记为 T1

A>1 取假值,即 A<=1,记为 F1

B=0 取真值,记为 T2

B=0 取假值,即 B≠0,记为 F2

针对第二个判定,考虑

A=2 取真值,记为 T3

A=2 取假值,即 A≠2,记为 F3

X>1 取真值,记为 T4

X>1 取假值,即 X<=1,记为 F4

给出 3 个测试用例 CASE1,CASE2,CASE4,执行该程序片段所经路径及覆盖条件,如表 7.1 所示。

表 7.1 条件覆盖测试用例

测试用例	A B X	执行路径	覆盖条件
CASE1	2 0 4	a->c->e	T1,T2,T3,T4
CASE2	1 0 1	a->b->d	F1,T2,F3,F4
CASE4	2 1 1	a->b->e	T1,F2,T3,F4

以上 3 个测试用例,把 4 个条件的 8 种情况均作了覆盖。进一步分析该表,用例覆盖了 4 个条件的 8 种情况,同时也覆盖了两个判定的 4 个分支,即:b,c,d,e。这样我们是否可以说达到了条件覆盖就必然实现了判定覆盖呢?让我们来分析另一种情况,假设条件覆盖选择测试用例为 CASE4,CASE5,如表 7.2 所示。

表 7.2 条件覆盖测试用例

测试用例	A B X	执行路径	覆盖条件
CASE4	2 1 1	a->b->e	T1,F2,T3,F4
CASE5	1 0 3	a->b->e	F1,T2,F3,T4

CASE4,CASE5 覆盖了全部条件结果,但却只覆盖了两个判定的两个分支,即:b,e。由此可见,条件覆盖只能保证每个条件至少有一次为真,而不考虑所有的判定结果,故条件覆盖不一定包含判定覆盖。为解决这一问题,引入判定-条件覆盖准则。

4. 判定-条件覆盖

判定-条件覆盖要求设计足够的测试用例,使得判定中的每个条件的所有可能的结果至少出现一次,并且每个判定的所有可能的结果至少执行一次。

$$判定\text{-}条件覆盖率=\frac{至少被执行一次的条件和判定数量}{条件总数+判定总数}\times100\%$$

给出测试用例如表 7.3 所示。

表 7.3 判定-条件覆盖测试用例

测试用例	A B X	执行路径	覆盖条件
CASE1	2 0 4	a->c->e	T1,T2,T3,T4
CASE2	1 1 1	a->b->d	F1,F2,F3,F4

CASE1,CASE2 两个测试用例既覆盖了所有条件取值又覆盖了所有判定取值。可见，判定-条件覆盖是判定覆盖和条件覆盖的交集，具有两者的特性，却没有两者的缺点。

但是，判定-条件覆盖有一个缺点，就是尽管看上去所有条件的所有结果似乎都执行到了，但由于有些特定的条件会屏蔽其他的条件，常常不能执行到。如本例在 && 和 || 表达式中，编译器按照惰性判定原则，如果 && 表达式中前一个条件为"假"，那就无须计算该表达式的后续条件。同样，如果 || 表达式中前一个条件为"真"，那么后续条件也无须计算。因此，判定-条件覆盖会遗漏某些条件取值为假的情况。

为了彻底地检查所有条件的取值，需要将判定语句中给出的复合条件表达式进行分解，形成由多个单个判定的流程图，这样就可以有效地检查所有的条件是否正确了。

5．条件组合覆盖

条件组合覆盖又称为多重条件覆盖，它的基本思想：设计足够多的测试用例，使得判定中每个条件的所有可能组合至少出现一次。它与条件覆盖的区别是，条件组合覆盖不是简单地要求每个条件都出现"true"与"false"两种结果，而是要求这些结果的所有可能组合都至少出现一次。

$$条件组合覆盖率 = \frac{至少被执行一次的条件组合数量}{条件组合总数} \times 100\%$$

条件组合覆盖是一种相当强的覆盖准则，可以有效地检查各种可能的条件取值的组合是否正确。它不但覆盖所有条件的可能取值的组合，还覆盖所有判定的分支。

针对例 7.1 中的两个判定，4 个条件的 8 种组合如下：

① A>1,B=0,记为 T1,T2

② A>1,B≠0,记为 T1,F2

③ A≤1,B=0,记为 F1,T2

④ A≤1,B≠0,记为 F1,F2

⑤ A=2,X>1,记为 T3,T4

⑥ A=2,X≤1,记为 T3,F4

⑦ A≠2,X>1,记为 F3,T4

⑧ A≠2,X≤1,记为 F3,F4

设计测试用例，覆盖上述 8 种组合，如表 7.4 所示。

表 7.4　条件组合覆盖测试用例

测试用例	A	B	X	覆盖组合	执行路径	覆盖条件
CASE1	2	0	4	① ⑤	a->c->e	T1,T2,T3,T4
CASE4	2	1	1	② ⑥	a->b->d	T1,F2,T3,F4
CASE5	1	0	3	③ ⑦	a->b->e	F1,T2,F3,T4
CASE6	1	1	1	④ ⑧	a->b->d	F1,F2,F3,F4

需要注意的是 8 种组合并不一定需要设计 8 个测试用例。以上例子中只用 4 个测试用例覆盖了 8 种条件组合，同时也覆盖了 4 个分支：b,c,d,e,但这 4 个测试用例并没有覆盖掉程序的 4 条路径，漏掉了 a->c->d 路径。路径能否全面覆盖在软件测试中是重要问题，

如果程序中的每一条路径都得到了考验,才说明程序受到了全面检验。

因此,条件组合覆盖虽然满足判定覆盖、条件覆盖和判定-条件覆盖,但不能保证所有路径都被覆盖,仍有可能有部分路径被遗漏,测试还不够全面。

6. 路径覆盖

路径覆盖是指设计足够多的测试用例,使得程序中所有可能的路径都至少被执行一次。

$$路径覆盖率 = \frac{至少被执行一次的路径数量}{路径总数} \times 100\%$$

针对例 7.1,一共有 4 条执行路径分别为:a->c->e(L1),a->b->d(L2),a->b->e(L3),a->c->d(L4)。设计路径覆盖测试用例,如表 7.5 所示。

表 7.5 路径覆盖测试用例

测试用例	A	B	X	覆盖路径
CASE1	2	0	4	a->c->e(L1)
CASE4	2	1	1	a->b->d(L2)
CASE5	1	0	3	a->b->e(L3)
CASE7	3	0	1	a->c->d(L4)

路径覆盖实际考虑了程序中各种判定结果的所有可能组合,但并未考虑判定中的条件结果的组合。因此,虽然说路径覆盖是一种非常强的覆盖,但不能代替条件覆盖和条件组合覆盖。

另外,本例中程序段非常简短,也只有 4 条路径。而在实际的软件系统中,即便是一个不太复杂的程序,其路径组合都可能是一个庞大的天文数字,要想在测试中覆盖所有的路径往往不太现实。如,一个函数包含 10 个 if 语句,就有 $2^{10}=1024$ 条路径要测试,若再增加一个 if 语句,就有 $2^{11}=2048$ 条路径要测试。为了解决这一难题,必须把覆盖的路径数目减少到一定限度之内,于是就出现了"基路径测试法"。

7. 不同逻辑覆盖的比较

逻辑覆盖法中的语句覆盖、判定覆盖、条件覆盖、判定-条件覆盖、条件组合覆盖具有相互包含的关系。其中,语句覆盖最弱,其他覆盖依次增强,如图 7.4 所示。

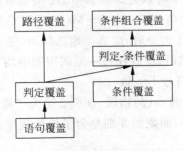

图 7.4 各种逻辑覆盖的包含关系

各种逻辑覆盖方法都有一定的优缺点,如表 7.6 所示。实际测试工作中可以根据测试用例设计的需要,将不同的设计方法有效地结合起来,设计覆盖率最大、最有效的测试用例。

表 7.6　各种逻辑覆盖的优缺点

方法	判定覆盖	条件覆盖	条件组合覆盖	路径覆盖
优点	简单、无须细分每个判定	增加了对符号判定情况的测试	对程序进行较彻底的测试、覆盖面广	清晰、测试用例有效
缺点	判定语句由多个逻辑条件组合而成时,忽略每个条件的取值,会遗漏部分测试场景	当判定中有 and 或 or 组合时,能达到条件覆盖但不能保证判定覆盖	对所有可能的条件进行测试、需要设计大量测试用例,测试工作量大	不能替代条件覆盖和条件组合覆盖,当程序复杂度增加时,测试工作量呈指数级增长

7.1.2　逻辑覆盖准则

前面介绍的逻辑覆盖,其出发点似乎是合理的。所谓"覆盖",就是想要做到全面,而无遗漏。但事实表明,它并不能真的做到没有遗漏。例如:if(i≥0)错写成 if(i>0),针对这样的问题却无能为力。我们分析错误,原因在于 i=0 这一点,只有 i 取 0 时,测试才能发现错误。该错误是我们试图实现全部覆盖时找到,但在条件判断里却并未发现。面对这类情况我们应该从中吸取的教训是测试工作要有重点,要多针对容易发生问题的地方设计测试用例。

1. Foster 的 ESTCA(Error Sensitive Test Cases Analysis)覆盖准则

K. A. Foster 从测试工作实践的教训出发,吸收了计算机硬件的测试原理,提出了一种经验型的测试覆盖准则,较好地解决了上述问题。

Foster 的经验型覆盖准则是从硬件的早期测试方法中得到启发的。我们知道,硬件测试中,对每一个门电路的输入、输出测试都是有额定标准的。通常,电路中一个门的错误常常是"输出总是 0",或是"输出总是 1"。与硬件测试中的这一情况类似,我们常常要重视程序中谓词的取值,但实际上它可能比硬件测试更加复杂。Foster 通过大量的实验确定了程序中谓词最容易出错的部分,得出了一套错误敏感测试用例分析 ESTCA (Error Sensitive Test Cases Analysis)规则。事实上,规则十分简单:

规则 1　对于 A rel B(rel 可以是<、=和>)型的分支谓词,应适当地选择 A 与 B 的值,使得测试执行到该分支语句时,A<B,A=B 和 A>B 的情况分别出现一次。

规则 2　对于 A rel1 C(rel1 可以是>或是<,A 是变量,C 是常量)型的分支谓词,当 rel1 为<时,应适当地选择 A 的值,使:A=C−M(M 是距 C 最小的粒度正数,若 A 和 C 均为整型时,M=1)。同样,当 rel1 为>时,应适当地选择 A,使:A=C+M。

规则 3　对外部输入变量赋值,使其在每一测试用例中均有不同的值与符号,并与同一组测试用例中其他变量的值与符号不一致。

显然,上述规则 1 是为了检测 rel 的错误,规则 2 是为了检测"差一"之类的错误(如本应是"IF A>1"而错成"IF A>0"),而规则 3 则是为了检测程序语句中的错误(如应引用一变量而错成引用一常量)。

上述三规则并不是完备的,但在普通程序的测试中确实是有效的。原因在于规则本身针对着程序编写人员容易发生的错误,或是围绕着发生错误的频繁区域,从而提高了发现错误的命中率。

2. LCSAJ（Linear Code Sequence and Jump）覆盖

LCSAJ（Linear Code Sequence and Jump）的字面含义是线性代码序列与跳转。在程序中，一个 LCSAJ 是一组顺序执行的代码，以控制跳转为其结束点。

LCSAJ 的起点是根据程序本身决定的。它的起点可以是程序第一行或转移语句的入口点，或是控制流可跳达的点。

一个 LCSAJ 包含一条或多条语句，表示成三元组(X，Y，Z)，其中 X 表示代码序列的第一条语句位置，Y 表示代码序列的结束语句位置，Z 是语句 Y 要跳转的位置。由于 LCSAJ 中最后一条语句是一个跳转，因此 Z 可能是程序的结束。

当程序的控制到达 X 时，顺序执行相关语句后到达 Y，然后跳转到 Z。这样，就称 LCSAJ(X，Y，Z)被遍历了，也可称 LCSAJ(X，Y，Z)被覆盖或被执行了。

如果有几个 LCSAJ 首尾相接，且第一个 LCSAJ 起点为程序起点，最后一个 LCSAJ 终点为程序终点，这样的 LCSAJ 串就组成了程序的一条路径（LCSAJ 路径）。一条 LCSAJ 程序路径可能是由 2 个、3 个或多个 LCSAJ 组成的。

【例 7.3】 考虑如下包含几个条件的程序。

```
      void main()
1. {
2.    int x,y,p,q;
3.    scanf(" % d, % d",&x,&y);
4.    p = f(x);
5.    if(x > 0)
6.      p = f(y);
7.    if(p < 0)
8.      q = f(x);
9.    else
10.      q = f(x * y);
11. }
```

程序例 7.3 有 5 个 LCSAJ，如表 7.7 所示。

表 7.7 LCSAJ 描述

LCSAJ	开始行号	结束行号	跳转到
1	1	9	exit
2	1	5	7
3	7	10	exit
4	1	7	10
5	10	10	exit

如表 7.8 所示，三个测试用例遍历表 7.7 中所列的每一个 LCSAJ。

表 7.8 遍历 LCSAJ 的测试用例

测试用例	x y	f 函数取值	覆盖 LCSAJ
CASE1	−5 0	假设 f(0)<0	(1,9,exit)
CASE2	5 2	假设 f(5)≥0	(1,5,7)->(7,10,exit)
CASE3	−5 2	假设 f(2)≥0	(1,7,10)->(10,10,exit)

本例中,CASE1,CASE2 执行时,两个判定都被覆盖了,因此,即使不包含 CASE3 也满足判定覆盖。但是 LCSAJ(1,7,10),(10,10,exit)还未被遍历。

本例表明,满足判定覆盖的测试用例可能不会完全覆盖所有 LCSAJ;另外,一个 LCSAJ 可以包含多个判定语句,如(1,10,exit)。

基于 LCSAJ 与路径的关系,提出了层次 LCSAJ 覆盖准则。它是一个分层的覆盖准则,可以概括的描述为:

第 1 层:语句覆盖。

第 2 层:判定(分支)覆盖。

第 3 层:LCSAJ 覆盖,即程序中的每一个 LCSAJ 都至少在测试中经历过一次。

第 4 层:两两 LCSAJ 覆盖,即程序中的每两个相连的 LCSAJ 组合起来在测试中都要经历一次。

第 n+2 层:每 n 个首尾相连的 LCSAJ 组合在测试中都要经历一次。

在实施测试时,若要实现上述的层次 LCSAJ 覆盖,需要产生被测试程序的所有 LCSAJ。

$$\text{LCSAJ 覆盖率} = \frac{\text{至少执行一次的 LCSAJ 个数}}{\text{LCSAJ 的总个数}} \times 100\%$$

7.1.3 路径测试

路径测试有 DD 路径测试和基路径测试两种。两种路径测试是在程序控制流图(详见第 6 章)的基础上,通过分析控制结构,设计测试用例的方法。

1. DD 路径测试

DD 路径(Decision to Decision Paths)是决策到决策的路径。所谓决策,是指一个序列语句,其开始位置是一个判定(决策)语句的开始,结束位置是下一个判定(决策)语句的开始,并且序列语句没有分支。

$$\text{DD 路径覆盖率} = \frac{\text{至少被执行一次的决策路径数}}{\text{总的决策路径数}} \times 100\%$$

DD 路径是控制流图中的一条链,使得:

(1) 由一个节点组成,入度=0(对应唯一的源节点)。

(2) 由一个节点组成,出度=0(对应唯一的汇节点)。

(3) 由一个节点组成,入度≥2 或出度≥2(对应判定节点)。

(4) 由一个节点组成,入度=1 并且出度=1(对应短分支)。

(5) 长度≥1 的最大链(对应串行语句)。

DD 路径中的一条链是一条起始和终止节点不同的路径,并且每个节点都满足入度=1、出度=1。初始节点与链中的所有其他节点 2-连接,不会存在 1-连接或 3-连接。

n-连接性是指有向图中的两个节点 n_i 和 n_j:

(1) 0-连接,当且仅当 n_i 和 n_j 之间没有路径

(2) 1-连接,当且仅当 n_i 和 n_j 之间有一条半路径,但没有路径

(3) 2-连接,当且仅当 n_i 和 n_j 之间有一条路径

(4) 3-连接,当且仅当 n_i 和 n_j 之间有一条路径,并且从 n_j 到 n_i 有一条路径

若有向图如图 7.5 所示,则:

从 n_1 到 n_6 的一条路径:e_2,e_5,e_2 终止节点是 e_5 的初始节点;n_1 和 n_3 之间的一条半路径:e_2,e_3,e_2 和 e_3 有相同的终止节点;n_2 和 n_4 之间的一条半路径:e_1,e_2,e_1 和 e_2 有相同的初始节点。

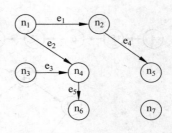

【例 7.4】 三角形问题的 DD 路径测试。

三角形问题具有如下 4 条处理规则:

图 7.5 有向图

(1) 如果三条边相等,则程序的输出是等边三角形。

(2) 如果恰好有两条边相等,则程序的输出是等腰三角形。

(3) 如果没有两条边相等,则程序输出的是一般三角形。

(4) 如果不满足下面条件之一:$a<b+c$;$b<a+c$;$c<a+b$,则程序输出的是非三角形。

程序代码如下所示。

```
1.  #include < stdio. h>
2.  int main()
3.  {
4.      int a,b,c;
5.      int flag;
6.      printf("Please enter 3 integers\n ");
7.      scanf(" %d, %d, %d",&a,&b,&c);
8.      printf("Side a is %d\n",a);
9.      printf("Side b is %d\n",b);
10.     printf("Side c is %d\n",c);
11.     if (a< b + c&&b < a + c&&c < a + b)
12.         flag = 1;
13.     else
14.         flag = 0;
15.     if (flag == 1)
16.     {   if(a == b&&b == c)
17.         printf("等边三角形\n");
18.       else if(a!= b&&a!= c&&b!= c)
19.         printf("一般三角形\n");
20.       else
21.         printf("等腰三角形\n");
22.     }
23.     else
24.       printf("非三角形");
25.     return (0);
26. }
```

如图 7.6 所示,为三角形程序代码的控制流图,如图 7.7 所示,为三角形程序代码 DD 路径图。

三角形程序代码的 DD 路径类型如表 7.9 所示。

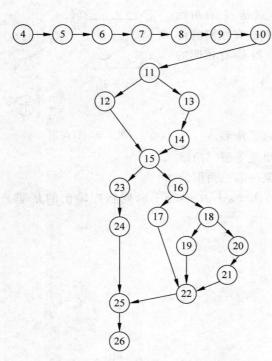

图 7.6 三角形程序代码控制流图

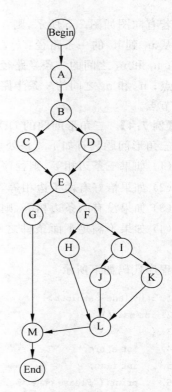

图 7.7 三角形程序代码 DD 路径图

表 7.9 三角形程序代码的 DD 路径类型

控制流图节点	DD 路径名称	定义情况
4	Begin	(1)
5~10	A	(5)
11	B	(3)
12	C	(4)
13~14	D	(5)
15	E	(3)
16	F	(3)
17	H	(4)
18	I	(3)
19	J	(4)
20~21	K	(5)
22	L	(3)
23~24	G	(5)
25	M	(3)
26	End	(2)

  程序的 DD 路径图定义为：给定采用命令式语言编写的一段程序，其 DD 路径图是有向图。其中，节点表示其控制流图的 DD 路径，边表示连续 DD 路径之间的控制流。从表 7.9可以看出 DD 路径图是一种压缩图。

DD 路径测试具有如下意义：

(1) 很多软件质量测试机构都将 DD 路径覆盖作为测试覆盖的最低可接受级别。E. F. Miller 发现，测试用例满足 DD 路径覆盖要求，就可以发现大约 85% 的缺陷。

(2) 如果每一条 DD 路径被遍历，则每个判断分支都被执行，其实就是遍历 DD 路径图中的每一条边。对于 if 语句，则真、假分支都要覆盖；对于 case 语句，则每个子句都要覆盖。

(3) 用大约 100 行代码的程序生成 DD 路径图是可行的。若超过这种规模，采用 DD 路径测试就不太可行了。

(4) 如果没有达到一定的 DD 路径覆盖，则可以知道在功能性(黑盒)测试用例中存在漏洞。

2．基路径测试

针对复杂的程序进行白盒测试，实现穷尽测试是不可能的，因此只能从大量的路径中选择一部分进行测试。我们知道空间中的一切都可以用基表示，并且如果一个基元素被删除，则这种覆盖特性也会丢失。对测试的潜在意义是，我们可以把程序看作是一种向量空间，则这种空间的基就是要测试的非常有意义的元素集合。如果基没有问题，则可以希望能够用基表述的一切都是没有问题的。

基路径是指将所有程序的路径作为一个集合。在这些路径当中必然存在一个最小路径的集合。基路径测试就是通过某种算法确定基路径，确定测试用例是否完全覆盖这些基路径，如果覆盖，则表示测试完毕。相对于 DD 路径，基路径测试设计的测试用例数目较少，工作量较大。

基路径测试法在程序控制流图的基础上，通过分析控制构造环路的复杂性，导出基本可执行路径的集合，设计测试用例。

基路径测试法的主要步骤如下所示。

步骤 1：以详细设计或源代码作为基础，画出标准的流程图，然后导出程序的控制流图。

为了把标准的流程图转换成控制流图，可采用以下步骤：

(1) 找出程序中所有的谓词(判定点)。

(2) 确保这些谓词(判定点)是简单的(即每个判定中没有 and 或 or)。

(3) 将所有顺序语句合并为一个节点，因为一旦开始这些语句都要执行。

(4) 如果一组串行语句后面接简单谓词，把所有串行语句和谓词检查合并为一个节点，并通过这个节点引出两条边。这种拥有两条边的节点叫作谓词节点。

(5) 确保所有边终止于同一个节点上，在程序结尾处增加一个节点表示所有串行语句。

步骤 2：计算控制流图 G 的圈复杂度 V(G)。

圈复杂度为程序逻辑复杂性提供了定量的测度，该度量用于计算程序的基(独立)路径的数目，以确保所有语句至少执行一次的测试数量的上界。

基(独立)路径是指控制流图中至少有一条没有被其他路径遍历过的边的路径。另外，不同的人选择的基路径可能不会相同，但这没有影响，因为不要求唯一基。

步骤 3：确定基(独立)路径的集合，即确定线性无关的路径的基本集。

一组覆盖所有边的独立路径叫作基本集。

步骤 4：生成测试用例，确保基本路径集中每条路径的执行。

下面介绍 3 种计算控制流图的圈复杂度的方法。

控制流图 G 的圈复杂度 V(G)定义为：

方法 1：V(G)＝E－N＋2,其中,E 是控制流图 G 中边的数量,N 是控制流图 G 中节点的数量。

方法 2：将圈复杂度定义为控制流图 G 中的区域数。

方法 3：V(G)＝P＋1,P 是流图 G 中判定(谓词)节点的数量。

【例 7.5】 程序源代码如下所示,使用基路径测试方法设计测试用例进行测试。

```
void Fun( int iRecordNum,int iType)
1. {
2.    int x = 0;
3.    int y = 0;
4.    while ( iRecordNum -- > 0)
5.    {
6.       if ( iType == 0)
7.          x = y + 2;
8.       else
9.          if ( iType == 1)
10.            x = y + 10;
11.         else
12.            x = y + 20;
13.      }
14. }
```

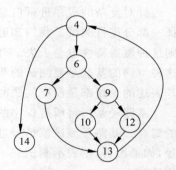

图 7.8　程序控制流图

步骤 1：从以上程序代码导出控制流图,如图 7.8 所示。

步骤 2：计算环形复杂度 V(G)。

(1) V(G)＝E－N＋2＝10－8＋2＝4。其中 E 为控制流图边数,N 为节点数。

(2) V(G)＝平面区域个数＝4。

(3) V(G)＝P＋1＝3＋1＝4。其中 P 为判定节点数。

步骤 3：导出基(独立)路径集合(用语句标号表示)。

路径 1：4－14

路径 2：4－6－7－13－4－14

路径 3：4－6－9－10－13－4－14

路径 4：4－6－9－12－13－4－14

步骤 4：设计测试用例,覆盖所有基路径。测试用例设计如表 7.10 所示。

表 7.10　测试用例设计

测试用例编号	输入数据	覆盖路径	预期输出
CASE1	iRecordNum＝0 int iType＝0	路径 1	x＝0,y＝0
CASE2	iRecordNum＝1 int iType＝0	路径 2	x＝2,y＝0
CASE3	iRecordNum＝1 int iType＝1	路径 3	x＝10,y＝0
CASE4	iRecordNum＝1 int iType＝2	路径 4	x＝20,y＝0

基路径测试给出了必须进行的测试的下限。如果发现同一条程序路径被多个功能性(黑盒)测试性用例遍历,就可以怀疑这种冗余不会发现新的缺陷。

基路径测试中,圈复杂度反映了程序逻辑流程的复杂性和独立路径数量,对于小程序可以手工计算圈复杂度,但是在实际工程中,有数千行代码的程序需要使用自动化工具。需要注意的是,在构建了程序模块后才计算其复杂度并进行测试已经太晚了,因为复杂度测试之后很难进行重新设计了。因此,在启动测试阶段前必须进行基本复杂度检查,这种检查可以是代码审查中的一个内容。可以采用如表7.11所示列出的复杂度度量的对应措施。

表 7.11　圈复杂度度量

复杂度	对 应 含 义
1～10	代码编写良好,有很高的可测试性,维护所需的成本和工作量低
10～20	中等复杂度,可测试性中等,维护所需的成本和工作量中等
20～40	非常复杂,可测试性很低,维护所需的成本和工作量很高
＞40	不可测,不管在维护中投入多少人力、物力都不够

3. 循环测试

循环是软件逻辑结构实现算法的重要组成部分,带有循环程序进行的全路径测试不现实,因此,测试时应对循环进行简化。

循环测试一般具有如下几种循环:简单循环、嵌套循环、串联循环和非结构循环,如图7.9所示。

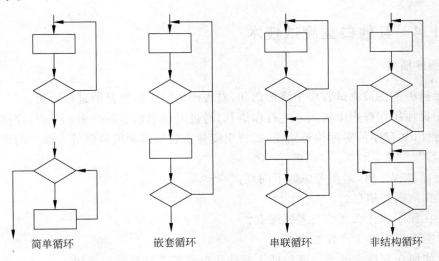

简单循环　　　　嵌套循环　　　　串联循环　　　　非结构循环

图 7.9　循环结构

1) 简单循环

简单循环需要考虑如下几种循环(假设 n 是允许通过循环的最大次数)。

• 零次循环:从循环入口直接跳到循环出口;

• 一次循环:只有一次通过循环,用于查找循环初始值方面的错误;

• 二次循环:两次通过循环,用于查找循环初始值方面的错误;

- m 次循环：m 次通过循环，其中 m<n，用于检查在多次循环时才能暴露的错误；
- 比最大循环次数少一次：即 n−1 次通过循环；
- 最大循环次数：n 次通过循环；
- 比最大循环次数多一次：n+1 次通过循环。

2）嵌套循环

如果将简单循环测试方法用于嵌套循环，测试数目可能会随嵌套层数几何级增加。Beizer 提出了如下几种减少测试数目的方法。

- 从最内层循环开始，将其他循环设置为最小值。
- 对最内层循环使用简单循环测试，而使外层循环的迭代参数（即循环计数）最小，并为范围外或排除的值增加其他测试。
- 由内向外构造下一个循环的测试，但其他的外层循环为最小值，并使其他的嵌套循环为"典型"值。
- 反复进行，直到测试完所有的循环。

3）串联循环

串联循环又称为并列循环。如果串联循环的每个循环都彼此独立，则可以简化为两个简单循环来分别处理。但是，如果两个循环串联起来，而且第一个循环的循环计数是第二个循环的初始值，则两个循环并不独立，推荐使用嵌套循环的方法。

4）非结构循环

非结构循环不能测试，应尽可能将这类循环重新设计为结构化的程序结构之后进行测试。

7.1.4 其他白盒测试技术

1. 程序插桩

程序插桩是在被测试程序中添加语句，对程序语句中的变量值进行检查。

程序员往往在程序中插入一些打印语句，通过对输出信息的分析，了解程序执行过程中的动态特性（如程序的实际执行路径，或特定变量在特定时刻的取值等），插入的语句往往称为"探测器"。

设计插桩程序时，需要考虑如下问题：

（1）探测哪些信息？

（2）在程序的什么部位设置探测点？

（3）需要设置多少个探测点？

（4）如何在程序中的特定部位插入某些用以判断变异特性的语句？

插桩技术具有如下功能：

（1）使程序进入一个特定的状态，检验状态的可达性。

（2）显示或读取内部数据或私有数据。

（3）监测数据不变特性：程序中的某些数据在执行过程中保持不变，在程序的不同位置插入语句观测此数据不变特性。

（4）监测前提条件：在执行某操作或过程之前，插入语句观测操作或过程的前提条件。

（5）监测后置条件：在执行某操作或过程之后，插入语句观测操作或过程的后置条件。

（6）人为触发时间事件：如果发生某事件所需时间太短或太长，则可在程序的不同位置插入适当的功能去控制发生事件的时间。

（7）监测事件时间来测试时间约束：在程序中事件发生的前后位置插入语句记录事件发生的时间，以检验时间约束。

2．域测试

域测试是一种基于程序结构的测试方法。

Howden 曾对程序中出现的错误进行分类，他把程序错误分为域错误、计算型错误及丢失路径错误 3 种。这是相对于执行程序的路径来说的。每条执行路径对应于输入域的一类情况，是程序的一个子计算。如果程序的控制流有错误，对于某一特定的输入可能执行的是一条错误路径，这种错误称为路径错误，也叫作域错误。如果对于特定输入执行的是正确路径，但由于赋值语句的错误致使输出结果不正确，则称为计算型错误。另外一类错误是丢失路径错误，它是由于程序中某处少了一个判定谓词而引起的。域测试是主要针对域错误进行的程序测试。

域测试的"域"是指程序的输入空间。域测试方法基于对输入空间的分析。域测试正是在分析输入域的基础上，选择适当的测试点以后进行测试的。域测试有两个致命的弱点：一是为进行域测试对程序提出的限制过多；二是当程序存在很多路径时，所需的测试点很多。

3．符号测试

符号测试是基于代数运算的一种结构测试方法。它的基本思想是允许程序的输入不仅是数值数据，而且包括符号值，这个方法也是因此而得名的。这里所说的符号值可以是基本符号变量值，也可以是这些符号变量值的一个表达式。这样，在执行程序过程中以符号的计算代替了普通测试执行中对测试用例的数值计算，所得到的结果自然是符号公式或是符号谓词。也就是说，普通测试执行的是算术运算，符号测试执行的则是代数运算。因此符号测试可以认为是普通测试的一个自然的扩充。

符号测试可以看作是程序测试和程序验证的一个折中方法。一方面，它沿用了传统的程序测试方法，通过运行被测试程序来验证它的可靠性；另一方面，由于一次符号测试的结果代表了一大类普通测试的运行结果，实际上是证明了程序接受此类输入后，所得输出是正确的还是错误的。最为理想的情况是，程序中仅有有限的几条执行路径。如果对这有限的几条路径都完成了符号测试，就能较有把握地确认程序的正确性了。从符号测试方法的使用来看，问题的关键在于开发出比传统的编译器功能更强，能够处理符号运算的编译器和解释器。

目前符号测试受到分支问题、二义性问题，以及大程序等问题的困扰，这些问题严重地影响着它的发展前景。

4．程序变异

程序变异测试是一种基于程序错误的测试方法，它的目的是要说明程序中不含有某些特定的错误。

　　程序变异方法是一种错误驱动测试。错误驱动测试是指该方法是针对某类特定程序错误的。经过多年的测试理论研究和软件测试的实践，人们逐渐发现要想找出程序中所有的错误几乎是不可能的。比较现实的解决办法是将错误的搜索范围尽可能地缩小，以利于专门测试某类错误是否存在。这样做的好处在于，便于集中目标，瞄准那些对软件危害最大的可能错误，从而暂时忽略对软件危害较小的可能错误。这样可以取得较高的测试效率，并降低测试的成本。

　　错误驱动测试主要有两种，即程序强变异和程序弱变异。为便于测试人员使用变异方法，一些变异测试工具也被开发出来了。

5. Z 路径覆盖

　　Z 路径覆盖是路径覆盖的变体，完成路径测试的理想情况是做到路径覆盖。对于比较简单的小程序实现路径覆盖是可能做到的。但是如果程序中出现多个判断和多个循环，可能的路径数目将会急剧增长，达到天文数字，以至实现路径覆盖不可能做到。

　　为了解决这一问题，我们必须舍掉一些次要因素，对循环机制进行简化，从而极大地减少路径的数量，使得覆盖这些有限的路径成为可能。我们称简化循环意义下的路径覆盖为 Z 路径覆盖。这里所说的简化循环是指限制循环的次数。无论循环的形式和实际执行循环体的次数多少，我们只考虑循环一次和零次两种情况，即只考虑执行时进入循环体一次和跳过循环体这两种情况。

　　对于程序中的所有路径可以用路径树来表示。当得到某一程序的路径树后，从其根节点开始，一次遍历，再回到根节点时，把所经历的叶节点名排列起来，就得到一个路径。如果我们设法遍历了所有的叶节点，那就得到了所有的路径。当得到所有的路径后，生成每个路径的测试用例，就可以做到 Z 路径覆盖测试。

7.1.5　白盒测试技术讨论

　　白盒测试也称结构测试或逻辑驱动测试，通过了解软件系统的内部工作过程，设计测试用例来检测程序内部动作是否按照规格说明书规定的正常进行，按照程序内部的结构测试程序，检验程序中的每条通路是否都能按预定要求正确工作。目前，比较成熟的白盒测试技术方法有静态结构分析法、逻辑覆盖法、基路径法、数据定义使用法、程序片法等。

1. 测试方法选择

　　测试实践中白盒测试各种测试方法的应用策略归纳如下：

　　(1) 在测试中，应尽量先使用工具进行静态结构分析。

　　(2) 测试中可采取先静态后动态的组合方式：先进行静态结构分析、代码检查，再进行覆盖率测试。

　　(3) 利用静态分析的结果作为引导，通过代码检查和动态测试的方式对静态发现结果进行进一步的确认，使测试工作更为有效。

　　(4) 覆盖率测试是白盒测试的重点，一般可使用基本路径测试法达到语句覆盖的标准；对于软件的重点模块，应使用多种覆盖率标准衡量代码的覆盖率。

（5）在不同的测试节点，测试的侧重点不同。在单元测试阶段，以代码检查、逻辑覆盖为主；在集成测试阶段，需要增加静态结构分析等；在系统测试阶段，应根据黑盒测试的结果，采取相应的白盒测试。

2．测试结束依据

白盒测试结束的依据，有以下几种可能：

（1）当时间用光时。

（2）当继续测试没有产生新失效时。

（3）当继续测试没有发现新缺陷时。

（4）当无法考虑新测试用例时。

（5）当回报很小时。

（6）当达到所要求的覆盖时。

（7）当所有缺陷都已经清除时。

第一种答案太常见，第七种答案不能保证。测试结束的依据就只能在中间的答案中选择。软件测试技术提供支持第二和第三种选择的答案，这些方法在业界都得到成功的使用。第四种选择不同一般，如果遵循前面两种规则和指导方针，则这个依据可能是一种好的答案。另外，如果是由于缺乏动力，则这种选择与第一种是一样结果。第五种回报变小选择具有一定的吸引力，它指的是持续进行了认真的测试，并且所发现的新缺陷急剧降低继续测试变得很昂贵，并且可能不会发现新的缺陷。如果能够确定剩余缺陷的成本（或风险），这样做比较清晰且容易做出。剩下的是第六种依据覆盖率，这是常用的依据，在白盒测试技术中已经介绍了很多了。

7.2　黑盒测试用例设计技术

黑盒测试又称为数据驱动测试、基于规格的测试、输入/输出测试或者功能测试。黑盒测试基于产品功能规格说明书，从用户角度针对产品特定的功能和特性进行验证活动，确认每个功能是否得到完整实现，用户能否正常使用这些功能。

黑盒测试在不知道系统或组件内部结构的情况下进行，不考虑内部逻辑结构，着眼于软件外部结构，在软件接口处进行测试。测试人员把被测的软件看成一个黑盒子，不需要关心盒子的内部结构和特性，只关注软件的输入数据和输出结果，从而检查软件产品是否符合功能说明。黑盒测试示意图如图 7.10 所示。

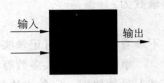

图 7.10　黑盒测试示意图

黑盒测试主要具有如下功能：

（1）检查程序功能能否按需求规格说明书的规定正常使用，测试各个功能是否有遗漏，检测是否满足性能等特性要求。

（2）检测人机交互是否错误，检测数据结构或外部数据库访问是否错误，程序是否能适当地接收输入数据而产生正确的输出结果，并保持外部信息（如数据库或文件等）的完整性。

（3）检测程序初始化和终止方面的错误。

黑盒测试有助于对被测软件产品进行总体功能验证，在进行黑盒测试时，需要注意：

（1）黑盒测试基于需求实施。黑盒测试除了可以发现各种有关系统整体上的问题，还有发现不完备、不一致的需求。

（2）黑盒测试既检查已描述的需求还检查隐含需求。并不是所有需求都经过明确描述，有些需求是隐含的。例如，打印报表，有可能在需求规格说明书上没有明确给出报表上要给出日期。但是，这些功能在向客户交付产品时应该提供，以提供更好的可读性和可用性。

（3）黑盒测试要包括最终用户视角。由于要从外部视角测试产品的行为，因此，最终用户视角是黑盒测试的一个组成部分。

（4）黑盒测试采用有效输入和无效输入。用户在使用产品时出错是很正常的，因此，黑盒测试只采用有效输入是不够的，还应包括无效条件。

黑盒测试方法主要有等价类划分、边界值分析、决策表、因果图、状态转换、错误推测等测试方法，接下来详细介绍以上几种黑盒测试方法。

7.2.1　等价类划分

在许多实际问题中，软件输入规模非常大，可以包含很多元素，同时也很复杂，这些元素可能又具有多种类型，如整型、字符型、布尔型、实型等，这就使得测试人员无法使用全部可能的输入值对被测试软件实施穷尽测试。

【例 7.6】　工资管理系统中的子程序 P。P 以员工记录作为输入，计算员工的月薪。假设员工记录由以下字段组成，每个字段有相应的类型和约束。

```
ID: int;                //ID 是长度为 3 的数字,范围是 001~999
Name: string;           //Name 是长度为 20 的字符串,字符串中每个字符取自 26 个字母或空格
Rate: float;            //Rate 取值范围为 40~80rmb/小时,以 2 的倍数递增
Hoursworked: int;       //Hoursworked 取值范围这 0~60
```

若程序 P 的输入即为以上 4 个字段组成的一个记录，其中 ID 可能取值 999 个，Name 可能取值 $(26+1)^{20}$ 个，Rate 的取值 21 个，Hoursworked 可能取值 61 个，那么最终形成的记录数为：

$$999 \times 27^{20} \times 21 \times 61 \approx 5.24 \times 10^{34}$$

不难看出，利用所有记录实现本例的穷尽测试是不现实的。

事实上，对于大多数有意义的软件来说，其输入组合都将远大于上例中的程序，此时，测试人员就使用一定的方法从输入集合中选择尽可能小的子集，以便达到测试的目的。等价类划分便提供了一种测试用例选择的方法。

1. 等价类划分

采用等价类划分方法进行测试用例设计，要求测试人员把软件的输入域划分为数量尽可能少的若干子域，如图 7.11 所示，按照严格的数学定义，要求每个子域互不相交。图中每个子域构成输入域的一个划分，每个子域称为一个等价类。

在这种情况下，从每一个划分（等价类）中选取一个有代表性的输入作为测试用例进行

测试已经足够,N 个这样的测试用例就构成了对该软件完整的测试用例集。

对同一个输入域进行等价类划分,其结果可能不是唯一的。因此,利用等价类划分方法产生的测试用例集也可能不同。即使两个测试人员划分的等价类相同,也可能选取不同的测试用例集。

测试用例的设计不仅接收合理的数据,也能经受意外的不合理的数据的考验,这样才能确保软件具有较高的可靠性。因此,一个软件的全部输入集合至少分为两个子集:一个包含所有正常和合法的输入,用 E 表示,即有效等价类;另一个包含所有异常和非法的输入用 U 表示,即无效等价类,如图 7.12 所示。

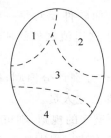
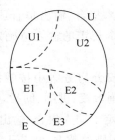

图 7.11 输入域被划分为 4 个等价类   图 7.12 输入域被划分为两个子集

(1) 有效等价类:对于软件的规格说明来说,它是由合理的、有意义的输入数据构成的集合,利用它可检验软件是否实现了规格说明中所规定的功能和性能。

(2) 无效等价类:与有效等价类相反,它是由对软件的规格说明无意义、不合理的输入数据构成的集合,利用它可检验软件对异常处理情况,即软件的容错性。

例如,某软件以一个表示人员年龄的整数作为输入,假设年龄的合法值在[1,120]范围内,因此,输入集合可以被划分为有效输入集合,即有效等价类 E,其取值范围为[1,120];无效输入集合,即无效等价类 U,除[1,120]外的其余整数。

2. 等价类划分原则

等价类根据不同的划分标准,得到的等价类结果是不同的,等价类的划分的质量决定了其产生的测试用例的有效性和效率。通常情况,需要划分的集合是一个特定的数值、一个数值域、一组相关值或一个布尔条件时,可以按照如下规则定义等价类:

(1) 如果输入集合、输出集合或操作集合规定了取值范围,或者值的个数,则可以确定一个有效等价类和两个无效等价类。

例如,若输入条件规定了 X 的取值为 1~120 之间的整数,则等价类划分如图 7.13所示。

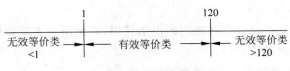

图 7.13 等价类划分

（2）如果输入集合、输出集合或操作集合规定了集合取值范围，或者是规定了必要条件，这时可以确定一个有效等价类和一个无效等价类。

例如，输入条件规定了 x 的取值为偶数，则有效等价类为 x 的值为偶数，无效等价类为 x 的值不为偶数的整数。

（3）如果输入集合、输出集合或操作集合是一个布尔量，则可以确定一个有效等价类和一个无效等价类。

例如，输入条件规定 BOOL X＝true，则有效等价类为 X＝true，无效等价类为 X＝false。

（4）如果输入集合、输出集合或操作集合是一组值，而软件要对每一组值分别进行处理，这时要对每个规定的输入值确定一个等价类，而对于这组值之外的所有值确定一个等价类。

例如，某高校分房方案中按教授、副教授、讲师、助教分别计分原则，则有效等价类为 4 个，即：教授、副教授、讲师、助教，无效等价类为 1 个，即其他人员。

（5）如果规定了输入集合、输出集合和操作集合必须遵守的规则，则可以确立一个有效等价类（即遵守规则的数据）和若干无效等价类（从各种角度违反规则的数据）。

例如，输入页面为用户输入有效 E-mail 地址的规则，必须满足几个条件，含有@，@后面格式为 a．b，E-mail 地址不带有特殊符号 ♯，"，'，＆，则有效等价类就是满足所有规则的输入集合，无效等价类为不满足其中任何一个规则或所有规则的输入集合。

（6）在确定已知的等价类中各元素在软件处理方式不同的情况下，应再将该等价类进一步划分为更小的等价类。

根据上述规则，就可以为每个软件进行测试设计并开发测试用例。设计测试用例的步骤可以归结为 3 步：

（1）对每个输入和外部条件进行等价类划分，画出等价类表，并为每一个等价类进行编号。

（2）设计一个测试用例，使其尽可能多的覆盖尚未覆盖的有效等价类。重复这一步骤，直到所有的有效等价类都被覆盖为止。

（3）设计一个测试用例，使其仅覆盖一个尚未被覆盖的无效等价类，重复这一步骤，直到所有的无效等价类都被覆盖为止。

下面通过例 7.7 和例 7.8 说明等价类划分方法设计测试用例过程。

【例 7.7】 某城市电话号码由三部分组成，分别是：

地区码：空白或四位数字；

前缀：非 0 或 1 开头的四位数字；

后缀：四位数字。

假设被测试程序接受符合上述规定的电话号码，拒绝所有不符合规定的电话号码，使用等价类划分方法进行测试用例设计。

步骤 1：划分所有等价类，为等价类标号，如表 7.12 所示。

表 7.12 电话号码等价类划分表

输入	有效等价类	等价类编号	无效等价类	等价类编号
地区码	空白	1	有非数字字符	3
	四位有效数字	2	少于 4 位数字字符	4
			多于 4 位数字字符	5
前缀	非 0 或 1 开头的四位数字	6	有非数字字符	7
			少于 4 位数字字符	8
			多于 4 位数字字符	9
			0 开头的 4 位数字	10
			1 开头的 4 位数字	11
后缀	四位数字	12	有非数字字符	13
			少于 4 位数字字符	14
			多于 4 位数字字符	15

步骤 2：根据等价类划分表，设计测试用例覆盖有效等价类，如表 7.13 所示。

表 7.13 有效等价类测试用例

用例编号	输入			覆盖有效等价类编号
	地区码	前缀	后缀	
CASE1		8632	3678	1,6,12
CASE2	0411	8631	8357	2,6,12

步骤 3：根据无效等价类划分表，设计测试用例覆盖无效等价类，如表 7.14 所示。

表 7.14 无效等价类测试用例

用例编号	输入			覆盖无效等价类编号
	地区码	前缀	后缀	
CASE1	041A	8632	3678	3
CASE2	041	8632	3678	4
CASE3	04111	8632	3678	5
CASE4	0411	A632	3678	7
CASE5	0411	863	3678	8
CASE6	0411	86321	3678	9
CASE7	0411	0632	3678	10
CASE8	0411	1632	3678	11
CASE9	0411	8632	A678	13
CASE10	0411	8632	678	14
CASE11	0411	8632	67890	15

【例 7.8】 NextDate 函数描述为：

输入：三个整数 m,d,y,代表月份、日期和年。

输出：输入日期后面的那个日期。如：输入 12/23/2014,则输出 12/24/2014。

其中 m,d,y 满足：

C1：m>=1,m<=12
C2：d>=1,d<=31
C3：y>=1814,y<=2014

则依题意划分等价类,得到等价类划分表,如表 7.15 所示。

表 7.15　NextDate 函数等价类划分表

输入	有效等价类	等价类编号	无效等价类	等价类编号
d	31≥d≥1	1	非整数	4
			d<1	5
			d>31	6
m	12≥m≥1	2	非整数	7
			m<1	8
			m>12	9
y	2014≥y≥1814	3	非整数	10
			y<1814	11
			y>2014	12

设计测试用例覆盖有效等价类,如表 7.16 所示。

表 7.16　NextDate 函数有效等价类测试用例

用例编号	输入			覆盖有效等价类编号
	y	m	d	
CASE1	1914	6	15	1,2,3

设计测试用例覆盖有效等价类,如表 7.17 所示。

表 7.17　NextDate 函数无效等价类测试用例

用例编号	输入			覆盖无效等价类编号
	y	m	d	
CASE1	1914	6	12.5	4
CASE2	1914	6	0	5
CASE3	1914	6	32	6
CASE4	1914	3.5	15	7
CASE5	1914	0	15	8
CASE6	1914	13	15	9
CASE7	1914.5	6	15	10
CASE8	1813	6	15	11
CASE9	2015	6	15	12

本例等价类划分方式遵守等价类划分的原则(1),读者考虑以此为基础进行测试用例设计是否完备、无遗漏? 如果有遗漏,遗漏了什么? 试着解决。

3. 另一种等价类划分测试

前面介绍的等价类划分每次只考虑一个输入变量,这样,每个输入变量形成了对输入域的一个划分,这种划分方式简称为一元划分。使用一元划分进行测试用例的设计较为简便,且可测性强。

通常情况下,软件往往有多种输入,假设输入变量相互独立,在健壮性/多缺陷的前提下,我们还可将等价类测试按照测试强度分为弱一般等价类、强一般等价类、弱健壮等价类和强健壮等价类测试。弱与强是基于单/多缺陷理论,单缺陷是指失效极少是由两个或多个缺陷的同时发生引起,多缺陷假设,则是指失效是由两个或两个以上缺陷同时作用引起的;一般和健壮是基于是否考虑无效值。

【例 7.9】 假设 F 实现了一个程序,输入变量 x_1,x_2 取值区间为:x_1:[a,b),[b,c),[c,d],x_2:[e,f),[f,g],试用不同测试强度的等价类划分方法设计测试用例。

(1) 弱一般等价类。

弱一般等价类测试通过使用一个测试用例中的每个等价类(区间)的一个变量实现,即要求用例覆盖每一个变量的一种取值即可,取值为有效值。因此,对于例 7.9 输入变量,可得到如图 7.14 所示的弱一般等价类测试用例。

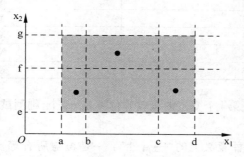

图 7.14 弱一般等价类测试用例

对于 x_1,有效等价类:$M1=\{x_1 \mid a \leqslant x_1 < b\}$,$M2=\{x_1 \mid b \leqslant x_1 < c\}$,$M3=\{x_1 \mid c \leqslant x_1 < d\}$。

对于 x_2,有效等价类:$N1=\{x_2 \mid e \leqslant x_2 < f\}$,$N2=\{x_1 \mid f \leqslant x_2 < g\}$。

图 7.14 中测试用例覆盖有效等价类如表 7.18 所示。

表 7.18 测试用例覆盖有效等价类

用例编号	覆盖有效等价类编号
CASE1	M1,N1
CASE2	M2,N2
CASE3	M3,N1

我们也可以选取等量的其他测试用例达到弱一般等价类测试,如选取点为 M1,N2;M2,N1;M3,N2。

因此,对于 n 个输入变量,设第 i 个变量的有效等价类是 m_i 个,则弱一般等价类测试用例总数:$max(m_i)$个。

(2) 强一般等价类。

强一般等价类测试基于多缺陷假设,遵循多缺陷原则,要求测试用例覆盖每个变量的每种取值之间的笛卡儿乘积,即所有变量所有取值的所有组合,取值为有效值。针对例 7.9 输入变量,测试用例设计如图 7.15 所示。具体测试用例如表 7.19 所示。

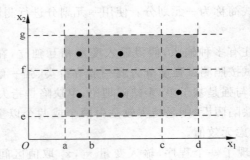

图 7.15　强一般等价类测试用例

表 7.19　测试用例覆盖等价类

用例编号	覆盖有效等价类编号
CASE1	M1,N1
CASE2	M1,N2
CASE3	M2,N1
CASE4	M2,N2
CASE5	M3,N1
CASE6	M3,N2

对于 n 个输入变量,设第 i 个变量的有效等价类是 m_i 个,则测试用例总数:$m_1 * m_2 * \cdots * m_n$。

笛卡儿乘积可保证两种意义上的"完备性":一是覆盖所有等价类;二是有可能的输入组合中的一个。因此,采用强一般等价类方法得到的测试用例往往比弱一般等价类方法得到的测试用例更能充分地测试被测试软件。

(3) 弱健壮等价类。

单缺陷与多缺陷假设产生弱等价类与强等价类测试之分,是否进行无效数据的处理产生健壮与一般等价类测试之分。弱健壮等价类是指在弱一般等价类的基础上,增加取值为无效值的情况。针对无效输入的情况,测试用例中一个变量取无效值,其他变量取有效值。

对于 x_1,无效等价类:$M4=\{x_1 \mid x_1 < a\}$,$M5=\{x_1 \mid x_1 > d\}$。

对于 x_2,无效等价类:$N3=\{x_1 \mid x_2 < e\}$,$N4=\{x_1 \mid x_2 > g\}$。

针对例 7.9 输入变量,测试用例设计如图 7.16 所示,具体测试用例覆盖等价类情况如表 7.20 所示。

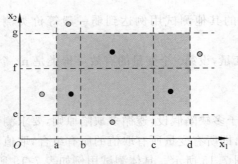

图 7.16　弱健壮等价类测试用例

表 7.20 测试用例覆盖等价类

用例编号	覆盖等价类编号	用例编号	覆盖等价类编号
CASE1	M1,N1	CASE5	M5,N2
CASE2	M2,N2	CASE6	M1,N4
CASE3	M3,N1	CASE7	M2,N3
CASE4	M4,N1		

对于 n 个输入变量,设第 i 个变量的有效等价类是 m_i 个,无效等价类是 l_i 个,则测试用例总数:$\max(m_i)+(l_1+l_2+\cdots+l_n)$ 个。

(4) 强健壮等价类。

强健壮等价类是在强一般等价类的基础上,增加取值为无效值的情况,即所有变量的所有取值组合,既包括有效值,又包括无效值。针对例 7.9 输入变量,测试用例设计如图 7.17 所示,具体测试用例覆盖等价类情况如表 7.21 所示。

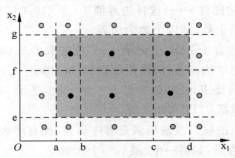

图 7.17 强健壮等价类测试用例

表 7.21 测试用例覆盖等价类

用例编号	覆盖等价类编号	用例编号	覆盖等价类编号
CASE1	M1,N1	CASE11	M3,N3
CASE2	M1,N2	CASE12	M3,N4
CASE3	M1,N3	CASE13	M4,N1
CASE4	M1,N4	CASE14	M4,N2
CASE5	M2,N1	CASE15	M4,N3
CASE6	M2,N2	CASE16	M4,N4
CASE7	M2,N3	CASE17	M5,N1
CASE8	M2,N4	CASE18	M5,N2
CASE9	M3,N1	CASE19	M5,N3
CASE10	M3,N2	CASE20	M5,N4

因此,对于 n 个输入变量,设第 i 个变量的有效等价类是 m_i 个,无效等价类是 l_i 个,则测试用例总数:$(m_1+l_1)*(m_2+l_2)*\cdots*(m_n+l_n)$。

强健壮等价类方法得到的测试用例虽然能够更充分地测试被测试软件,但测试用例数量会随着输入变量的个数成指数增长。因此,在实际测试过程中,要视情况而定。

上述讨论可以看出,无论哪一种等价类划分都可作为一种有效的黑盒测试方法,按照等价类划分进行测试,既可以覆盖所有输入,又不存在冗余。但是需要深入理解软件规格说明书并合理划分等价类。有时候,需求规格说明书中可能没有定义对无效输入的预期输出,因此测试人员需要花费大量时间来定义这些测试用例的预期输出,这也是等价类划分方法存在的一个缺陷。

7.2.2　边界值分析

软件测试实践中,大量的错误往往发生在输入或输出范围的边界上,而不是发生在输入输出范围的内部。例如,数组下标、循环控制变量等边界附近往往出现大量错误。因此,作为等价类划分方法的补充,边界值分析方法不是选择等价类的任意元素,而主要是针对各种等价类边界情况设计测试用例。

1. 边界值选择一般原则

(1) 输入条件规定了取值范围,则以该范围作为边界。

例如,重量 10～50kg 的邮件……,选择边界值 10、50、10.01、49.99、9.99 及 50.01。

(2) 输入条件规定值的个数,则以个数为边界。

例如,"某输入文件可包含 1～255 个记录……"应选取 1、2、254、255、0 及 256。

(3) 针对规格说明的每个输出条件,使用原则(1)和(2)。

例如,一情报检索系统,要求每次"最少显示 1 条、最多显示 10 条情报摘要",考虑的测试用例包括 1 和 10,还应包括 0、11 和 2、9 等。

(4) 如果规格说明给出的输入或输出域是有序集合(如有序表、顺序文件等),则选取集合中特定次序的元素作为边界,如第一个、最后一个元素等。

(5) 如果程序中使用了一个内部数据结构,则应选择该结构的边界上的值,如数组、链表等。

(6) 分析规格说明,找出其他可能或隐藏的边界条件。除了明显的外部边界条件之外,有些边界条件在软件内部,最终用户几乎看不到,但是软件测试员仍有必要进行测试。这样的边界条件称为次边界条件,或者内部边界条件。

例如,对二进制数值的边界值检验,位:0 或 1,字节:0～255;字符边界的检验:ASCII 码和 Unicode 编码;字符编辑区域的默认值、空值、空格、未输入值、零、无效数据和垃圾数据等。寻找这样的边界不要求软件测试员成为程序员或者具有阅读代码的能力,但是确实要求大体了解软件的工作方式。

2. 边界值测试

根据对边界条件测试的强度不同,分为一般边界值分析、健壮边界值测试、最坏情况边界值测试和健壮最坏情况边界值测试 4 种边界条件测试用例设计方法。

【例 7.10】 设某软件系统的输入变量有两个 x_1、x_2;这两个变量的边界条件是:$a \leqslant x_1 \leqslant b, c \leqslant x_2 \leqslant d$,试用不同的边界值测试方法设计测试用例。

(1) 一般边界值分析法。

一般边界值分析方法思想是变量间相互独立的情况下,基于单缺陷假设,即一个变量取极值,其他变量取正常值。取值时在各个输入变量的最小值(x_{min})、略高于最小值(x_{min+})、正常值(x_{nom})、略低于最大值(x_{max-})和最大值(x_{max})处取值。针对例 7.10 输入变量,设计测试用例如图 7.18 所示。

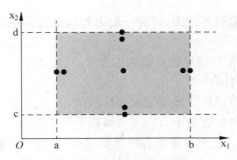

图 7.18　一般边界值分析测试用例

对于输入变量 n，采用一般边界值分析方法，可以产生 4n＋1 个测试用例。

（2）健壮边界值测试。

健壮边界值测试是对一般边界值分析的一种简单扩展，即除了变量的 5 个一般边界值外，加入对无效输入的测试，一个是略超过最大值的取值（x_{max+}），另一个是略小于最小值（x_{min-}）的取值。主要是测试软件系统超过极值时系统会有什么表现。

针对例 7.10 输入变量，测试用例设计如图 7.19 所示。

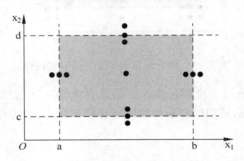

图 7.19　健壮边界值测试用例

对于输入变量 n，采用健壮边界值测试方法，可以产生 6n＋1 个测试用例。

（3）最坏情况边界值测试。

最坏情况边界值测试不再基于单缺陷假设，而是考虑多个变量取极值的情况。对每一个变量首先进行包含最小值（x_{min}）、略高于最小值（x_{min+}）、正常值（x_{nom}）、略低于最大值（x_{max-}）、最大值（x_{max}）五个元素集合的测试，然后对这些集合进行笛卡儿积计算以生成测试用例。

针对例 7.10 输入变量，生成测试用例如图 7.20 所示。

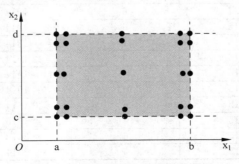

图 7.20　最坏情况边界值测试用例

最坏情况边界值测试显然更彻底,因为一般边界值分析是最坏情况边界值测试用例的真子集。

对于输入变量 n,采用最坏情况边界值测试方法,可以产生 5^n 个测试用例。

(4) 健壮最坏边界值测试。

健壮最坏情况边界值测试针对极端情况进行测试。

对每一个变量首先进行包含最小值(x_{min})、略高于最小值(x_{min+})、正常值(x_{nom})、略低于最大值(x_{max-})、最大值(x_{max})五个元素集合的测试,还要采用一个略超过最大值(x_{max+})的取值以及一个略小于最小值(x_{min-})的取值,然后对这些集合进行笛卡儿积计算以生成测试用例。

针对例 7.10 输入变量,生成测试用例如图 7.21 所示。

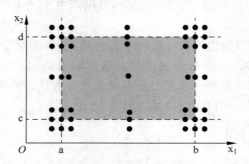

图 7.21　健壮最坏情况边界值测试用例

健壮最坏边界条件法最适合应用各输入变量具有大量交互作用,或者软件失效的代价极高的情况。对于输入变量 n,采用健壮最坏情况边界值测试方法,可以产生 7^n 个测试用例。

3. 应用实例

仍以例 7.8 NextDate 函数为例,三个输入变量满足:$1 \leqslant m \leqslant 12$;$1 \leqslant d \leqslant 31$;$1814 \leqslant y \leqslant 2014$,采用边界值测试方法进行测试用例设计。

采用一般边界值分析测试用例设计如表 7.22 所示。

表 7.22　NextDate 函数一般边界值分析测试用例

用例编号	输　入			预期输出
	d	m	y	
CASE1	1	6	1914	1914-6-2
CASE2	2	6	1914	1914-6-3
CASE3	30	6	1914	错误
CASE4	31	6	1914	错误
CASE5	15	6	1914	1914-6-16
CASE6	15	1	1914	1914-1-16
CASE7	15	2	1914	1914-2-16
CASE8	15	11	1914	1914-11-16
CASE9	15	12	1914	1914-12-16
CASE10	15	6	1814	1814-6-16
CASE11	15	6	1815	1815-6-16
CASE12	15	6	2013	2013-6-16
CASE13	15	6	2014	2014-6-16

采用健壮边界值方法进行测试用例设计,如表 7.23 所示。

表 7.23　NextDate 函数健壮边界值测试用例

用例编号	输　入			预期输出
	d	m	y	
CASE1	1	6	1914	1914-6-2
CASE2	2	6	1914	1914-6-3
CASE3	30	6	1914	错误提示
CASE4	31	6	1914	错误提示
CASE5	15	6	1914	1914-6-16
CASE6	0	6	1914	错误提示
CASE7	32	6	1914	错误提示
CASE8	15	1	1914	1914-1-16
CASE9	15	2	1914	1914-2-16
CASE10	15	11	1914	1914-11-16
CASE11	15	12	1914	1914-12-16
CASE12	15	0	1914	错误提示
CASE13	15	13	1914	错误提示
CASE14	15	6	1814	1814-6-16
CASE15	15	6	1815	1815-6-16
CASE16	15	6	2013	2013-6-16
CASE17	15	6	2014	2014-6-16
CASE18	15	6	1813	错误提示
CASE19	15	6	2015	错误提示

读者试着给出 NextDate 函数三个输入变量的最坏情况边界值测试、健壮最坏边界值测试测试用例。

边界值测试基于输入变量之间相互独立,如果不能保证变量间的独立性,则产生测试用例不能令人满意,如 NextDate 中生成 6 月 31 日。

通常在设计测试用例时,同时采用边界值分析和等价类划分两种方法。除了使用等价类确定边界外,还可以利用输入变量间关系确定边界。一旦输入域确定下来,使用等价类和边界值分析生成测试用例的主要步骤如下:

步骤 1,使用一元等价类划分方法划分输入域。

步骤 2,为每种划分确定边界。

步骤 3,设计测试用例,确保每个有效/无效等价类被覆盖。

步骤 4,设计测试用例,确保每个边界值至少出现在一个测试输入数据中。

7.2.3　决策表

前面介绍的等价类划分和边界值分析进行测试用例设计时假设输入变量之间相互独立,没有考虑到输入变量组合及相互制约的情况。虽然各种输入变量可能出错的情况被考虑到了,但多个输入变量组合起来可能出错的情况却被忽视了。检验各种输入变量的组合并非一件很容易的事情,因为即使所有的输入变量划分成等价类,它们的组合情况也相当多,因此,需要考虑采用一种适合于多个变量的组合,相应地产生多个结果的方法来进行测试用例设计,这就需要组合分析。

组合分析是一种基于每对输入条件组合的测试技术,考虑输入条件之间的影响是主要的错误来源和大多数的错误起源于简单的输入条件组合。尤其在一些数据处理问题中,某些操作是否执行依赖于多个逻辑输入的取值,在这些逻辑条件取值的组合构成的多种情况下,分别执行不同的操作。处理这类问题非常有力的工具就是决策表。

1. 决策表组成

决策表又称为判定表,用于分析多种逻辑条件下执行不同操作的技术。决策表可以把复杂的逻辑关系和多种条件的组合情况表达明确,与高级程序设计语言中的 if-else、switch-case 等分支结构语句类似,它将条件判断与执行的动作联系起来。但与程序语言中的控制语句不同的是,决策表能将多个独立的条件和多个动作联系清晰地表示出来。

决策表通常由 4 个部分组成,如图 7.22 所示。

（1）条件桩:列出了问题的所有条件。通常认为,列出的条件次序无关紧要。

（2）动作桩:列出了问题规定可能采取的操作,这些操作的排列顺序没有约束。

图 7.22　决策表组成

（3）条件项:列出了针对条件桩的取值在所有可能情况下的真假值。

（4）动作项:列出了在条件项的各种取值的有机关联情况下应该采取的动作。

规则即任何条件组合的特定取值及其相应要执行的操作。在决策表中,贯穿条件项和动作项的列就是规则。显然,决策表中列出多少个条件取值,也就有多少个规则,条件项和动作项就有多少列。所有条件都是逻辑结果(即真/假、是/否、0/1)的决策表称为有限条件决策表。如果条件有多个值,则对应的决策表就叫作扩展条目决策表。决策表用来设计测试用例,条件解释为输入,动作解释为输出。

2. 决策表建立

决策表的建立应当根据软件规格说明书,分为以下 5 个步骤:

（1）根据软件规格说明,列出所有条件桩和动作桩;

（2）填入条件项;

（3）填入动作项;

（4）化简,合并相似规则。

3. 决策表化简

对于多条件,条件多取值的决策表,对应的规则比较大时,可以对其进行简化。决策表的简化主要包括以下两个方面。

（1）合并。

如果两个或多个条件项产生的动作项是相同的,且其条件项对应的每一行的值只有一个是不同的,则可以将其合并。合并的项除了不同值变成无关项外,其余的保持不变。

（2）包含。

如果两个条件项的动作是相同的,对任意条件 1 中任意一个值和条件 2 中对应的值,如果满足:

- 如果条件 1 的值是 Y,则条件 2 中的值也是 Y,如果条件 1 的值是 N,则条件 2 中的值也是 N;
- 如果条件 1 的值是 Y,则条件 2 中的值是 Y、N、—,称条件 1 包含条件 2,此时,条件 2 可以删除。

根据以上规则可以精简决策表。

【例 7.11】　使用决策表设计"阅读指南"的测试用例,如表 7.24 所示。

表 7.24　决策表设计"阅读指南"的测试用例

序号		1	2	3	4	5	6	7	8
条件桩	觉得疲倦吗?	Y	Y	Y	Y	N	N	N	N
	对内容感兴趣吗?	Y	Y	N	N	Y	Y	N	N
	书中的内容使你糊涂吗?	Y	N	Y	N	Y	N	Y	N
动作桩	请回到本章开头重读	√				√			
	继续读下去		√				√		
	跳到下一章去读							√	√
	停止阅读,请休息			√	√				

根据决策表化简规则将 1 和 5,2 和 6,3 和 4,7 和 8 化简合并,得到化简后的测试用例,如表 7.25 所示。其中"—"表示合并后的"不关心条目",简化后的决策表每一列代表一个测试用例。

表 7.25　化简后的测试用例

序号		1	2	3	4
条件桩	觉得疲倦吗?	—	—	Y	N
	对内容感兴趣吗?	Y	Y	N	N
	书中的内容使你糊涂吗?	Y	N	—	—
动作桩	请回到本章开头重读	√			
	继续读下去		√		
	跳到下一章去读				√
	停止阅读,请休息			√	

【例 7.12】　三角形问题具有如下 4 条处理规则:

（1）如果三条边相等,则程序的输出是等边三角形。

（2）如果恰好有两条边相等,则程序的输出是等腰三角形。

（3）如果没有两条边相等,则程序输出的是一般三角形。

（4）如果不满足下面条件之一: $a < b + c$; $b < a + c$; $c < a + b$,则程序输出的是非三角形。

试用决策表方法为其设计测试用例。

首先,根据规格说明,确定条件桩和动作桩。

分析题意确定四个动作桩:等边三角形、等腰三角形,一般三角形和非三角形。四个条件桩：是否构成三角形，a＝b，b＝c，a＝c。

　　其次，填入条件项、动作项。然后列出决策表，化简后如表 7.26 所示。

表 7.26　三角形问题决策表

	序号	1	2	3	4	5	6	7	8	9
条件桩	C1：a,b,c 构成三角形吗？	Y	Y	Y	Y	Y	Y	Y	Y	N
	C2：a＝b？	Y	Y	Y	Y	N	N	N	N	—
	C3：b＝c？	Y	Y	N	N	Y	Y	N	N	—
	C4：a＝c？	Y	N	Y	N	Y	N	Y	N	—
动作桩	A1：等边三角形	√								
	A2：等腰三角形				√		√	√		
	A3：一般三角形								√	
	A4：非三角形									√
	A5：不可能		√	√		√				

　　表 7.26 中增加动作桩 A5 是为了显示逻辑上的不可能。在分析建立决策表时，也可以对条件进行扩展，如本例对条件 C1 进行扩展，得到如表 7.27 所示的测试用例。

表 7.27　扩展后的三角形问题决策表

	序号	1	2	3	4	5	6	7	8	9	10	11
条件桩	C1：a＜b＋c？	Y	Y	Y	Y	Y	Y	Y	Y	Y	Y	N
	C2：b＜a＋c？	Y	Y	Y	Y	Y	Y	Y	Y	Y	N	—
	C3：c＜a＋b？	Y	Y	N	N	Y	Y	Y	Y	N	—	—
	C4：a＝b？	Y	Y	Y	Y	N	N	N	N	—	—	—
	C5：b＝c？	Y	Y	N	N	Y	Y	N	N	—	—	—
	C6：a＝c？	Y	N	Y	N	Y	N	Y	N	—	—	—
动作桩	A1：等边三角形	√										
	A2：等腰三角形				√		√	√				
	A3：一般三角形								√			
	A4：非三角形									√	√	√
	A5：不可能		√	√		√						

　　最后，根据决策表（表 7.27）设计三角形问题测试用例，如表 7.28 所示。

表 7.28　三角形问题测试用例

用例编号	输　　入			预期输出
	a	b	c	
CASE1	5	5	5	等边三角形
CASE2	5	5	?	不可能
CASE3	5	?	5	不可能
CASE4	5	5	6	等腰三角形
CASE5	?	5	5	不可能
CASE6	6	5	5	等腰三角形
CASE7	5	6	5	等腰三角形
CASE8	3	4	5	一般三角形
CASE9	1	2	3	非三角形
CASE10	1	3	2	非三角形
CASE11	3	2	1	非三角形

表中"?"表示不可能取到值。

4．决策表的优缺点

决策表适合以下特征的应用程序：
（1）if-then-else 分支逻辑突出。
（2）输入变量之间存在逻辑关系。
（3）涉及输入变量子集的计算。
（4）输入和输出之间存在因果关系。
（5）很高的圈复杂度。
决策表具有把复杂问题的各种可能情况一一列出，易于理解的优点。但是，决策表也具有不能表达重复执行动作的缺点。
B．Beizer 指出，使用决策表设计测试用例的条件如下：
（1）规格说明以决策表形式给出，或很容易转换成决策表。
（2）条件的排列顺序不会执行哪些操作，也不影响执行哪些操作。
（3）规则的排列顺序不会执行哪些操作，也不影响执行哪些操作。
（4）在某一规则的条件已经满足，并确定要执行的操作后，不必检验别的规则。
（5）如果某一规则得到满足，则要执行多个操作，这些操作的执行顺序无关紧要。
这 5 个必要条件使得操作的执行完全依赖于条件的组合。

7.2.4　因果图

因果图，也称作依赖关系模型，主要用于描述软件输入条件（即"原因"）与软件输出结果（即"结果"）之间的依赖关系。因果图可以直观地表示各种依赖关系。在这里，因果图是输入与输出之间逻辑关系的图形化表现形式，这种逻辑关系也可以表示成布尔表达式。测试人员可以从因果图中选择不同的输入组合作为测试用例。

"原因"是指软件需求中能影响软件输出的任意输入条件。"结果"是指软件对某些输入条件的组合所作出的响应。"结果"可以是屏幕上显示的一条错误提示信息，也可以是弹出的一个新窗口，还可以是数据库的一次更新。但"结果"对软件用户并不总是可见的"输出"，事实上，它可能是软件当中的一个内部测试点，在测试过程中通过检测测试点来判断软件运行的中间结果是否正确。

举例来说，需求"电量不足 20％时，显示电量低于 20％，请充电"，包含一个原因"电量不足 20％"，一个结果"显示电量低于 20％，请充电"。该需求蕴含原因"电量不足 20％"和结果"显示电量低于 20％，请充电"之间的依赖关系。

1．因果图符号

如图 7.23 所示，列举了因果图中的基本元素。由这些基本元素组合构成的因果图，能有效获取需求中涉及的各种因果关系。
4 个基本元素采用 if-then 结构描述，语义如下：
（1）恒等：if(C1) then E1
（2）非：if(!C1) then E1

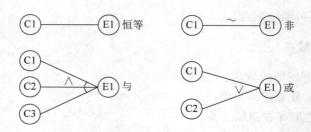

图 7.23   因果图基本符号

（3）与：if(C1＆＆C2＆＆C3) then E1
（4）或：if(C1||C2) then E1

原因之间往往存在约束关系。例如，某库存控制系统，功能为跟踪库中产品的库存情况。对于每个产品，其库存属性可以设置为"正常"、"较低"、"空"三种取值。库存控制系统将依据该属性值的变化情况采取相应的措施。在确定软件需求中的"原因"时，库存属性的三种取值将形成三个不同的"原因"，如下所示：

C1：库存正常。

C2：库存较低。

C3：库存为空。

在任何情况下，C1，C2，C3 最多只能有一个为真，对于三者之间的这种约束关系，在因果图中可以使用"异约束"（E）表示。如图 7.24 所示。另外，图 7.24 中还包含了其他三种约束：包含约束（I）、要求约束（R）、唯一约束（O）。

（1）E 约束：表示 C1，C2，C3 中最多只有一个为真。

（2）I 约束：表示 C1，C2 之中至少有一个为真。

（3）R 约束：表示若 C1 为真，则 C2 也必须为真。

（4）O 约束：表示 C1，C2 之间有且仅有一个为真。

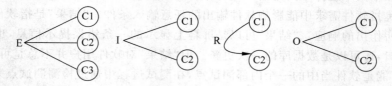

图 7.24   因果图的约束符号

原因之间存在约束关系，结果之间也同样存在着约束关系。因果图中提供了结果之间"强制约束"（M），如图 7.25 所示，若 E1 为 1，E2 强制为 0。考虑前面介绍的库存控制系统，其结果如下：

E1：生成"发货清单"。

E2：生成"订单未完成"致歉信。

当库存能够满足订单要求时，产生结果 E1。当结果不能满足订单要求时，或当下订单后又终止送货时，产生结果 E2。同一个订单不能同时出现两种结果。

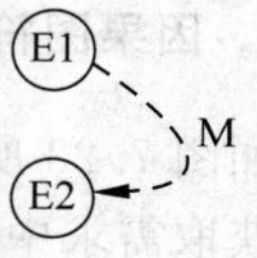

图 7.25   因果图中结果间的约束符号

2．因果图生成测试用例步骤

下面给出因果图方法生成测试用例的一般过程。

（1）分析需求规格说明书，确定哪些是原因，哪些是结果，并为每个原因和结果赋予唯一标识。注意，某些结果同时又是别的结果的原因。

（2）找出原因与结果之间的关系，根据依赖关系画出因果图。

（3）在因果图上标明原因与结果之间的约束或限制。

（4）将因果图转换为决策表。

（5）以决策表的每一列为依据生成测试用例。

【例 7.13】 软件需求规格说明如下：第一列字符必须是 A 或 B，第二列字符必须是一个数字，在此情况下进行文件的修改，但如果第一列字符不正确，则给出信息 L；如果第二列字符不是数字，则给出信息 M。

采用因果图方法的具体步骤如下：

步骤 1：分析程序规格说明书，识别哪些是原因，哪些是结果，原因往往是输入条件或者输入条件的等价类，而结果常常是输出条件。

原因：

C1：第一列字符是 A。

C2：第一列字符是 B。

C3：第二列字符是一个数字。

结果：

E1：修改文件。

E2：给出信息 L。

E3：给出信息 M。

步骤 2：根据原因和结果产生因果图，如图 7.26 所示。

说明：C11 表示一个中间节点，用于表明过渡状态。

步骤 3：原因 C1 和原因 C2 不能同时为 1，加入 E 约束。

步骤 4：转换成决策表，生成测试用例，如表 7.29 所示。

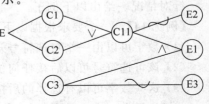

图 7.26 例 7.13 因果图

表 7.29 例 7.13 决策表

	序　　号	1	2	3	4	5	6
条件桩	C1：第一列字符是 A	1	0	1	0	0	0
	C2：第一列字符是 B	0	1	0	1	0	0
	C3：第二列字符是一个数字	1	1	0	0	1	0
	C11	1	1	1			
动作桩	E1：修改文件	√	√				
	E2：给出信息 L					√	√
	E3：给出信息 M			√	√		√
	测　试　用　例	A3	B3	AB	BC	C5	C;

因果图利用图解法分析输入的各种组合情况,适合于描述多种输入条件的组合、相应产生多个动作的方法。因果图具有如下好处:

(1) 考虑多个输入之间的相互组合、相互制约的关系。

(2) 指导测试用例的选择,指出需求规格说明描述中存在的问题。

(3) 能够帮助测试人员按照一定的步骤,高效率地开发测试用例。

(4) 因果图法是将自然语言规格说明转化成形式语言规格说明的一种严格的方法,可以指出规格说明存在的不完整性和二义性。

7.2.5 状态转换测试

很多情况下,测试对象的输出和行为不仅受当前输入数据的影响,同时还与测试对象之前的执行情况,之前的事件或者以前的输入数据等有关。为了说明测试对象和历史数据之间的关系,引入了状态图。状态图是进行状态转换测试设计的基础。

系统或测试对象从初始状态开始可以转换到不同的状态,事件驱动状态的转换。这里,事件可以是一个函数的调用,状态转换可以包含动作。除了初始状态还有一个特殊状态是结束状态。状态图描述了系统或组件所拥有的状态,同时显示了引起从一个状态转换到另一个状态的事件或情况。状态转换测试中,测试对象可以是一个具有不同系统状态的完整系统,也可以是一个在面向对象系统中具有不同状态的类。

基于状态图的测试对于以下情况非常有用:

情况一,被测产品是一个语言处理器(例如编译器),语言的句法自动构成一个状态机,一种由轨道图表示的上下文无关的语法。

情况二,工作流建模,根据当前状态和合适的输入变量组合,执行具体的工作流,产生新的输出和新的状态。

情况三,数据流建模,系统建模为一组数据流,从一个状态转换到另一个状态。

针对情况一给出以下例子。

【例 7.14】 一个要求根据以下简单规则确认数字有效的一个应用程序:

(1) 数字可以由一个可选符号开始。

(2) 该可选符号可以后接任何位数的数字。

(3) 这些数字可以有选择的后接用英文句号表示的小数点。

(4) 如果有一个小数点,则小数点后应该有两位数字。

(5) 任何数字,不管是否有小数点,都应该以空格结束。

以上规则可以用如图 7.27 所示的状态转换表示。

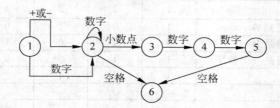

图 7.27 例 7.14 状态转换图

这个状态转换图可以转换为如表 7.30 所示的状态转换表,列出当前状态、当前状态允许的输入和对每个输入的下一个状态。

表 7.30　例 7.14 对应状态转换表

当前状态	输入	下一个状态
1	数字	2
1	＋	2
1	－	2
2	数字	2
2	空格	6
2	小数点	3
3	数字	4
4	数字	5
5	空格	6

以上状态表可以用来导出测试用例,测试有效和无效数字。测试用例可以通过以下方法生成:

(1) 从起始状态开始(本例是 1)。

(2) 选择一条到下一状态的路径(例:＋/－/数字,从状态 1 到状态 2)。

(3) 如果在给定状态遇到无效输入(如在状态 2 遇到一个字符),则产生一个错误条件测试用例。

(4) 重复以上过程,直到达到最后状态(本例是 6)。

针对情况二和情况三给出以下例子。

【例 7.15】　员工请假程序中,员工请假申请过程可以用以下步骤表示:

(1) 员工填写请假申请,给出自己员工号,请假的起止日期。

(2) 系统确认员工是否可在该段时间内离开。如果未通过确认,则拒绝该申请;如果确认通过,则控制流转到下一个步骤。

(3) 将信息发给员工部门经理,经理确认该员工在该段时间可以离开。

(4) 根据请假的可行性,经理对请假申请作出最终批准或拒绝。

以上事物流可以使用简单的状态图给出,如图 7.28 所示。

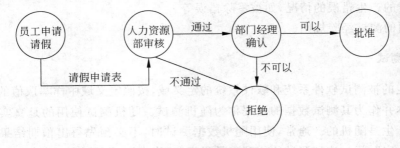

图 7.28　员工请假状态图

在以上例子中,每个圆圈表示的状态都是一个事件,状态之间的箭头或连线表示数据输入。设计测试用例时,从起始状态(员工申请请假)开始按照状态图走完各个状态迁移(人力资源部审核,部门经理确认),直到达到"最终状态"(批准/拒绝)。

基于状态图的测试方法适用于语言翻译器、工作流、事务流和数据流这样的状态机生成测试用例。

7.2.6　其他黑盒测试技术

1．特殊值测试

特殊值测试就是指定软件中某些特殊值为测试用例而对软件实施的测试。这些值并不是根据某种方法推导出来的,而是根据测试人员的知识、经验得来的,如 NextDate 函数中 2 月 28 日。特殊值测试是应用非常广泛的一种测试方法,就发现故障而言,该方法效率是比较高的。但是该方法完全依赖测试人员的水平和对测试软件了解的程度。通常情况下,特殊值测试设计人员都会关注在过去发生过失效的事件,或者是总会出现问题的情况,或者是对于用户来说十分重要的事件。

2．错误推测法

根据经验和直觉猜测软件中可能存在的各种故障,从而有针对性地编写测试这些故障的测试用例,这就是错误推测法,在实践中是被广泛使用的一种测试方法,特别是对自己测试自己开发的软件系统,或者是测试人员对被测试软件非常熟悉的情况下,这种方法非常有效。

经验表明,一段程序中已发现的错误数目和尚未发现的错误数目成正比。程序中容易出错的情况:当输入数据为零时,或者输入或输出的数目允许变化(例如,被检索的或生成的表的项数),或者输入或输出的数目为 0 和 1 的情况(例如,表为空或只有一项)等,都容易发生错误。

错误推测法是根据测试人员的经验来确定测试的范围和程度,主要采用如下技术:

(1) 有关软件的设计方法和实现技术。

(2) 有关前期测试阶段结果的知识。

(3) 根据测试类似或相关系统的经验,了解在以前的这些系统中曾在哪些地方出现过缺陷。

(4) 典型的产生错误的情况,如被零除错误等。

(5) 通用的测试经验规则。

3．随机测试

对于给定的被测试软件系统和软件系统的定义域,按照定义域中样本取值的概率,随机的选择其样本并作为其测试数据的过程称为随机测试。随机测试使用的是真实数据,但是所有数据的产生是随机的。通常,使用随机数据测试时,不必预先得出预期结果,评价测试结果将花费一定时间。这种测试往往都不是很真实,许多测试用例是冗余的,确定预期结果时可能会需要花费大量时间。因此,这种测试方法常常用于系统防崩溃能力的测试中。

随机测试的优点如下:

(1) 将多个等价类的测试合成一个随机测试,可以减少代码的使用。

（2）当等价类设计不确切或不完全时，测试会产生遗漏，而使用随机测试是按照概率进行等价类覆盖的，不论存在多少个等价类，只要随机数据个数足够，就能保证各个等价类被覆盖的概率足够高，能够有效弥补等价类划分法设计不充分的缺陷。

（3）采用随机测试，每次测试的样本数据可能不相同，执行次数越多，错误暴露的概率越大。

随机数据法的缺点如下：

（1）随机数据很难覆盖到边界值。因此，对于非等价类中的测试，无法保证测试数据的充分性。

（2）随机数据法进行自动化测试的难度较大。有些程序很难用程序自动验证，这使得程序结果的验证工作难度变大。

（3）多个等价类中的某些范围较小，其被覆盖的概率也较小，随机数据法难以覆盖。

（4）由于随意性大，没有完整严格的方法，随机测试不能代替常规的测试。

7.2.7 黑盒测试技术讨论

黑盒测试技术就是根据功能需求来设计测试用例，验证软件是否按照预期要求工作。黑盒测试技术主要有等价类划分法、边界值分析法、决策表法、因果图法等，这些方法都是借鉴了其他学科理论和工程实践。

等价类划分法测试技术是依据软件系统输入集合、输出集合或操作集合实现功能的相同性为依据，对其进行的子集划分，并对每个子集产生一个测试用例的设计方法。边界值分析法是对等价类划分方法的扩展。长期的测试工作已发现大量错误是发生在边界条件上，而不是发生在内部。根据对边界条件测试的强度不同，分为 4 种边界条件测试用例设计方法：一般边界值分析法、健壮性边界法、最坏边界值法和健壮最坏边界值法。决策表法测试用例适用于具有以下特征的应用系统：if-then-else 逻辑很突出；输入变量之间存在逻辑关系；输入变量需要作等价类划分的；输入与输出之间存在因果关系；程序圈复杂度是比较高的。因果图法提供了一种把需求规格说明书转化为决策表的系统化方法。因果图方法最终生成的就是决策表，它适合于检查程序输入条件的各种情况。

软件测试专家 Myers 给出了各种测试方法的综合策略，具体如下所示：

（1）在任何情况下都必须使用边界值分析法。经验表明，用边界值分析法设计的测试用例发现程序错误的能力最强。

（2）必要时使用等价类划分法补充一些测试用例。

（3）根据经验或直觉推测程序中有可能存在的各种错误，用错误推测法追加一些测试用例。

（4）分析已设计的测试用例的逻辑覆盖程度，如果没有达到覆盖标准，再补充足够的测试用例。

（5）如果规格说明中含有输入条件的组合情况，则可采用因果图法和决策表法。

使用上述策略并不能保证可以发现所有的错误，但实践证明，这是一个合理的方案。

在实际测试过程中，测试方法的如何选择还可以基于如下因素：输入条件是物理量还是逻辑量；输入变量之间是否存在依赖关系；单、多缺陷假设和有无例外情况。具体如下所示：

（1）如果变量引用的是物理量，则采用等价类测试。

（2）如果变量是独立的，则采用等价类测试。

（3）如果变量不是独立的，则采用决策表测试。

（4）如果保证是单缺陷假设，则采用边界值分析和健壮性测试。

（5）如果保证是多缺陷假设，则采用最坏情况测试、健壮性测试和决策表测试。

（6）如果程序包含大量的例外处理，则采用健壮性测试和决策表测试。

（7）如果变量引用的是逻辑量，则采用等价类测试和决策表测试。

评价黑盒测试用例设计好坏的标准一般有 3 个：其一是测试用例有效性，即检测故障的数目；其二是测试的复杂度，即生成测试用例的难易程度；其三是测试的效率，即执行测试用例的成本。一般来讲，选择测试用例设计方法是这三个标准的一种均衡过程。

☞ 本 章 小 结

本章主要介绍动态测试中测试用例设计技术，包括白盒测试用例设计技术和黑盒测试用例设计技术。两者之间的区别如表 7.31 所示。

表 7.31　白盒测试与黑盒测试比较

白 盒 测 试	黑 盒 测 试
考察程序逻辑结构	不涉及程序结构
用程序结构信息生成测试用例	用软件规格说明书生成测试用例
主要适用于单元测试和集成测试	可适用于单元测试到验收测试
对所有逻辑路径进行测试	某些代码段得不到测试

白盒测试用例设计技术主要介绍了语句覆盖、判定覆盖、条件覆盖、判定-条件覆盖、条件组合覆盖、路径覆盖六种逻辑覆盖，两种路径测试，即 DD 路径测试和基路径测试。后续介绍了逻辑覆盖准则，即错误敏感性分析和线性代码序列跳转。对白盒测试方法选择和测试结束依据进行了讨论。

黑盒测试用例设计技术主要介绍了等价类划分、边界值分析、决策表、因果图和状态转换方法，并给出了相应的应用实例。不同的黑盒测试技术应用于不同的场合，测试实际中需根据实际项目进行选择。

介于白盒测试和黑盒测试之间的测试方法我们称之为灰盒测试。它既关注软件的需求规格说明书又关注内部表现，但不像白盒测试详细、完整，只是通过一些表征性的现象、事件、标志来判断内部的运行状态。有时输出是正确的，但程序内部有错误，这种情况非常多，如果每次都通过白盒测试来操作，效率会很低，因此可采用灰盒测试方法。关于灰盒测试本书不再展开讨论。

✓ 本 章 习 题

1. 白盒测试具体包括哪些测试技术？

2. 举例说明为什么语句覆盖是最弱的逻辑覆盖？

3. 计算控制流图的圈复杂度有几种方法？分别是什么？

4. 已知有以下程序代码：

```
void main()
{
    int a,b,c;
    if(a<1&&b>0)
        c = 2;
    else if(b<-1)
        c = 3;
    else
        c = 4;
}
```

画出这段代码的流程图，并分别采用语句覆盖、判定覆盖、条件覆盖、条件组合覆盖和路径覆盖的方法设计测试用例。

5. 使用基路径测试方法为以下程序设计测试用例：

```
①  void main()
②  {
③      int a,b,c;
④      while(a>0)
⑤      {
⑥          a = a-1;
⑦      if(b<0||c>=1)
⑧          c = c-b;
⑨      else
⑩          c = c+b;
⑪      }
⑫          a = b+c;
⑬  }
```

6. 某寿险公司对所有年龄实行 5 元/月的基本保险费用。根据年龄段不同，每月还要支付额外的保险费。例如，一个 34 岁的人要支付的每月保险费＝基本保险费＋额外保险费＝5＋15＝20。低于 35 岁，额外保险费用为 15 元/月；35～59 岁，额外保险费用为 20 元/月；60 岁以上保险费用为 45 元/月。要求，根据等价类划分技术，给出基于年龄的有效等价类和无效等价类测试用例设计。

7. 试着写出 NextDate 函数的弱一般等价类、强一般等价类、弱健壮等价类、强健壮等价类测试用例设计。

8. 考虑方法 findPrice 有两个整型输入变量，分别为 code 和 qty，code 表示商品编码，qty 表示采购数量。findPrice 访问数据库，查询并显示 code 编码所对应的产品单价、描述信息以及总的采购价格。当 code 和 qty 中任意一个为非法输入时，findPrice 显示一条错误提示信息并返回，现在使用边界值和等价类方法为 findPrice 设计测试用例。

9. 用因果图设计"中国象棋中走马"的测试用例。走马的情况：

（1）如果落点在期盼外，则不移动棋子。

（2）如果落点与起点不构成日字，则不移动棋子。

（3）如果落点处有自己方棋子，则不移动棋子。

（4）如果落点方向的临近交叉点处有棋子（绊马腿），则不移动棋子。

（5）如果不属于情况 1～4，且落点处无棋子，在移动棋子。

（6）如果不属于情况 1～4，且落点处为对方棋子（非对方将或帅），则移动棋子，并除去对方棋子。

（7）如果不属于情况 1～4，且落点处为对方的将或帅，则移动棋子，提示战胜对方，游戏结束。

第 8 章
各级别的测试

本章学习目标：
- 掌握单元测试的定义、内容、目的、原则和策略。
- 掌握集成测试的目的内容和策略。
- 了解确认测试的内容。
- 掌握系统测试的目的、内容及类型。
- 掌握验收测试的概念。
- 掌握回归测试的概念。

软件测试过程分为单元测试、集成测试、确认测试、系统测试、验收测试和回归测试，本章将重点讲解以上各级别的测试活动及任务等内容。

8.1 单元测试

本节将从单元测试的定义、目的、内容、原则和策略方面介绍如何进行单元测试。

8.1.1 单元测试的概念

软件系统由多个单元组成，这些单元可能是一个具体的函数(function 或 procedure)、一个模块、一个类或一个类的方法(method)，它应该具有一些基本属性，如明确的功能或规格定义、与其他部分明确的接口定义。因此，如果一个单元可以清晰地与同一程序的其他单元划分开来，就可以把它作为软件的一个单元，进行单元测试。要保证软件系统的质量，首先就要保证构成系统的单元的质量，也就是要开展单元测试活动，而且要进行充分的单元测试。

单元测试就是验证软件单元的实现是否和该单元的说明完全一致的相关联的测试活动组成的。根据软件单元的说明文档(在实践环境中，该文档可能是一种说明语言，或者是一种自然语言或是状态转换图)编写测试用例，对重要的接口、局部数据结构、边界条件、独立路径和错误处理路径，通过代码检查或执行测试用例有效地进行测试。

在结构化编程语言中，一般对函数或子过程进行单元测试。在使用纯 C 语言的代码中，一般认为一个函数就是一个单元，这样可以避免开发人员和测试人员陷入不必要的单元争论中。在面向对象的语言中，单元测试主要是指类或类方法的测试。单元测试通常情况下应用到白盒测试技术和黑盒测试技术。

8.1.2　单元测试的目的

软件工程认为,软件的开发质量是由软件开发过程进行保证的。因此单元测试不仅要检测代码的错误,还需要测试代码编写是否是根据详细设计进行的。单元测试的目的主要有:

(1) 验证代码是否与设计相符合。

(2) 跟踪需求和设计的实现是否一致。

(3) 发现设计和需求中存在的错误。

(4) 发现在编码过程中引入的错误。

单元测试是软件测试的最早阶段,是进行其他测试的基础和前提。它能使软件中的问题尽早暴露,错误发现后能明确知道是由哪一个单元产生的,便于问题的定位解决,从而使得在详细设计阶段及编码阶段排除尽可能多的缺陷和问题,提高代码质量,减少其后阶段测试的工作量,节约开发成本。单元测试允许多个被测试单元的测试工作同时开展。

进行单元测试是非常必要的,它可以明显地提高软件的质量和测试工作的产量。首先,通过单元测试使开发人员能够提高代码的质量,提高他们对自己代码的信心。如果没有单元测试,很多简单的缺陷或问题将被留在独立的单元中,会导致在软件集成为一个系统时增加额外的工作量,而且当这个系统投入使用时也无法确保它能够可靠运行。一旦完成了单元测试,很多缺陷或问题被修改,在确信自己开发的单元稳定可靠的情况下,开发人员能够进行更高效的集成测试工作。其次,从错误产生到其发现的时间越长,纠正的代价就越大,单元测试的成本越高。与其他测试相比,由于是开发人员测试自己编写的代码,发现问题后能迅速定位,修改起来效率很高。因此,在软件测试中单元测试的花费是最小的,而回报却最高。另外,有效地单元测试减少了时间进度,提高了产量。一个项目组能并行地测试很多单元。单元测试周期一般为几周,而对大型系统而言,系统测试周期可能需要数十周的时间。最后,想通过用户验收测试来替代单元测试,就好比隔靴搔痒,客户通常不会使用软件单元的所有特征,也不会去测试软件单元的所有特征。因此,将希望寄托在用户身上去测试软件单元是困难或不可能的。

随着软件开发规模的增大,复杂程度的增加,软件测试也变得更加困难,测试的成本也越来越高。因此,应尽可能早地排除尽可能多的错误,以便减少后阶段测试的工作量。Humphrey 指出:有效的单元测试可以发现 70% 的缺陷。可以说,如果单元测试执行的有效、充分,不仅能够提高软件产品的质量和测试工作的产量,而且将大大降低企业软件开发的成本。

8.1.3　单元测试的内容

单元测试的内容如图 8.1 所示。

1. 模块接口测试

通过对被测试模块的数据流进行测试,检查进出模块的数据是否正确。因此,必须对模块接口,包括参数表、调用子模块的参数、全局变量、文件 I/O 操作进行测试。具体涉及以

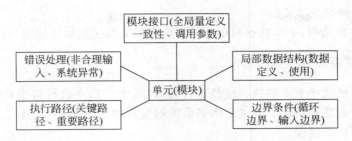

图 8.1 单元测试的内容

下内容:

(1) 模块接受输入的实际参数个数与模块的形式参数个数是否一致。

(2) 输入的实际参数与模块的形式参数的类型是否匹配。

(3) 输入的实际参数与模块的形式参数所使用的单位是否一致。

(4) 调用其他模块时,所传送的实际参数个数与被调用模块的形式参数的个数是否相同。

(5) 调用其他模块时,所传送的实际参数与被调用模块的形式参数的类型是否匹配。

(6) 调用其他模块时,所传送的实际参数与被调用模块的形式参数的单位是否一致。

(7) 调用内部函数时,参数的个数、属性和次序是否正确。

(8) 在模块有多个入口的情况下,是否引用有与当前入口无关的参数。

(9) 是否修改了只读型参数。

(10) 全局变量是否在所有引用它们的模块中都有相同的定义。

如果模块内包括外部 I/O,还应该考虑下列因素。

(1) 文件属性是否正确。

(2) OPEN 与 CLOSE 语句是否正确。

(3) 缓冲区容量与记录长度是否匹配。

(4) 在进行读写操作之前是否打开了文件。

(5) 在结束文件处理时是否关闭了文件。

(6) 正文书写/输入错误。

(7) I/O 错误是否检查并做了处理。

2. 局部数据结构测试

测试用例检查局部数据结构的完整性,如数据类型说明、初始化、默认值等方面的问题,并测试全局数据对模块的影响。在模块的工作过程中,必须测试模块内部的数据能否保持完整性,包括内部数据的内容、形式及相互关系不发生错误。

对单元局部数据结构的测试保证临时存储的数据在算法执行的整个过程中都能维持其完整性。单元的局部数据结构是经常出现错误,应当注意以下类型的错误:

- 不正确或者不一致的类型描述;
- 错误的初始化或默认值;
- 不正确的(拼写错误的或被截断的)变量名字;
- 不一致的数据类型;

- 下溢、上溢和地址错误。

除了局部数据结构，全局数据对单元的影响在单元测试过程中也应当进行审查。

3. 执行路径测试

测试用例对模块中重要的执行路径进行测试，其中对基本执行路径和循环进行测试往往可以发现大量的路径错误。测试用例必须能够发现由于计算错误、不正确的判定或不正常的控制流而产生的错误。

（1）常见的错误有误解或不正确的算术优先级；混合模式的运算；错误的初始化；精确度不够精确；表达式的不正确符号表示。

（2）针对判定和条件覆盖，测试用例能够发现的错误有：不同数据类型的比较；不正确的逻辑操作或优先级；应当相等的地方由于精确度的错误而不能相等；不正确的判定或不正确的变量；不正确的或不存在的循环终止；当遇到分支循环时不能退出；不适当地修改循环变量。

4. 边界条件测试

（1）边界条件测试是单元测试的最后一步，必须采用边界值分析方法来设计测试用例。在为限制数据处理而设置的边界处，测试模块是否能够正常工作。

（2）一些与边界有关的数据类型，如数值、字符、位置、数量、尺寸等，以及边界的第一个、最后一个、最大值、最小值、最长、最短、最高和最低等特征。

（3）在边界条件测试中，应设计测试用例检查以下情况：

- 在 n 次循环的第 0 次、第 1 次、第 n 次是否有错误；
- 运算或判断中取最大值、最小值时是否有错误；
- 数据流、控制流中刚好等于、大于、小于确定的比较值是否出现错误。

5. 错误处理测试

检查模块的错误处理功能是否包含有错误或缺陷。例如，是否拒绝不合理的输入；出错的描述是否难以理解、是否对错误定位有误、是否出错原因报告有误、是否对错误条件的处理不正确；在对错误处理之前，错误条件是否已经引起系统的干预等。

（1）测试出错处理的重点是模块在工作中发生了错误，其中的出错处理设施是否有效。

（2）检验程序中的出错处理可能面对的情况有以下几种：

- 对运行发生的错误描述难以理解；
- 所报告的错误与实际遇到的错误不一致；
- 出错后，在错误处理之前就引起系统的干预。

8.1.4　单元测试的原则

单元测试需要遵守如下原则。

（1）单元测试遵循《软件单元测试计划》和《软件单元测试说明》文档，根据详细设计编写单元测试用例，而不能根据代码编写单元测试用例。

（2）单元测试执行前先检查单元测试入口条件是否全部满足。

（3）单元测试必须满足一定的覆盖率，重要的接口函数必须做单元测试。

（4）单元测试在修改代码后修改测试用例，将全部单元测试用例进行回归测试。

（5）单元测试必须满足预定的出口条件才能结束。

（6）在单元测试完成后，记录《单元测试报告》，分析问题的种类和原因。

（7）单元测试始终在配置管理控制下进行，软件问题的修改必须符合变动规程的要求。

（8）单元测试文档、测试用例、测试记录和被测试程序等齐全，符合规范。

8.1.5 单元测试的策略

通常，单元测试在编码阶段进行。在源程序代码编制完成，经过评审和验证，确认没有语法错误之后，开始设计单元测试用例。

由于模块并不是一个独立的程序，在考虑测试模块时，同时要考虑与其有关的外界联系，因此使用一些辅助模块去模拟与被测试模块相关的其他模块。辅助模块分为以下两种：

（1）驱动（Drive）模块：用于模拟被测试模块的上一级模块，相当于被测试模块的主程序，用于接收测试数据，并把这些数据传送给被测试模块，启动被测试模块，最后输出实测结果。

（2）桩（Stub）模块：用于模拟被测试模块工作过程中所调用的模块。桩模块一般只进行很少的数据处理，不需要把子模块的所有功能都带进来，但不允许什么事情也不做。被测试模块、与它相关的驱动模块及桩模块共同构成了一个"测试环境"，如图8.2所示。

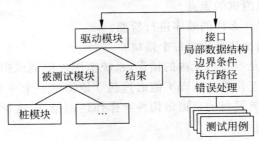

图 8.2 单元测试环境

8.1.6 单元测试停止的条件

单元测试停止的条件如下：

（1）单元测试用例设计已经通过评审。

（2）按照单元测试计划完成了所有规定单元的测试。

（3）达到了测试计划中关于单元测试所规定的覆盖率的要求。

（4）被测试的单元每千行代码必须发现至少3个错误。

（5）软件单元功能与设计相一致。

（6）在单元测试中发现的错误已经得到修改，各级缺陷修复率达到标准。

8.2　集成测试

集成测试主要关注的问题是：应该测试哪些构件和接口？以什么样的次序进行集成？哪些集成测试策略比较适合？本节重点讲解集成测试的策略。

8.2.1　集成测试的概念

集成测试(Integration Testing)，也叫组装测试、联合测试、子系统测试和部件测试。它是单元测试的逻辑扩展，即在单元测试基础之上，将所有模块按照概要设计要求组装成为子系统或系统，进行测试。这意味着集成测试之前，单元测试已经完成。

集成测试的最简单的形式是：两个已经测试过的单元组合成一个组件，并且测试它们之间的接口。从这一层意义上讲，组件是指多个单元的集成聚合。在现实方案中，许多单元组合成组件，而这些组件又聚合成软件。

8.2.2　集成测试的必要性

集成测试主要识别组合单元之间的问题。集成测试前要求确保每个单元具有一定质量，即单元测试应该已经完成。因此集成测试是检测单元交互问题，一个集成策略必须回答以下 3 个问题：

- 哪些单元是集成测试的重点？
- 单元接口应该以什么样的顺序进行检测？
- 应该使用哪种测试技术检测每个接口？

单元范围内的测试是寻找单元内的错误，系统范围内的测试则是在查找导致不符合系统功能的错误。大多数互操作的错误不能通过孤立地测试一个单元而发现，所以集成测试是必要的。集成测试的首要目的是揭示构件互操作性的错误，这样系统测试就可以在最少可能被中断的情况下进行。

在实践中，集成是指多个单元的聚合，许多单元组合成模块，而这些模块又聚合成程序，如分系统或系统。集成测试采用的方法是测试软件单元的组合能否正常工作，以及与其他组的模块能否集成起来工作。最后，还要测试构成系统的所有模块组合能否正常工作。集成测试依据的测试标准是软件概要设计规格说明，任何不符合该说明的程序模块行为都应该称为缺陷。

所有的软件项目都不能跨越集成这个阶段。不管采用什么开发模式，具体的开发工作总得从一个一个的软件单元做起，软件单元只有经过集成才能形成一个有机的整体。

具体的集成过程可能是显性的也可能是隐性的。只要有集成，总是会出现一些常见问题，工程实践中，几乎不存在软件单元组装过程中不出任何问题的情况。集成测试需要花费的时间远远超过单元测试，直接从单元测试过渡到系统测试是极不妥当的做法。

集成测试的必要性还在于一些模块虽然能够单独地工作，但并不能保证连接起来也能正常工作。程序在某些局部反映不出来的问题，有可能在全局上会暴露出来，影响功能的实现。此外，在某些开发模式中，如迭代式开发，设计和实现是迭代进行的。在这种情况下，集成测试的意义还在于能间接地验证概要设计是否具有可行性。

　　集成测试的目的是确保各单元组合在一起后能够按既定意图协作运行,并确保增量的行为正确。集成测试的内容包括单元间的接口以及集成后的功能。使用黑盒测试方法测试集成的功能,并且对以前的集成进行回归测试。

8.2.3　集成测试的内容

　　按照软件设计要求,将经过单元测试的模块连接起来,组成所规定的软件系统的过程称为"集成"。集成测试就是针对这个过程的模块之间依赖接口的关系图进行的测试。如图 8.3 所示,就给出了软件分层结构的示意图。

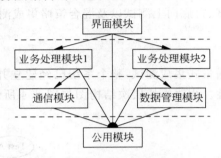

图 8.3　软件分层结构示意图

　　由于集成测试不是在真实环境下进行,而是在开发环境,或是一个独立的测试环境下进行的,所以集成测试所需人员一般从开发组中选出,在开发组长的监督下进行,开发组长负责保证在合理的质量控制和监督下使用合适的测试技术执行充分的集成测试。在集成测试过程中,测试过程由一个独立测试观察员来监控测试工作。

　　集成测试的主要任务是解决以下 5 个问题。

　　(1) 将各模块连接起来,检查模块相互调用时,数据经过接口是否丢失。

　　(2) 将各个子功能组合起来,检查能否达到预期要求的各项功能。

　　(3) 一个模块的功能是否会对另一个模块的功能产生不利的影响。

　　(4) 全局数据结构是否有问题,会不会被异常修改。

　　(5) 单个模块的误差积累起来,是否被放大,从而达到不可接受的程度。

8.2.4　集成测试的原则

　　为了做好集成测试,需要遵循以下原则。

　　(1) 所有公共接口都要被测试到。

　　(2) 关键模块必须进行充分的测试。

　　(3) 集成测试应当按一定的层次进行。

　　(4) 集成测试的策略选择应当综合考虑质量、成本和进度之间的关系。

　　(5) 集成测试应当尽早开始,并以总体设计为基础。

　　(6) 在模块与接口的划分上,测试人员应当和开发人员进行充分的沟通。

　　(7) 当接口发生修改时,涉及的相关接口必须进行再测试。

（8）测试执行结果应当如实记录。

8.2.5 集成测试策略

集成测试策略直接关系到测试的效率、结果等，一般要根据具体的系统来决定采用哪种模式。集成测试策略大部分是独立于应用领域的。集成测试基本可以概括为以下两种：非增量式测试方法和增量式测试方法。非增量式测试方法采用一步到位的方法来进行测试，对所有模块进行个别的单元测试后，按程序结构图将各模块连接起来，把连接后的程序当作一个整体进行测试，如大爆炸集成。增量式测试方法即把下一个要测试的模块同已经测试好的模块结合起来进行测试，测试完以后再把下一个应该测试的模块结合进来测试。增量测试方法包括自顶向下测试、自底向上测试以及混合策略集成测试、三明治集成测试。

1. 大爆炸集成

大爆炸测试策略是非增量式集成测试，整个系统已经建立并且在系统范围内进行测试以证实最低限度的可操作性。程序模块层次结构图如图 8.4 所示，如图 8.5 所示为大爆炸式集成策略。

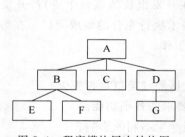

图 8.4 程序模块层次结构图

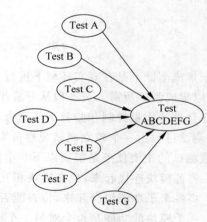

图 8.5 大爆炸集成

大爆炸集成测试的优点：

（1）可以并行测试所有模块。

（2）需要的测试用例数目少。

（3）测试方法简单、易行。

大爆炸集成测试的缺点：

（1）由于不可避免存在模块间接口、全局数据结构等方面的问题，所以一次运行成功的可能性不大。

（2）如果一次集成的模块数量多，集成测试后可能会出现大量的错误。另外，修改了一处错误之后，很可能新增更多的新错误，新旧错误混杂，给程序的错误定位与修改带来很大的麻烦。

（3）即使集成测试通过，也会遗漏很多错误。

2．自顶向下集成

自顶向下集成(Top-Down Integration)依据应用控制层次来交错进行构件集成测试。这种集成方式是将模块按系统程序结构，沿控制层次自顶向下进行组装。程序模块层次图如图 8.6 所示，集成步骤如下。

（1）以主模块为所测模块兼驱动模块，所有直属于主模块的下属模块全部用桩模块对主模块进行测试。

（2）采用深度优先(depth-first)或广度优先(breadth-first)策略(如图 8.7 和图 8.8 所示)，用实际模块替换相应桩模块，再用桩代替它们的直接下属模块，与已测试的模块或子系统组装成新的子系统。

图 8.6　程序模块层次结构图

（3）进行回归测试(即重新执行以前做过的全部测试或部分测试)，排除组装过程中引起的错误的可能。

（4）判断是否所有的模块都已组装到系统中，是则结束测试，否则转到(2)去执行。

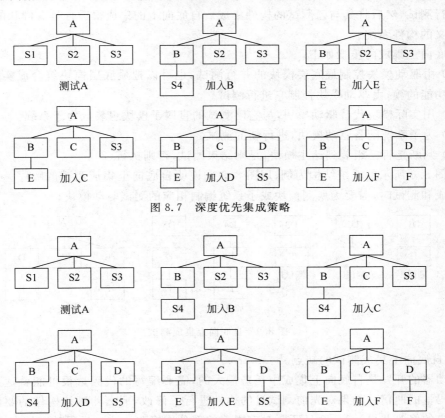

图 8.7　深度优先集成策略

图 8.8　广度优先集成策略

• 自顶向下集成测试的缺点。

桩的开发和维护是自顶向下集成需要花费的成本。桩是进行测试的必要部分，实现一个测试需要编写大量的桩。复杂测试的测试用例要求的桩是不同的，随着桩数量的增加，对于桩的管理和维护需要的工作量就会增加。

如果对已经测试过的单元进行修改,相应的测试该部分的驱动器和桩也要进行修改,并重新测试。而且这种修改还要影响到其他相应单元,这个过程会易于出错、成本很高而且费时。直到最后一个构件代替了它的桩并且通过测试用例,被测试软件中所有构件的互操作性才被测试。

- 自顶向下集成的优点。

测试和集成可以较早开始,即当顶层构件编码完成后就可以开始了。第一阶段可以检测所有高层构件的接口,减少了驱动器开发的费用。驱动器的编码相对于桩的编码要有一定的难度。构件可以被并行开发,若干开发者可以独立在不同的构件和桩上工作。如果低层接口未定义或可能被修改,那么自顶向下集成可以避免提交不稳定的接口。

3. 自底向上集成

自底向上集成(Bottom-Up Integration)。依据使用相依性来交错进行集成测试。在迭代或增量开发中,自底向上集成通常用于子系统的集成,也就是说,在每个构件编码的同时对其进行测试,然后将其与已测试的构件集成。自底向上的集成很适合具有健壮的、稳定的接口定义的构件系统。

自底向上集成的步骤如下。

(1) 由驱动模块控制最底层模块的并行测试,也可以把最底层模块组合成实现某一特定软件功能的簇,由驱动模块控制它进行测试。

(2) 用实际模块代替驱动模块,与它已测试的直属子模块组装成为子系统。

(3) 为子系统配备驱动模块,进行新的测试。

(4) 判断是否已组装到达主模块,是则结束测试,否则执行(2)。

以图 8.6 所示的系统结构为例,用图 8.9 来说明自底向上集成测试的顺序。自底向上进行集成和测试时,需要为所测模块或子系统编制相应的测试驱动模块。

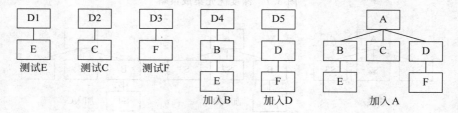

图 8.9　自底向上集成测试

- 自底向上集成测试的缺点。

驱动器的开发是自底向上集成中耗费最大的,需要编写的代码量很可能就达到被测试系统代码量的两倍。如果对先前测试过的构件进行了修改,那么测试该构件的驱动器就应该作相应的修改并再运行,而且还要对有影响的部分作修改。这一过程是容易出错的、成本高且耗时的。一个自底向上的驱动器并不直接测试构件之间的接口,这样做不能充分对构成之间的交互进行测试。

- 自底向上集成测试的优点。

任意的叶子级构件一旦准备好,就可以开始自底向上集成和测试。各子树的集成和测试工作可以并行的进行。

4. 三明治集成

三明治集成(Sandwich Integration)结合了自顶向下集成、自底向上集成和大爆炸集成的特点,大多数软件开发项目都可以采用这种集成测试方法。

该策略将系统划分为三层,中间一层为目标层,测试时,对目标层的上面一层采用自顶向下的集成测试方法,而对目标层下面一层采用自底向上的集成测试方法,最后测试在目标层会合,如图8.10所示。三明治集成适合于迭代开发的稳定系统。

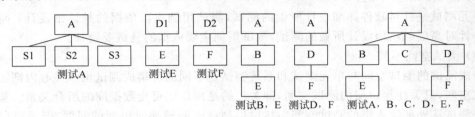

图 8.10　三明治集成

- 三明治集成方法优点。

它将自顶向下和自底向上的集成方法有机地结合起来,减少桩模块和驱动模块的开发。

- 三明治集成方法主要缺点。

在真正集成之前每一个独立的模块没有完全测试过,因此,三明治集成测试可能会面临大爆炸集成的问题。

5. 混合集成

混合集成(Modified Top-down Integration)是指对软件结构中较上层,使用的是"自顶向下"法;对软件结构中较下层,使用的是"自底向上"法,两者相结合。以图8.4结构图为例,混合集成如图8.11所示。

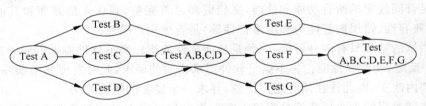

图 8.11　混合集成

8.2.6　集成测试的停止条件

(1) 集成测试用例设计已经通过评审。

(2) 按照集成构件计划及增量集成策略完成了整个系统的集成测试。

(3) 达到了测试计划中关于集成测试所规定的覆盖率的要求。

(4) 被测试的集成工作版本每千行代码必须发现两个错误。

(5) 集成工作版本满足设计定义的各项功能、性能要求。

（6）在集成测试中发现的错误已经得到修改，各级缺陷修复率达到标准。

8.2.7　集成测试与单元测试的区别

集成测试与单元测试的区别如下：

（1）测试的单元不同。

单元测试是针对软件从基本单元（如函数等）所做的测试；而集成测试则是以模块和子系统为单位进行的测试，主要测试接口间的关系。

（2）测试的依据不同。

单元测试是针对软件详细设计所做的测试，测试用例主要依据的是详细设计；而集成测试是针对高层（概要）设计所做的测试，测试用例主要依据的是概要设计。

（3）测试空间不同。

集成测试的测试空间与单元测试和系统测试是不同的。集成测试也不关心内部实现层的测试空间，只关注接口层的测试空间，即关注的是接口层可变数据间的组合关系。集成测试无法测试从外部输入层的测试空间向接口层测试空间转换时出现的问题，但是可以测试从接口层空间向内部实现层空间进行转换时出现的问题，这是单元测试做不到的。

（4）使用的方法不同。

集成测试关注的是接口的集成，与单元测试只关注单个单元是不同的，因此在具体的测试方法上也不同，集成测试在测试用例设计方面和单元测试有一定的差别。

8.3　确认测试

确认测试又称为合格性测试，用来检验软件是否符合用户的需求。软件确认一般采用黑盒测试法，通过一系列证明软件功能和要求的测试来实现。

确认测试须制订测试计划和测试过程。测试计划应规定测试的种类和测试进度；测试过程主要定义一些特殊的测试用例，旨在说明软件与需求是否一致。确认测试着重考虑软件是否满足合同规定的所有功能和性能，文档资料是否完整，确认人机界面和其他方面（如可移植性、兼容性、错误恢复能力和可维护性等）是否令用户满意。

确认测试的结果只有两种可能，一种是功能和性能指标满足软件需求说明的要求，用户可以接受；反之，功能和性能指标不满足软件需求说明的要求，此时发现的错误一般很难在预定的工期内改正，因此往往须与用户协商，寻求一个妥善的解决方法。

确认测试过程的重要环节就是配置审查工作。配置审查的文件资料包括用户手册、操作手册和设计资料，其目的在于确保软件的所有文件资料均已编写齐全，用于支持日后软件的维护工作。

8.4　系统测试

8.4.1　系统测试的定义

用户的需求可以分为功能性需求和非功能性需求，而非功能性的需求被归纳为软件产品的各种质量特性,如安全性、兼容性和可靠性等。系统测试就是针对这些非功能特性展开的,就是验证软件产品符合这些质量特性的要求,从而满足用户和软件企业自身的非功能性需求。

系统测试将通过确认测试的软件,作为整个基于计算机系统的一个元素,与计算机硬件、外设、某些支持软件、数据和人员等其他系统元素结合起来,在实际运行(使用)环境下,对计算机系统进行的测试。

系统测试的目的在于通过与系统的需求定义作比较,发现软件与系统定义不符合或与之矛盾的地方,以验证软件系统的功能和性能等满足其规约所制定的要求。系统测试的用例应根据需求规格说明书来设计,并在实际使用环境下来运行。

8.4.2　系统测试的类型

根据系统测试的目标不同,系统测试一般包括以下类型。

1．性能测试

在实时系统和嵌入系统中,符合功能需求但不符合性能需求的软件是不能被接受的。性能测试(Performance Testing)的目标是用来测试软件在实际系统中的运行性能的。性能测试可以发生在测试过程的所有步骤中,即使是在单元层,一个单独模块的性能也可以使用白盒测试来评估,然而,只有当整个系统的所有成分都集成到一起以后,才能检查一个系统的真正性能。

2．负载测试

负载测试(Load Testing)通常是指让被测试系统在其能忍受的压力的极限范围之内连续运行,来测试系统的稳定性。负载测试需要给被测试系统施加其刚好能承受的压力,比如测试163邮箱系统的登录模块,先用一个用户登录,再用两个用户并发登录,再用 5 个、10 个,以此类推,在这个过程中,每次都需要观察并记录服务器的资源消耗情况,可以通过任务管理器中的性能监视器或者控制面板中的性能监视器来观察,当发现服务器的资源消耗快要达到临界值时(如 CPU 的利用率90％以上,内存的占有率达到 80％以上),停止增加用户,假如现在的并发用户数为 20,就用这 20 个用户同时多次重复登录,直到系统出现故障为止。负载测试为测试系统在临界状态下运行是否稳定提供了一种办法。

3．强度测试

强度测试(Stress Testing)也称为压力测试,目的是调查系统在其资源超负荷的情况下的表现。尤其感兴趣的是这些对系统的处理时间有什么影响。这类测试在一种需要反常数量、频率或资源的方式下执行系统。例如平均每秒出现 1 个或 2 个中断的情形下,或对每秒出现 10 个中断的情形来进行特殊的测试。

4．容量测试

容量测试(Volume Testing)的目的是使系统承受超额的数据容量来发现它是否能够正确处理。这种测试通常容易与压力测试混淆。压力测试主要是使系统承受速度方面的超额负载,例如一个短时间之内的吞吐量。容量测试是面向数据的,并且它的目的是显示系统可以处理目标内确定的数据容量。

5. 安全性测试

安全性测试(Security Testing)的目的在于验证安装在系统内的保护机构确定能够对系统进行保护,使之不受各种非正常的干扰。系统的安全测试要设置一些测试用例试图突破系统的安全保密措施,检验系统是否有安全保密的漏洞。在安全测试过程中,测试者扮演的一个试图攻击系统的个人角色。

6. 配置测试

配置测试(Configuration Testing)是测试系统在不同的系统配置下是否有错误。一个软件是在一定的配置环境下才能工作的,配置项包括硬件配置项和软件配置项。硬件配置项包括内存大小、硬件大小、显存大小、监视器大小、主频等。软件的配置项包括操作系统、数据库、浏览器等,一个软件可能设计几十、几百甚至数千个配置项,例如,最新的网页开发环境中,可能超过 7000 多种配置。配置测试就是要测试在各种不同的配置下系统能否正常的工作。

7. 故障恢复测试

故障恢复测试(Recovery Testing)的目的是验证系统从软件或者硬件失败中恢复的能力。这个测试验证系统在应用处理过程中处理中断和回到特殊点的偶然特性。恢复测试采取各种人工干预方式使软件出错而不能工作,进而检验系统的恢复能力。如果系统本身能够自动进行恢复,则应检验,即重新初始化、检验点设置机构、数据恢复以及重新启动是否正确。如果这一恢复需要人为的干预,则应考虑平均修复时间是否在限定的范围以内。

8. 安装测试

安装测试(Installation Testing)主要是验证成功安装系统的能力。安装系统通常是开发人员的最后一个活动,并且通常在开发期间不太受关注。然而在客户使用系统是执行的第一个操作。

9. 文档测试

文档测试(Documentation Testing)主要针对系统提交给用户的文档的验证。目标是验证用户文档是正确的并且保证操作手册的过程能够正确工作。文档测试有一些优点,包括改进系统的可用性、可靠性、可维护性和可安装性。测试文档有助于发现系统中的不足或者使得系统更可用。文档测试还减少客户支持成本,例如客户从文档中解决自己的问题,而不需要当面提供支持。

10. 用户界面测试

用户界面测试(GUI Testing)主要包括两个方面的内容,一方面是界面实现与界面设计的吻合情况;另一方面是确认界面处理的正确性。界面设计与实现是否吻合,主要指界面的外形是否与设计内容一致。界面处理的正确性也就是当界面元素被赋予各种值时,系统处理是否符合设计以及是否没有异常。例如,当选择"打开文档"菜单,系统应当弹出一个打开文档的对话框,而不是弹出一个保存文档的对话框或别的对话框。

系统测试中配置测试、安装测试等在一般情况下是必需的,而其他的测试类型则需要根据软件项目的具体要求进行裁剪。

8.4.3　系统测试的停止条件

(1) 系统测试用例设计已经通过评审。

(2) 按照系统测试计划完成了系统测试。

(3) 达到了测试计划中关于系统测试所规定的覆盖率的要求。

(4) 被测试的系统每千行代码发现一个错误。

(5) 系统满足需求规格说明书的要求。

(6) 在系统测试中发现的错误已经得到修改,各级缺陷修复率达到标准。

8.4.4　系统测试与单元测试、集成测试的区别

系统测试与单元测试、集成测试的区别如下。

(1) 测试方法不同。系统测试应用黑盒测试技术,而单元测试一般应用白盒测试技术,集成测试则采用白盒测试技术与黑盒测试技术相结合。

(2) 测试范围不同。单元测试主要测试模块内部的接口、数据结构、逻辑、异常处理等对象;集成测试主要测试模块之间的接口和异常;系统测试主要测试接口输入到接口输出实践是否满足用户需求。例如,在测试 ATM 机中输入 PIN 测试中,输入什么数字,软件的响应问题,这是单元测试需要做的工作;输入几次 PIN,以及取消键这是集成测试需要做的工作;而系统测试需要做的是插入卡、输入 PIN、等待交易选择。这个粒度是系统测试需要做的工作。

(3) 评估基准不同。系统测试的评估基准是测试用例对需求规格的覆盖率;而单元测试和集成测试的评估主要是代码和设计的覆盖率。需求规格说明书有大量的说明方法、标记和技术,在系统测试中,重点考虑的是系统的数据、接口和事件。基于接口和基于事件的测试主要适合于以事件驱动的系统,这种系统称为"反应式"系统,这些系统要对接口输入事件做出响应,并且以接口输出事件做出反应。反应式系统有两个重要特征:一是长时间运行,与完成短时间大量计算的处理软件不同;二是保持和环境的关系。而以数据驱动的系统,常常被称为"转换式"系统而不是"反应式",这种系统支持以数据库为基础的事务处理。讨论这些基本概念是为了说明如何利用它们来标识测试用例。

8.5　验收测试

8.5.1　验收测试的概念

验收测试主要根据用户的需求而建立,是整个测试过程中的最后一个阶段。验收测试

在测试组的协助下,由用户代表执行。测试人员在验收测试工作中将协助用户代表执行测试,并和测试观察员一起向用户解释测试用例的结果。验收测试的出口准则为产品的验收奠定了基础。验收测试计划和验收测试用例应该非常准确地描述未来完成产品的特性。验收测试是证明需求的有效性和为取得用户的认可提供支持的一种很有价值的手段。验收测试和系统测试的主要差别是测试的主体,也就是说谁在进行测试工作。当用户在系统测试中起到了十分积极的作用时,而且测试环境的其他部分足够真实,那么验收测试和系统测试合并在一起是有意义的。另外一种情况是,用户不参与任何测试,也就是说验收测试也是测试团队自己来做,那么验收测试和系统测试也就一样了。

通常的验收测试有 Alpha 测试(α 测试)和 Beta(β 测试)测试两种形式,它们是软件产品在正式发布前经常需要进行的两种不同类型的测试。

8.5.2　Alpha 测试

Alpha 测试有时也称为室内测试,是由一个用户在开发环境下进行的测试,也可以是开发机构内部的用户在模拟实际操作环境下进行的测试。开发者坐在用户旁边,随时记下错误情况和使用中的问题,这是在受控制的环境下进行的验收测试。

Alpha 测试前应当将测试目的明确地传达给测试参与人员,应该向测试参与人员介绍一些项目的历史背景知识,测试人员要在测试期间提供协助,并给出测试的一般规则。

Alpha 测试主要用于发现下面一些问题:

* 概念性缺陷或者与主题不协调的地方;
* 发现与功能需求和项目规格不符合的地方;
* 发现拼写、标点以及习惯用法方面的错误;
* 发现图形的位置错误;
* 发现不准确、不清晰或者不完整的图形;
* 发现不完整或不准确的标题。

Alpha 测试参与人员需要遵循的以下原则:

随时记录下对于系统的建议,建议应该足够详细,以便能指导修改;按照计划进行 Alpha 测试,在时间不足的情况下,可以提醒测试参与人员关注软件系统的重要部分;提出软件系统的修改建议或改进建议,而不仅仅是批评。

测试参与人员对系统的建议分为 3 种:

(1) 必须修改:这一般是属于错误,并且需要在正式发布的版本中修改。

(2) 一般修改:这主要是属于没有详细的提示信息或帮助信息。

(3) 改进型修改:这些建议可以不在当前发布版本中修改,可以安排在下一个版本中。

Alpha 测试可以从软件产品编码结束之后开始,或在模块(子系统)测试完成后开始,也可以在确认测试过程中产品达到一定的稳定和可靠程度之后开始。

8.5.3　Beta 测试

当 Alpha 测试达到一定的可靠程度后,即可开始 Beta 测试。Beta 测试是由软件的多个用户在用户的实际使用环境下进行的测试。这些测试参与人员是与公司签订了 Beta 测试合同的外部用户,他们被要求使用软件系统,并愿意返回有关错误信息给开发公司。与Alpha 测试相同的是,开发者通常不在测试现场。因此,Beta 测试是在开发者无法控制的环境下进行的软件测试。

Beta 测试的特点如下。

(1) 通常在产品发布到市场之前,邀请公司的客户参与产品的测试工作。

(2) 提升了产品的价值,因为它使那些"实际"的客户有机会把自己的意见渗透到公司产品的设计、功能和使用过程中。

(3) Beta 测试并不是一种实验室的测试。

Alpha 和 Beta 测试过程如图 8.12 所示。

图 8.12 Alpha 和 Beta 测试过程

其中,ER(Engineering Release)为工程发布,是指软件已通过最后阶段的测试—验收测试或质量全面评估测试。从研发阶段来看,达到了"工程发布"这个里程碑,即可推向市场。

LA(Limited Available)是指有限可用。由于测试覆盖率不能做到 100%,以及测试环境不可能和真实环境一样。为了尽量降低风险,借助于 Beta 测试,先让少数与公司保持着良好合作关系的用户使用测试软件。

GA(General Available)是指全面可用。在修正完 LA 之后所发现的问题,公司将软件产品全面推向市场,让所有用户使用。

由于 Alpha 和 Beta 测试的组织难度大,测试费用高,测试的随机性强、测试周期跨度较长,测试质量和测试效率难于保证,因此软件的 Beta 测试往往外包给专业测试机构进行测试,也就是 Beta 测试往往作为第三方测试。

8.6 回归测试

软件生命周期中的任何一个阶段,只要软件发生了改变,就可能给该软件带来缺陷问题。而软件的改变可能是源于发现了错误并做了修改,也有可能是因为在集成或维护阶段加入了新的模块等多种情况。回归测试是一种验证已变更的系统的完整性与正确性的测试技术,是指重新执行已经做过的测试的某个子集,以保证修改没有引入新的错误或者没有发现由于更改而引起之前未发现的错误,也就是保证改变没有带来非预期的副作用。因此,软件开发的各个阶段会进行多次回归测试。

8.6.1 回归测试前提

(1) 当软件中所含错误被发现时,如果错误跟踪与管理系统不够完善,则可能会遗漏对这些错误的修改。

(2) 开发者对错误理解的不够透彻,也可能导致所做的修改只修正了错误的外在表现,而没有修复错误本身，从而造成修改失败。

（3）修改还有可能产生副作用，导致软件未被修改的部分产生新的问题，使本来工作正常的功能产生错误。

微软公司测试经验表明，一般修复 3～4 个错误会产生一个新的错误。同样，新代码加入软件的时候，除了新代码有可能含有错误外，还有可能对原有的代码带来影响。因此，软件一旦发生变化，必须重新补充新的测试用例测试软件功能，确定修改是否达到预期目的，检查修改是否损害原有功能。

8.6.2　回归测试基本过程

回归测试的过程包括如下 7 个步骤。

1．提出修改需求

因为 Bug 被修改，或者根据需求规格说明书、设计说明书而被修改，提出回归测试修改需求。

2．修改软件工件

为了满足新的需求或者改正错误而对软件工件进行修改。

3．选择测试用例

通过选择和有效性确认过程，获取正确的测试用例集。

4．执行测试

在执行大量的测试用例时，测试通常是自动化进行的。测试执行所遍历的路径、调用和被调用的过程以及操作都被记录下来，作为其后测试的参考依据。

5．识别失败结果

比较测试的结果与预期的结果，检查错误的来源，对测试用例的有效性进行确认。

6．确认错误

通过检查测试结果，定位是哪个版本中的哪个组件以及哪些修改导致的失败。如果使用的测试用例的有效性在执行之前已被确认过，那么任何与预期结果的偏离均表明软件存在潜在的错误。如果使用的测试用例的有效性未在执行之前被确认，那么任何测试用例的失败都可能意味着要么是测试用例的不正确，要么是程序的错误，要么两者皆有。

7．排除错误

采用如下几种方式可改正检测到的错误。
- 改正错误后，提交一个新的程序修正卡；
- 移去引起错误的修正卡，修正错误；
- 忽略错误。

8.6.3 回归测试用例的选择

由于回归测试执行所有前期测试阶段的测试,这样的成本太高。因此,往往选择前期测试用例的一个子集去执行回归测试,常用的回归测试用例有如下几种方法。

(1) 在修改范围内的测试。这类回归测试仅根据修改的内容来选择测试用例,仅保证修改的缺陷或新增的功能被实现。这种方法的效率最高,然而风险也最大,因为它无法保证这个修改是否影响了别的功能,该方法一般用在软件结构设计的耦合度较小的状态下。

(2) 在受影响范围内回归。这类回归测试需要分析修改可能影响到哪部分代码或功能、对于所有受影响的功能和代码,其对应的所有测试用例都将被回归。如何判断哪些功能或代码受影响,往往依赖于测试人员的经验和开发过程的规范性。

(3) 根据一定的覆盖率指标选择回归测试。例如,规定修改范围内的测试阈值为90%,其他范围内的测试阈值为60%,该方法一般在相关功能影响范围难以界定时使用。

(4) 基于操作剖面选择测试。如果测试用例是基于软件操作剖面开发的,测试用例的分布情况将反映系统的实际使用情况。回归测试所使用的测试用例个数由测试预算确定,可以优先选择针对最重要或最频繁使用功能的测试用例,尽早发现对可靠性有最大影响的故障。

(5) 基于风险选择测试。根据缺陷的严重性来进行测试,基于一定的风险标准从测试用例库中选择回归测试包。选择最重要、最关键以及可疑的测试,跳过那些次要的、例外的测试用例或功能相对非常稳定的模块。

总之,要依据经验和判断选择不同的回归测试技术和方法,综合运用多种测试技术。

8.6.4 回归测试与一般测试的比较

通常从下面5点比较回归测试与一般测试:测试用例的新旧、测试范围、时间分配、完成时间和执行效率。

(1) 测试用例的新旧。一般测试主要依据系统需求规格说明书和测试计划,测试用例都是新的;而回归测试依据的可能是更改了的规格说明书、修改过的程序和需要更新的测试计划,因此测试用例大部分都是旧的。

(2) 测试范围。一般测试的目标是检测整个程序的正确性;而回归测试的目标是检测被修改的相关部分的正确性。

(3) 时间分配。一般测试所需时间通常在软件开发之前预算;而回归测试所需的时间(尤其是修正性的回归测试)往往不包含在整个产品进度表中。

(4) 完成时间。由于回归测试只需测试程序的一部分,完成所需时间通常比一般测试所需时间少。

(5) 执行效率。回归测试在一个系统的生命周期内往往要多次进行,一旦系统经过修改就需要进行回归测试。

☞本 章 小 结

测试执行过程包括单元测试、集成测试、确认测试、系统测试和验收测试。测试执行过程总结如表 8.1 所示。

表 8.1　测试执行过程总结

测试阶段	主要依据	测试人员、测试方法	主要测试内容
单元测试	系统设计文档	由开发小组执行白盒测试	模块功能测试,包含部分接口测试、路径测试
集成测试	系统设计文档、需求文档	由开发小组执行白盒和黑盒测试	接口测试、路径测试、功能测试、性能测试
确认测试	需求文档	由独立小组执行黑盒测试	功能测试、性能测试
系统测试	需求文档	由独立小组执行黑盒测试	功能测试、健壮性测试、性能测试、界面测试、安全性测试、压力测试、可靠性测试、安装测试、文档测试
验收测试	需求文档	由用户执行黑盒测试	

单元测试的目的是保证每个模块都能正确地单独运行,多采用白盒测试技术,检查模块控制结构的某些特殊路径,期望尽可能多地覆盖出错点。

集成测试是把经过单元测试后的模块组装为软件包进行测试,主要测试软件框架。由于测试建立在模块间的接口上,所以集成测试多为黑盒测试,适当辅以白盒测试技术,以便能对主要控制路径进行测试。

确认测试用于检验软件是否符合用户的需求,一般采用黑盒测试方法验证软件功能。

系统测试主要是检验软件是否满足功能、性能等方面的要求,完全采用黑盒测试技术。

验收测试是检验软件的最后一道工序,与前面各种测试过程的不同之处主要在于它突出了客户参与的作用。

✓本 章 习 题

1. 单元测试是什么? 其主要任务是什么?
2. 集成测试主要方法有哪些? 集成测试与单元测试的区别是什么?
3. 什么是桩? 什么是驱动模块?
4. 系统测试是指什么? 主要包括哪些内容?
5. 验收测试通常分为哪两类? 简述它们之间的异同。
6. 什么是回归测试? 回归测试与一般测试的区别是什么?

第9章

面向对象的软件测试

本章学习目标：

- 理解面向对象测试的基本概念。
- 掌握面向对象测试的模型。
- 掌握面向对象的单元测试。
- 掌握面向对象的集成测试。
- 掌握面向对象的系统测试。

9.1 面向对象测试基础

面向对象软件测试的目标和传统软件测试的目标一致，都是以较小的工作量发现尽可能多的错误。面向对象测试的主要问题如下：

（1）传统测试主要是基于程序运行过程，通过一组输入数据运行被测试程序，通过比较实际结果与预期结果判断程序是否有错；而面向对象程序中的对象通过发送消息启动相应的操作，并通过修改对象的状态达到转化系统运行状态的目的。同时在系统中还可能存在并发活动的对象，因此，传统的测试方法不再适应。

（2）传统程序的复用通过调用公用模块为主，运行环境是连续的。面向对象复用大多是继承实现的，子类继承过来的操作有新的语境，必须要重新测试。继承层次越深，测试难度越大。

（3）面向对象软件的开发是渐进、演化的开发，从分析、设计到实现使用相同的语义结构（如类、属性、操作、消息）。要扩大测试视角，对分析模型、设计模型进行测试，通过正式技术复审来检查分析。

（4）面向对象开发工作的演化性使面向对象测试也具有演化性。每个构件产生过程中，单元测试随时进行，迭代的每个构造都要进行集成测试，后期迭代还包括大量的回归测试，迭代结束进行系统测试。封装对测试带来障碍，使得测试过程中直接获取对象的状态和设置对象的状态变得很困难。将类作为单元，则多态性所有问题都要被类/单元测试所覆盖。测试多态性操作带来冗余性问题。

9.1.1 面向对象测试层次

在面向对象测试中，通常分为三个层次，把类看作单元，分成类测试、集成测试和系统测试。其中面向对象单元测试主要对类中的成员函数及成员函数间的交互进行测试；面向对象集成测试主要对系统内部的相互服务进行测试，如类间的消息传递等；面向对象系统测试是基于面向对象集成测试的最后阶段的测试，主要以用户需求为测试标准。

9.1.2　面向对象测试顺序

一个类簇由一组相关的类、类树或类簇组成。类的继承关系、组装关系以及类簇包含关系可以构造相应的层次结构，而这些层次结构也就决定了测试顺序。对于继承结构，测试次序是父类在先子类在后，父类可看做其子类的公共部分，在父类测试完成的前提下，子类测试可以关注子类独有的部分以及父类和子类之间的交互。对于组装结构，测试顺序是部分类在先整体类在后，在部分类测试安全的前提下，整体类的测试可以关注各个部分类是否能够按规约进行组装。类簇包含关系测试顺序，先测试组成类簇的各个部件，而后对这些部件进行集成测试。

9.1.3　面向对象测试用例

在面向对象的软件中，类需要测试，从而需要构造相应的测试用例。但是，由于类的重用及系统中类定义结构支持了测试用例的重用，因而与传统的软件开发方法相比，测试的开销相应地减少。可充分利用基类的测试和继承关系，重用父类的测试用例，并可利用当前类与其祖先的层次关系渐增地开发测试用例，这称之为层次型渐增测试。测试用例的重用使得系统测试者无须对系统中所有的类分别设计测试用例，而可根据类的引用继承关系，充分地引用继承其测试用例。

面向对象测试用例设计的主要原则如下：

（1）应唯一标识每个测试用例，并且与被测试的类显式地关联。

（2）应该说明测试的目的。

（3）测试用例内容为：列出所要测试的对象的专门说明；列出将要作为测试结果运行的消息和操作；列出测试对象时可能发生的例外情况；列出外部条件（即为了适当地进行测试而必须存在的外部环境的变化）；列出为了帮助理解或实现测试所需要的补充信息。

测试用例有两种生成方法：重复使用其他类的测试用例；通过分析所开发的产品来选择新的测试用例。

9.2　面向对象测试模型

传统的结构化软件测试模型采用了功能细化的观点来检测分析和设计的结果，这种模型对面向对象软件已不适用。面向对象的开发模型突破了传统的瀑布模型，将开发分为面向对象分析（Object Oriented Analysis，OOA）、面向对象设计（Object Oriented Design，OOD）和面向对象编程（Object Oriented Programming，OOP）三个阶段。分析阶段产生整个问题空间的抽象描述，在此基础上，进一步归纳出适用于面向对象编程语言的类和类结构，最后形成代码。基于面向对象的特点，采用上述开发模型能有效地将分析、设计的文本或图表代码化，不断适应用户需求的变动。针对开发模型，结合传统的测试步骤的划分方法,出现了面向对象软件开发全过程中不断测试的测试模型,使开发阶段的测试与编码完成后的单元测试、集成测试、系统测试成为一个整体,如图 9.1 所示。

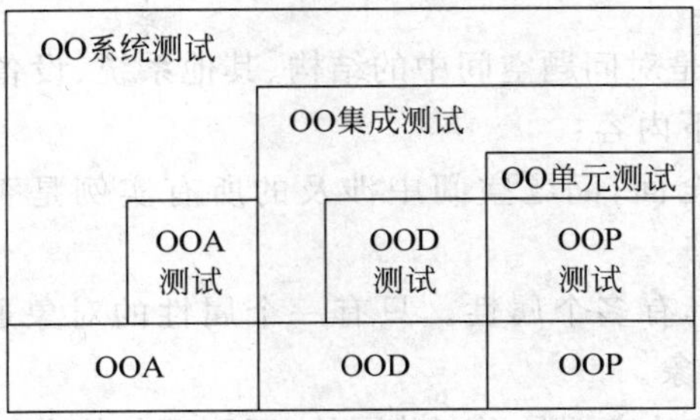

图 9.1　OO(Object Oriented)测试模型

OOA 测试和 OOD 测试是针对 OOA 结果和 OOD 结果的测试,主要对分析、设计产生的文本进行测试,是软件开发前期的关键性测试。OOP 测试是针对编程风格和程序代码实现进行测试,其主要的测试内容在面向对象单元测试和面向对象集成测试中体现。面向对象单元测试是对程序内部具体单一的功能模块的测试,如果程序是用 C++ 语言实现,主要就是对类成员函数的测试。面向对象单元测试是进行面向对象集成测试的基础。面向对象集成测试主要对系统内部的相互服务进行测试,例如成员函数间的相互作用,类间的消息传递等。面向对象集成测试不但要基于面向对象单元测试,更要参见 OOD 或 OOD 测试结果。面向对象系统测试是基于面向对象集成测试的最后阶段的测试,主要以用户需求为测试标准,需要借鉴 OOA 或 OOA 测试结果。

9.2.1　面向对象分析的测试

面向过程分析是一个功能分解的过程,把一个系统看成可以分解的功能的集合。这种传统的功能分解分析法的基点是考虑一个系统需要什么样的信息处理方法和过程,通过过程的抽象来处理系统的需求。而 OOA 是把 E-R 图和语义网络模型与面向对象程序语言中的概念相结合而形成的分析方法,最后得到的是以图表形式描述的问题空间。

OOA 将问题空间中要实现的功能抽象化,将问题空间中的实例抽象为对象,用对象的结构反映问题空间的复杂实例和复杂关系,用属性和服务表示实例的特性和行为。对一个系统而言,与传统分析方法产生的结果相反,行为相对稳定,结构相对不稳定,这充分反映了实际问题的特性。OOA 的结果是为后面阶段中类的选定和实现、类层次结构的组织和实现提供平台。因此,OOA 对问题空间分析抽象得不完整将影响软件的功能实现,导致软件开发后期出现了大量原本可避免的修补工作;而一些冗余的对象或结构会影响类的选定、程序的整体结构或增加程序员不必要的工作量。因此,对 OOA 的测试重点是在其完整性和冗余性方面。

OOA 测试分为以下几个方面:

- 对象测试;
- 结构测试;
- 主题测试;
- 属性和实例关联的测试;

* 服务和消息关联的测试。

1. 对象测试

在 OOA 测试中,对象是对问题空间中的结构、其他系统、设备、被记忆的事件等实例的抽象。对象测试应考虑如下内容:

(1) 认定的对象是否全面,问题空间中涉及的所有实例是否都反映在认定的抽象对象中。

(2) 认定的对象是否具有多个属性。只有一个属性的对象通常应看成其他对象的属性,而不是抽象为独立的对象。

(3) 对认定为同一对象的实例是否有共同的、区别于其他实例的共同属性。

(4) 对认定为同一对象的实例是否提供或需要相同的服务,如果服务随着不同的实例而变化,认定的对象就需要分解或利用继承性来分类表示。如果系统没有必要始终保持对象代表的实例的信息,即没必要提供或者得到关于它的服务,认定的对象也无必要。

(5) 认定的对象的名称应该尽量准确、适用。

2. 结构测试

认定的结构指的是多种对象的组织方式,反映了问题空间中的复杂实例和复杂关系。认定的结构可分为分类结构和组装结构两种。分类结构体现了问题空间中实例的一般与特殊的关系,组装结构体现了问题空间中实例的整体与局部的关系。

(1) 对认定的分类结构的测试内容。

* 对于结构中的一种对象,尤其是处于高层的对象,是否在问题空间中含有不同于下一层对象的特殊性,即是否能派生出下一层对象;
* 对于结构中的一种对象,尤其是处于同一低层的对象,是否能抽象出在现实中有意义的更一般的上层对象;
* 对所有认定的对象,是否能在问题空间内向上层抽象出在现实中有意义的对象;
* 高层的对象的特性是否完全体现下层的共性;
* 低层的对象是否有高层特性基础上的特殊性。

(2) 对认定的组装结构的测试内容。

* 整体(对象)和部件(对象)的组装关系是否符合现实的关系;
* 整体(对象)和部件(对象)是否在考虑的问题空间中有实际应用;
* 整体(对象)中是否遗漏了反映在问题空间中的有用的部件(对象);
* 部件(对象)是否能够在问题空间中组装新的有现实意义的整体(对象)。

3. 主题测试

主题是在对象和结构基础上的更高一层的抽象,是为了提供 OOA 分析结果的可见性,如同文章的各部分内容的概要。对主题的测试应该考虑以下几个方面:

(1) 如果主题个数超过 7 个,就要求对有较密切属性和服务的主题进行归并。

(2) 主题所反映的一组对象和结构是否具有相同和相近的属性和服务。

(3) 认定的主题是否是对象和结构的更高层的抽象,是否便于理解 OOA 结果的概貌

（尤其对非技术人员而言）。

（4）主题间的消息联系（抽象）是否代表了主题所反映的对象和结构之间的所有关联。

4．属性和实例关联的测试

属性是用来描述对象或结构所反映的实例的特性。而实例关联是反映实例集合间的映射关系。对属性和实例关联的测试可考虑如下几个方面：

（1）定义的属性是否对相应的对象和分类结构的每个现实实例都适用。

（2）定义的属性在现实世界是否与这种实例关系密切。

（3）定义的属性在问题空间是否与这种实例关系密切。

（4）定义的属性是否能够不依赖于其他属性被独立理解。

（5）定义的属性在分类结构中的位置是否恰当，低层对象的共有属性是否在上层对象属性体现。

（6）在问题空间中每个对象的属性是否定义完整。

（7）定义的实例关联是否符合现实。

（8）在问题空间中实例关联是否定义完整，特别需要考虑一对多和多对多的实例关联。

5．服务和消息关联的测试

定义的服务就是定义的每一种对象和结构在问题空间中所要求的行为。由于问题空间与实例间存在必要的通信，在 OOA 中相应地需要定义消息关联。对定义的服务和消息关联的测试可从如下几个方面进行。

（1）对象和结构在问题空间的不同状态是否定义了相应的服务。

（2）对象或结构所需要的服务是否都定义了相应的消息关联。

（3）定义的消息关联所指引的服务提供是否正确。

（4）沿着消息关联执行的线程是否合理，是否符合现实过程。

（5）定义的服务是否重复，是否定义了能够得到的服务。

9.2.2 面向对象设计的测试

结构化设计方法是把对问题域的分析转化为对求解域的设计，分析的结果是设计阶段的输入。面向对象设计以面向对象分析为基础归纳出类，并建立类结构和构造类库，实现分析结果对问题空间的抽象。OOD 归纳的类是各个对象的相同或相似的服务。由此可见，由 OOD 确定的类和类结构不仅能满足当前需求分析的要求，更重要的是通过重新组合或适当地补充，能方便地实现功能的重用和扩增，以不断适应用户的要求。因此，OOD 的测试是对功能的实现和重用以及对 OOA 结果的拓展，主要内容包括：

（1）对认定的类的测试。

（2）对构造的类层次结构的测试。

（3）对类库支持的测试。

1．对认定的类的测试

OOD 认定的类可以是 OOA 中认定的对象，也可以是对象所需要的服务的抽象，对象

所具有的属性的抽象。认定的类应尽量基础化,以便有利于维护和重用。对认定的类的测试内容如下:

(1) 是否涵盖了 OOA 中所有认定的对象。

(2) 是否能体现 OOA 中定义的属性。

(3) 是否能实现 OOA 中定义的服务。

(4) 是否对应着一个含义明确的数据抽象。

(5) 是否尽可能少地依赖其他类。

(6) 类中的方法是否单用途。

2．对构造的类层次结构的测试

为能充分发挥面向对象的继承特性,OOD 的类层次结构通常是基于从 OOA 中产生的分类结构的原则来组织,着重体现父类和子类间的一般性和特殊性。在当前的问题空间,对象层次结构的主要要求是能在解空间中构造实现全部功能的结构框架。为此,测试下述内容:

(1) 类层次结构是否涵盖了所有定义的类。

(2) 是否能体现 OOA 中所定义的实例关联。

(3) 是否能实现 OOA 中所定义的消息关联。

(4) 子类是否具有父类没有的新特性。

(5) 子类间的共同特性是否完全在父类中得以体现。

3．对类库支持的测试

虽然对类库的支持属于类层次结构的问题,但这里强调的是软件开发的重用。由于它并不直接影响当前软件的开发和功能实现,因此,可以将其单独提出来测试,也可作为对高质量类层次结构的评估。测试要点如下:

(1) 在一组子类中,关于某种含义相同或基本相同的操作是否有相同的接口(包括名字和参数表)。

(2) 类中的方法功能是否较单纯,相应的代码行是否较少(建议不超过 30 行)。

(3) 类的层次结构是否是深度大,宽度小。

9.2.3　面向对象编程的测试

面向对象程序具有继承、封装和多态的特性。封装是对数据的隐藏,外界只能通过操作来访问或修改数据,降低了数据被任意修改和读写的可能性,降低了传统程序中对数据非法操作的测试。继承是面向对象程序的重要特点,它提高了代码的重用率。多态使得面向对象程序呈现出强大的处理能力,但同时使得程序内同一函数的行为复杂化,测试时必须考虑不同类型代码和产生的行为。

面向对象程序把功能的实现分布在类中。类通过消息传递来协同实现设计要求的功能。正是这种面向对象程序风格,将出现的错误能精确地确定在某一具体的类上。因此,在面向对象编程阶段要忽略类功能实现的细则,将测试集中在类功能的实现和相应的面向对象程序风格上面,主要体现为以下两个方面(以 C++ 语言为例)。

1. 数据成员要满足数据封装的要求

数据封装是数据及对数据操作的集合。检查数据成员是否满足数据封装的要求,基本原则是数据成员是否被外界(数据成员所属的类或子类以外的调用)直接调用。更直观地说,当改变数据成员的结构时,是否影响了类的对外接口,是否会导致相应外界必须改动。有时强制的类型转换会破坏数据的封装特性。

例如:

```
class Hiden
{
private:
        int a = 1;
        char * p = "hiden";
};
class Visible
{
public:
        int b = 2;
        char * s = "visible";
};
  ⋮
Hiden pp;
Visible * qq = (Visible * )&pp;
```

在上面的程序段中,通过 qq 可随意访问 pp 的数据成员。

2. 类应实现了要求的功能

类功能的实现是通过类的成员函数执行。在测试类的功能实现时,首先保证类成员函数的正确性。单独看待类的成员函数,与面向过程程序中的函数或过程没有本质的区别,几乎所有传统的单元测试中所使用的方法,都可在面向对象的单元测试中使用。类成员函数的行为是类功能实现的基础,类成员函数间的作用和类之间的服务调用是单元测试无法确定的。因此,需要进行面向对象的集成测试。需要声明测试类的功能,不能仅满足于代码能无错运行或被测试的类所提供的功能无错,应该以 OOD 结果为依据,检测类提供的功能是否满足设计的要求,是否有缺陷。如果通过 OOD 结果仍有模糊的地方,应以 OOA 的结果为最终标准。

9.3　面向对象的单元测试

9.3.1　单元的定义

在面向对象语境中,单元的概念发生了变化。传统的单元测试是针对程序的函数、过程或完成某一特定功能的程序块。在面向对象单元测试中,单元的概念还没有普遍认可的定义。有人认为应该是类成员函数,也有人认为应该是类。实际上这两种观点的区别只是单元的粒度大小不同。单元的常见指导方针是：能够自身编译的最小程序块；单一过程/函数（独立）；由一个人完成的小规模工作。

下面通过例子分析这两种观点各自的特点。

如图 9.2 所示，假设类 A 有两个方法：METHOD1 和 METHOD2，它的某个对象与其他的一些类（B、C、D、E、F 等）的对象有依赖关系。如果只是对 A 中的方法 METHOD2 进行了修改，在测试单元为"类"的观点中，此时所有涉及类 A 的测试用例都需要重新运行，即类（B、C、D、E、F 等）的相应对象都会被重新测试。这种观点的好处是依赖图会简单得多，但缺点是会导致很多不必要的回归测试。

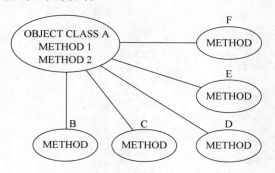

图 9.2　类的对象及其依赖关系

如图 9.3 所示，与图 9.2 中的类及其关系是一样的，不同的是以"方法"作为测试单元，依赖图中画出的是方法间的依赖关系。这样当 METHOD2 改变时，只有涉及 METHOD2 的测试用例才会重新运行，也就是说，这时只涉及类 B 中的方法会重新测试。这种做法的好处是可以极大地降低回归测试的开销，但缺点是在大型系统中，依赖图会变得极其复杂。

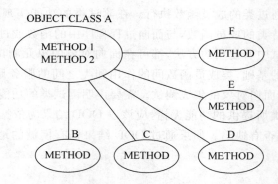

图 9.3　类对象的函数之间的依赖关系

在测试面向对象软件时，如果以类作为一个基本测试单元，则对类的测试可以分为 4 类。

（1）内部方法（Intra—method）测试：为具体方法构造的测试，即传统的单元测试。

（2）交互方法（Inter—method）测试：一个类中多个方法一起测试，即传统的模块测试。

（3）内部类（Intra—class）测试：为单独的类构建的测试，通常是类中调用各个方法的序列。

（4）交互类（Inter—class）测试：同时测试至少一个类，通常要观察类之间的交互，实际上这是集成测试的一类。

早期的面向对象测试研究集中于交互方法（Inter—method）和内部类（Intra—class）的测试。后来的研究集中于面向对象软件的单一类和它们的使用间的交互级别和系统级别的测试。测试时涉及继承、动态绑定和多态性，故不能定位在单一交互方法测试（Inter—method）级别或者内部类测试（Intra—class）级别中，因此就要求测试多个通过继承、多态联合的类，即交互类测试（Inter—class）。

一些传统的单元测试方法在面向对象的单元测试中都可以使用。如等价类划分法、因果图法、边界值分析法、逻辑覆盖法、路径分析法、程序插装法等。

用于单元级测试进行的测试分析（提出相应的测试要求）和测试用例（选择适当的输入，达到测试要求），规模和难度等均远小于后面将介绍的对整个系统的测试分析和测试用例，而且强调对语句应该有100％的执行代码覆盖率。在设计测试用例选择输入数据时，可以基于以下两个假设。

（1）如果函数（程序）对某一类输入中的一个数据正确执行，对同类中的其他输入也能正确执行。

（2）如果函数（程序）对某一复杂度的输入正确执行，对更高复杂度的输入也能正确执行。

例如，需要选择字符串作为输入时，基于本假设，就无须计较于字符串的长度。除非字符串的长度是要求固定的。

在面向对象程序中，类成员函数通常都很小，功能单一，函数之间调用频繁，容易出现一些不宜发现的错误。比如如下几种情况。

- if(−1==write(fid,buffer,amount)) error_out()；该语句没有全面检查 write() 的返回值，只是假设了只有数据被完全写入和没有写入两种情况。如果测试时忽略了数据部分写入的情况，就给程序遗留了隐患；
- 按程序的设计，使用函数 strchr() 查找最后的匹配字符，但程序中误写成了函数 strchr()，使程序功能实现时查找的是第一个匹配字符；
- 程序中将 if(strncmp(str1,str2,strlen(str1)))语句误写成了 if(strncmp(str1,str2,strlen(str2)))。如果测试用例中使用的数据 str1 和 str2 长度一样，就无法检测出这里的错误。

因此，在做测试分析和设计测试用例时，应该注意面向对象程序的这个特点，仔细进行测试分析和设计测试用例，尤其是针对以函数返回值作为条件判断选择以及字符串操作等情况。

9.3.2　以方法为单元

如果以方法为单元进行测试，简单地说，这种方法可以将面向对象单元测试回归为传统的基于过程的单元测试，可采用传统功能性测试和结构性测试技术。方法一般很简单，圈复杂度不高，但接口复杂度并不低，进一步证明负担被转移到集成测试中。过程代码的单元测试需要桩和驱动器测试程序，以提供测试用例并记录测试结果。类似地，如果把方法看作是面向对象单元，也必须提供能够实例化的桩类，以及其驱动器作用的"主程序"类，以提供和分析测试用例。

如图 9.4 所示,面向对象 Calendar 程序是 NextData 问题的一种面向对象实现,给出了面向对象问题的 UML 类图。TestIt 类是测试驱动器,创建一个测试日期对象,请求该对象对其自身增 1,打印新值。CalendarUnit 类提供一个操作在所集成的类中设置取值,提供一个布尔操作说明所继承类中的属性是否可以增 1。

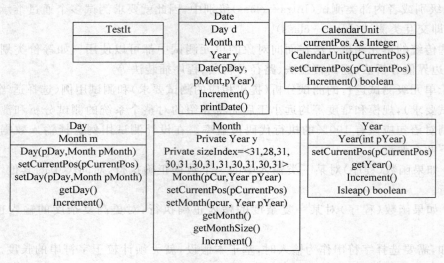

图 9.4 面向对象 Calendar 中的类

在该面向对象的日历,类有六个:TestIt、CanlendarUnit、Date、Day、Month 和 Year,下面以 Date.increment 为例说明单元测试。

本例中日期类可使用等价类测试。Date.Increment 操作处理日期的三个等价类:

D1={日期:1<=日期<月的最后日期}

D2={日期:日期是非 12 月的最后日期}

D3={日期:日期是 12 月 31 日期}

首先,这些等价类看起来是松散定义的,尤其是 D1,引用了没有月份说明的最后日期,没有引用哪个月份。幸亏有封装,我们才可以忽略这些问题。(实际上问题被转化为 Month.increment 操作的测试。)

9.3.3　以类为单元

把类作为单元可以解决类内集成问题,但是会产生其他问题。一个问题与类的各种视图有关,在静态视图中,类作为源代码存在。如果我们要做的只是代码读出技术,则这没有什么问题。静态视图的问题是继承被忽略,但是通过被充分扁平化了的类可以解决这个问题。可以把第二种视图称作编译时间视图,因为继承实际"发生"在编译时,第三种视图是执行时间视图,但是仍然有一些问题。例如不能测试抽象类,因为不能被实例化。此外,如果使用充分扁平化的类,则还要在单元测试结束后,将其"恢复"为原来的形式。如果不使用充分扁平化的类,则为了编译类,需要在继承树中高于它所有其他类。可以想象,软件配置管理也有这种需求。

如图 9.5 所示的例子对类测试时,将方法作为类的一部分。execute 由基类定义并被子类继承,仅在基类测试 execute 不充分,每个子类的 execute 都应测试。

单元测试若用于测试不发生请求的类时,要设计驱动程序,封装在一个测试类中,测试类负责运行测试用例,并给出结果。单元测试如果测试发生请求的类,则需要设计桩程序,封装在桩类中。在面向对象的单元测试中的主要参考模型:类图、状态图、活动图。

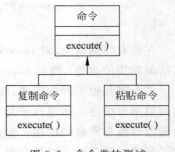

图 9.5 命令类的测试

9.3.4 面向对象单元测试的特殊性

面向对象编程的特性使得对成员函数的测试,又不完全等同于传统的函数或过程测试。尤其是继承特性和多态特性,使子类继承或重载的父类成员函数出现了传统测试中未遇见的问题。Brian Marick 认为,需要考虑如下两方面的问题。

1. 继承的成员函数是否需要测试

对父类中已经测试过的成员函数,两种情况需要在子类中重新测试:

(1) 继承的成员函数在子类中做了改动;

(2) 成员函数调用了改动过的成员函数的部分。

例如,假设父类 Base 有两个成员函数:Inherited()和 Redefined(),子类 Derived 只对 Redefined()做了改动,Derived::Redefined()显然需要重新测试。对于 Derived::Inherited(),如果它有调用 Redefined()的语句(如:x = x/Redefined()),就需要重新测试,反之,无此必要。

2. 对父类的测试是否能照搬到子类

引用上面的假设,Base::Redefined()和 Derived::Redefined()已经是不同的成员函数,它们有不同的服务说明和执行。对此,照理应该对 Derived::Redefined()重新测试分析以及设计测试用例。但由于面向对象的继承使得两个函数有相似,故只需在 Base::Redefined()的测试要求和测试用例上添加对 Derived::Redfined()新的测试要求和增补相应的测试用例。

例如,Base::Redefined()含有如下语句:

```
if (value < 0) message("less");
    else if (value = = 0) message("equal");
    else message("more");
derived::Redfined()中定义为
if (value < 0) message("less");
    else if(value = = 0) message("It is equal");
    else{
        message("more");
```

```
            if(value = = 88) message("luck");
    }
```

在原有的测试上,对 Derived::Redfined() 的测试只需做如下改动:将 value==0 的测试结果期望值改动;增加 value==88 的测试。

多态有几种不同的形式,如参数多态、包含多态、重载多态。包含多态和重载多态在面向对象语言中通常体现在子类与父类的继承关系,对这两种多态的测试参见前面对父类成员函数继承和重载的论述。包含多态虽然使成员函数的参数可有多种类型,但通常只是增加了测试的繁杂性。对具有包含多态的成员函数测试时,需要在原有的测试分析基础上增加对测试用例中输入数据类型的考虑。

9.4　面向对象的集成测试

9.4.1　面向对象集成测试基础

在软件测试的三个主要层次中,集成测试是大家理解得最不透彻的,不论是传统软件还是面向对象软件都是这样。与传统过程软件一样,面向对象集成测试也假设已完成单元级测试,对于集成测试,两种单元选择方法都需要进行集成测试,如果采用操作/方法作为单元,则需要进行两级集成:一级是将操作集成到完整类中;另一级是将类与其他类集成,这是不能不做的,将操作作为单元的全部理由就是类太大,并涉及多个设计人员。

下面讨论更常见的以类为单元的方法,一旦完成单元测试,必须执行两个步骤:

(1) 如果使用了被扁平化了的类,则必须恢复最初的类层次结构;

(2) 如果增加了测试方法,则必须删除。

一旦建立了"集成测试床",就需要标识应该测试的内容。与传统软件集成一样,可以选择静态和动态测试。可以通过纯静态方式处理由多态性引入的复杂性,即测试与每个动态语境有关的消息。面向对象继承测试的动态视图更加重要。

传统的集成测试,是自底向上通过集成完成的功能模块进行测试,一般可以在部分程序编译完成的情况下进行。而对于面向对象程序,相互调用的功能是散布在程序的不同类中,类通过消息和相互作用来申请和提供服务。类的行为与它的状态密切相关,状态不仅仅是体现在类数据成员的值,也许还包括其他类中的状态信息。由此可见,类相互作用极其紧密,根本无法在编译不完全的程序上对类进行测试。所以,面向对象的集成测试通常需要在整个程序编译完成后进行。此外,面向对象程序具有动态特性,程序的控制流往往无法确定,因此也只能对整个编译后的程序做基于黑盒的集成测试。

面向对象的集成测试能够检测出相对独立的单元测试,无法检测出那些类相互作用时才会产生的错误。基于单元测试对成员函数行为正确性的保证,集成测试只关注于系统的结构和内部的相互作用。面向对象的集成测试可以分成两步进行:先进行静态测试,再进行动态测试。集成测试主要以检查这些构件、子系统与系统的体系结构的接口为目的。

静态测试主要针对程序的结构进行,检测程序结构是否符合设计要求。现在流行的一些测试软件都能提供一种称为"逆向工程"的功能,即通过原程序得到类关系图和函数功能调用关系图,例如 International Software Automation 公司的 Panorama-2 for Windows 95、Rational 公司的 Rose C++ Analyzer 等,将"逆向工程"得到的结果与 OOD 的结果相比较,检测程序结构和实现上是否有缺陷。换句话说,通过这种方法检测 OOP 是否达到了设计要求。

动态测试设计测试用例时,通常需要上述的功能调用结构图、类关系图或者实体关系图为参考,确定不需要被重复测试的部分,从而优化测试用例,减少测试工作量,使得进行的测试能够达到一定覆盖率等。同时也可以考虑使用现有的一些测试工具来得到程序代码执行的覆盖率。

具体设计测试用例,可参考下列步骤。

(1) 选定检测的类,参考 OOD 分析结果,得出类的状态和相应的行为,类或成员函数间传递的消息,输入或输出的界定等。

(2) 确定覆盖标准。

(3) 利用结构关系图确定待测类的所有关联。

(4) 根据程序中类的对象构造测试用例,确认是用什么输入激发类的状态、使用类的服务和期望产生什么行为等。

值得注意的是,设计测试用例时,不但要设计确认类功能满足的输入,还应该有意识地设计一些被禁止的例子,确认类是否有不合法的行为产生,如发送与类状态不相适应的消息,要求不相适应的服务等。

对于类之间的集成,主要有两种集成测试策略:

(1) 基于线程的测试(thread-based testing)。集成一组相互协作的对某个输入或事件作出响应的类,每个线程被分别测试,并使用回归测试以保证没有副作用产生。

(2) 基于使用的测试(use-based testing)。按层次测试系统。先测试不依赖服务器的独立类,然后测试依赖独立类的其他类。逐步增加原来类,直到测试完整个系统。

集成测试必须进行类间测试,特别是强调合作的上下级关系的测试。对于子系统之间的集成,如果划分层次结构,则可以按自顶向下或自底向上集成,同时也需设计驱动类和桩类。集成测试必须进行类间测试,特别是强调合作的上下级关系的测试。对于子系统之间的集成,如果划分层次结构,则可以按自顶向下或自底向上集成,同时也需设计驱动类和桩类。

如图 9.6 所示的一个面向对象系统的结构,该系统可以采用以下三种方法进行测试:

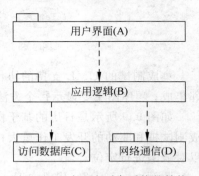

图 9.6 一个面向对象系统的结构

(1) 自顶向下进行集成测试。

(2) 自底向上进行集成测试。

(3) 三明治式进行集成测试。

此结构可采用的三种测试模型如图 9.7 所示。

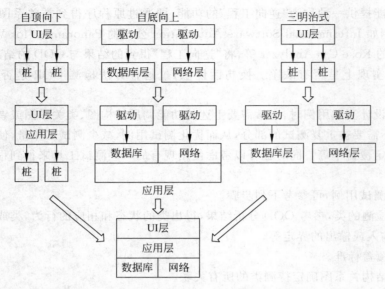

图 9.7 一个面向对象系统的三种测试模型

9.4.2 基于 UML 集成测试参考模型

基于 UML 的集成测试的主要参考模型有顺序图、活动图和协作图。如图 9.8 所示给出了基于活动图的测试过程。

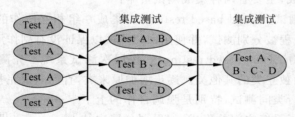

图 9.8 一个基于 UML 活动图的测试过程模型

集成测试的 UML 支持的协作图主要显示类间的（部分）信息传输，支持成对集成和相邻集成；顺序图主要显示每个方法的源方法和目的地方法，而不仅仅是类的信息传输。

如图 9.9 所示是日历的基于协作图的测试，主要有成对集成和相邻集成。其中成对集成测试桩和驱动的开发工作量大；而相邻集成降低桩工作量的同时，降低了诊断精度，即难以对缺陷进行定位。

此例中 printDate 代码如下：

```
printDate()
output(m.getMonth() + "/" + d.getDay() + "/" + y.getYear())
End printdate
```

基于顺序图的 printDate 测试如图 9.10 所示。

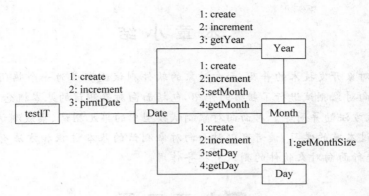

图 9.9 基于协作图的日历的测试

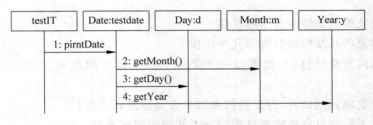

图 9.10 基于顺序图的 printDate 测试

9.5 面向对象的系统测试

系统测试是指测试整个系统以确定其是否能够提供应用的所有需求行为。通过单元测试和集成测试,仅能保证软件开发的功能得以实现。但不能确认在实际运行时,它是否满足用户的需求(其实是用户的确认测试),是否大量存在实际使用条件下会被诱发产生错误的隐患。为此,对完成开发的软件必须经过规范的系统测试。换个角度说,开发完成的软件仅仅是实际投入使用的一个组成部分,需要测试它与系统其他部分配套运行的表现,以保证在系统各部分协调工作的环境下也能正常工作。

系统测试应该尽量搭建与用户实际使用环境相同的测试平台,应该保证被测试系统的完整性,对临时没有的系统设备部件,也应有相应的模拟手段。系统测试时,应该参考面向对象分析的结果,对应描述的对象、属性和各种服务,检测软件是否能够完全"再现"问题空间。系统测试不仅是检测软件的整体行为表现,从另一个侧面,也是对软件开发设计的再确认。

一般说来系统测试需要对被测试的软件结合需求分析做仔细的测试分析,建立测试用例。对于大型的软件系统,采用回归测试(Regression Testing)和自动化测试(Automation Testing)。系统测试包含了多种测试活动,主要分为功能性测试和非功能性测试两大类。功能性测试通常检查软件功能的需求是否与用户的需求一致,而非功能测试主要检查软件的性能、安全性、健壮性等,包括性能测试、安全测试、健壮性测试等。

☞本 章 小 结

随着面向对象开发技术的普及,面向对象的软件测试逐渐成为一个热门的测试研究方向。本章对面向对象测试进行了粗略的介绍,包括面向对象测试的基本概念、测试方法和类型、与传统测试方法的异同等。对面向对象测试模型中的单元测试、集成测试和系统测试进行了分析。通过本章的学习,读者可以对面向对象测试的基本过程和方法有一个较为清楚的理解,对于进行面向对象软件的测试有指导作用。

✅本 章 习 题

1. 面向对象的测试层次分为哪几层?
2. 面向对象的开发模型分为哪几个阶段?
3. 测试面向对象软件时,如果以一个类作为一个基本测试单元,对类的测试可分为哪些?
4. 面向对象单元测试时,对父类的测试是否能照搬到子类?
5. 举例说明面向对象集成测试中的基于使用的测试策略。

第10章

软件缺陷管理和测试评估

本章学习目标：

- 掌握软件缺陷的类型。
- 理解软件缺陷的等级及优先级。
- 了解如何描述一个软件缺陷。
- 掌握软件缺陷的生命周期。
- 了解软件缺陷处理过程。
- 了解软件测试评估内容。

10.1　软件缺陷概述

第 4 章我们讨论过，从产品内部看，软件缺陷是软件产品开发或维护过程中所存在的错误、毛病等各种问题；从外部看，软件缺陷是系统所需要实现的某种功能的失效或违背（IEEE729）。了解了软件缺陷是什么，在需求和设计过程中可以通过设计和执行测试用例，更快地发现缺陷，然后准确描述缺陷，报告给开发人员，开发人员修复缺陷。清晰、准确地描述缺陷决定了开发人员能够快速、有效地修复缺陷。为了更有效地报告缺陷，我们要全面了解软件缺陷的类型、缺陷的等级、优先级以及缺陷的生命周期。

10.1.1　软件缺陷的类型

软件缺陷类型主要由以下几类：

（1）功能错误：以需求说明书为参照，未达到或未完成需求说明书所描述的功能即为功能错误。

（2）编码错误：在系统运行中出现各类系统报错以及死机、不能工作、没有反应的现象即为编码错误。

（3）数据错误：系统中各类查询数据、插入数据、更新数据时出现的数据库中表结构、视图、索引等不正确引起的错误。

（4）可操作性错误：可操作性、应用方面的错误。

（5）界面问题：窗口个控件布局、字体显示等不美观，界面、信息提示不友好、不准确等。

（6）组件错误：测试创建组件产生的错误。

　　(7) 其他错误：各类文档、帮助的错误。

　　如表 10.1 所示，给出了缺陷参考分类。

表 10.1　软件缺陷参考分类

分类	具体类型
功能类	A. 重复的功能；B. 多余的功能；C. 功能实现与要求不符；D. 功能使用性、方便性不够
界面类	A. 界面不够美观；B. 控件排列格式不统一；C. 焦点控制不合理或不全面
数据处理类	A. 数据有效性检测不合理；B. 数据来源不正确；C. 数据处理过程不正确；D. 数据处理结果不正确
流程类	A. 流程控制不符合要求；B. 流程实现不完整
提示信息类	A. 提示信息重复或出现时机不合理；B. 提示信息格式不符合要求；C. 提示框返回后焦点停留位置不合理
建议类	A. 功能性建议；B. 操作性建议；C. 校验建议；D. 说明建议
性能类	A. 并发量；B. 数据量；C. 压缩率；D. 响应时间
常识类	违背正常习俗习惯，如日期/节日
特殊类	不符合 OEM 版本或 DEMO 版本特殊要求

　　实际测试过程中，软件公司面对缺陷类型可能有自己的定义，要根据实际情况对缺陷进行分类描述。

10.1.2　软件缺陷的等级及优先级

　　软件缺陷对用户使用的影响和造成的后果按照严重性等级不同是不一样的。有些缺陷影响较小，如界面不美观等；有些缺陷影响很大，如造成用户数据丢失、导致重大经济损失等。我们可以通过软件缺陷的严重性等级来衡量软件缺陷对客户满意度的影响程度。工程实际中，软件公司对缺陷的严重等级的定义不尽相同，但大致可归为 4 类：

- 致命的：造成系统崩溃、死机、系统挂起、数据丢失、数据库连接错误、数据通信错误、主要功能丧失。
- 严重的：指功能或特性没有实现，系统主要功能部分错误、次要功能完全丧失，或致命的错误声明。
- 一般的：指不太严重的错误，不影响系统的基本使用，但没有很好地实现功能，没有达到预期效果。如界面错误，删除操作未给提示，数据输入没有边界限制等。
- 微小的：一些小问题，不影响系统功能，如错别字、显示格式不规范、文字排列不整齐等。

　　当然，这种严重性级别的定义是相对的，例如，错别字出现在用户经常访问的地方，如站点首页、系统主界面或菜单等，软件缺陷就是严重的。除了上述 4 个级别外，还可以设置"建议"级别来处理测试人员提出对产品特性改进的各种建议或质疑，如建议按钮更改位置等，以改善系统的可用性。

　　由于软件缺陷的严重程度不一样，开发人员对其修复的优先级别也不同。如某个缺陷使测试人员的工作不能继续下去，需要立即修正，此缺陷的优先级别最高。因此，缺陷具有优先级属性，即被修复的紧急程度，如表 10.2 所示。

表 10.2　软件缺陷优先级列表

缺陷优先级	描　　述
立即解决（P1级）	缺陷导致系统几乎不能使用或测试不能继续，需立即修复
高优先级（P2级）	缺陷严重，影响测试，需要优先考虑
正常排队（P3级）	缺陷需要正常排队等待修复
低优先级（P4级）	缺陷可以在开发人员有时间的时候被纠正，如果没有时间，可以不修正

一般来讲，缺陷严重等级和缺陷优先级相关性很强，但是，具有低优先级和高严重性的错误是可能的，反之亦然。如，产品徽标是重要的，一旦它丢失了，这种缺陷是用户界面的产品缺陷，它阻碍产品的形象，那么它是优先级很高的软件缺陷。

正确评估和区分软件缺陷的严重性和优先级，是测试人员和开发人员以及全体项目组人员的一件大事。这既是确保测试顺利进行的要求，也是保证软件质量的重要环节。

10.1.3　软件缺陷生命周期

对于测试人员，利用软件缺陷相关信息可以跟踪软件缺陷，保证软件产品的质量。跟踪软件缺陷实际是检查软件缺陷在其生命周期的不同状态。

软件缺陷的生命周期是指一个软件缺陷被发现、报告到这个缺陷被修复、验证直至最后关闭的完整过程。在整个软件缺陷生命周期中，通常是以改变软件缺陷的状态来体现不同的生命阶段。因此，对于一个测试人员来讲，需要关注软件缺陷在生命周期中的状态变化来跟踪软件质量和项目进度。一个基本的软件缺陷生命周期包含了 3 个状态："打开"，"修复"和"关闭"，如图 10.1 所示。

（1）发现->打开：测试人员发现缺陷后，提交该缺陷给开发人员。缺陷处于"新打开"状态。

（2）打开->修复：开发人员再现缺陷，修改代码并进行必要的单元测试，完成缺陷的修正。此时缺陷处于"已修正"状态。

（3）修复->关闭：测试人员验证已修正的缺陷，如果该缺陷在新构建的软件包的确不存在，测试人员就关闭这个缺陷。这时缺陷处于"已关闭"状态。

在实际测试中，软件缺陷的生命周期不可能像图 10.1 那么简单，需要考虑其他各种情况，如图 10.2 所示，给出了一个常见的软件缺陷生命周期的例子。其中各个状态说明如表 10.3 所示。软件缺陷在生命周期中经历了数次的审阅和状态变化，最终测试人员关闭软件缺陷来结束软件缺陷的生命周期。软件缺陷生命周期中的不同阶段是测试人员、开发人员和管理人员一起参与、协同测试的过程。软件缺陷一旦发现，便进入软件测试人员、开发人员和管理人员的严密监控之中，直至软件缺陷生命周期终结，这样既可保证在较短时间内高效地关闭所有的缺陷，缩短软件测试的进程，提高软件质量，同时减少开发和维护成本。

图 10.1　基本的软件缺陷生命周期

188　软件质量保证及测试基础

表 10.3　软件缺陷状态列表

缺陷状态	描　　述
激活或打开	问题还没解决，等待处理，如新报的缺陷
已修正	开发人员检查、修复过的缺陷，开发人员经过单元测试认为已修复，但测试人员未验证
关闭	测试人员验证后，确认缺陷不存在之后的状态
重新打开	测试人员验证后，还依然存在的缺陷，等待开发人员进一步修复
延迟	缺陷可以在下一个版本解决
无法解决	由于技术原因或第三者软件的缺陷，开发人员不能修复的缺陷
不能重现	开发人员不能复现该软件缺陷，需要测试人员检查缺陷复现的步骤
需要更多信息	开发人员能复现该软件缺陷，但需要一些信息，例如缺陷日志文件、图片等

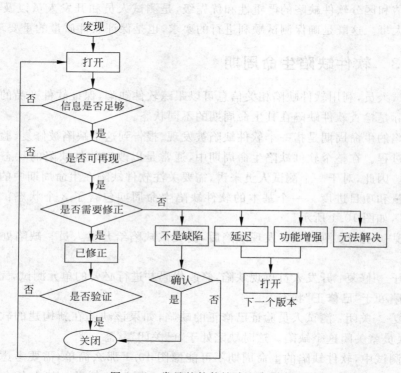

图 10.2　常见的软件缺陷生命周期

10.2　软件缺陷相关信息

详细、准确描述软件缺陷可以帮助开发人员高效地修复软件缺陷，因此，需要使用更为完整的信息来描述它。

10.2.1　完整软件缺陷信息

一个完整的软件缺陷信息除了包含软件缺陷类型、等级和优先级外还需要其他一些属性，如缺陷标识、缺陷产生可能性、缺陷来源等。

（1）缺陷可能性：指缺陷在产品中发生的可能性，通常用频率来表示，如表10.4所示。

表 10.4　软件缺陷产生的可能性

缺陷产生的可能性	描　　述
总是（always）	总是产生这个软件缺陷，其产生频率是100%
通常（often）	按照测试用例，通常情况下会产生这个软件缺陷，其产生的频率大概是80%～90%
有时（occasionally）	按照测试用例，有时候产生这个软件缺陷，其产生频率大概是30%～50%
很少（rarely）	按照测试用例，很少产生这个软件缺陷，其产生的频率大概是1%～5%

（2）缺陷来源：指缺陷所在地方，如文档、代码等，如表10.5所示。

表 10.5　软件缺陷来源列表

缺陷来源	描　　述
需求说明书	需求说明书的错误或不清楚引起的问题
设计文档	设计文档描述不准确和需求说明书不一致问题
系统集成接口	系统各模块参数不匹配、开发组之间缺乏协调引起的缺陷
数据流	由于数据字典、数据库中的错误引起的缺陷
程序代码	纯粹在编码中的问题所引起的缺陷

一份软件缺陷的详细信息如表10.6所示。

表 10.6　软件缺陷信息列表

分类	项目	描　　述
软件缺陷基本信息	缺陷 ID	唯一的、自动产生的缺陷 ID，用于识别、跟踪、查询
	缺陷状态	分为"打开"、"已修正"、"关闭"等
	缺陷标题	描述缺陷的最主要信息
	缺陷严重程度	一般分为"致命"、"严重"、"一般"和"微小"4种程度
	缺陷的优先级	处理缺陷的紧急程度，1是优先级最高的等级，4是优先级最低的等级
	缺陷可能性	描述缺陷发生的可能性1%～100%
	缺陷提交人	缺陷提交人的名字
	缺陷提交时间	缺陷提交时间
	缺陷所属项目/模块	缺陷所属的项目和模块，最好能精确地定位至模块
	缺陷指定解决人	估计修复这个缺陷的开发人员，在缺陷状态下由开发组长指定相关的开发人员
	缺陷指定解决时间	指定的开发人员修改此缺陷的时间
	缺陷验证人	验证缺陷是否真正被修复的测试人员
	缺陷验证结果描述	对验证结果的描述（通过、不通过）
	缺陷验证时间	对缺陷的验证时间
缺陷详细信息	步骤	对缺陷的操作过程，按步骤，一步步地描述
	期望的结果	按照规格说明，在上述步骤后，所期望的结果，即正确的结果
	实际结果	程序或系统实际发生的结果，即错误的结果
测试环境说明	测试环境	对测试环境描述，包括操作系统，浏览器，网络带宽、通信协议等
必要的附件	图片、log 文件	对某些文字很难表达清楚的缺陷，使用图片等附件是必要的；对于软件崩溃现象，需要捕捉日志文件作为附件提供给开发人员

软件缺陷的详细描述包括表中所示三部分：重现步骤、期望结果、实际结果。软件缺陷的描述是测试人员与开发人员交流的主要渠道，特别是跨地区的软件开发团队。一个好的描述需要使用简单、准确、专业的语言来抓住缺陷的本质。否则，就会使信息含糊不清，可能会误导开发人员。以下是有效描述软件缺陷的规则：

（1）单一准确。每个报告只针对一个软件缺陷。

（2）可以再现。提供这个缺陷的精确通用步骤，使开发人员容易看懂，可以再现并修复缺陷。

（3）完整统一。提供完整、前后统一的再现软件缺陷的步骤和信息，包括图片信息、log文件等。

（4）短小简练。通过使用关键词，可以使缺陷标题的描述短小简练，又能准确解释产生缺陷的现象。如"主页的导航栏在低分辨率下显示不整齐"，其中"主页"、"导航栏"、"分辨率"是关键词。

（5）特定条件。许多软件功能在通常情况下没有问题，而是在某种特定条件下会存在缺陷，所以软件缺陷描述不要忽视这些看似细节的但又必要的特定条件（如操作系统、浏览器等）。

（6）补充完善。从发现缺陷那一刻，测试人员的责任就是保证它被正确的报告，并且得到应有的重视，继续监视其修复的全过程。

（7）不做评价。在软件缺陷描述中不要带个人观点，不要对开发人员进行评价。软件缺陷报告是针对产品的。

10.2.2　软件缺陷记录

一份优秀的软件缺陷报告记录下最少的重现步骤，包括期望结果、实际结果和必要的数据、附件、测试环境或条件等，详细的软件缺陷报告内容参考本书附录。

下面是一个缺陷报告记录：

（1）重现步骤：
- 使用 Windows 的记事本软件新建一个文档。
- 在文档中输入"联通"文字。
- 选择菜单"文件"选项，单击"保存"按钮。
- 单击文档"关闭"按钮。
- 再次打开该文档时，文档内容变成了其他字符。

（2）期望结果：用户再次打开文档时，文档内容显示"联通"。

（3）实际结果：出现了图片箭头所示的字符。

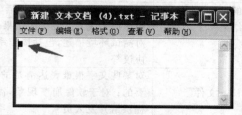

本例中,通过捕捉软件缺陷的图片来保证开发人员和测试人员可以重现它。一般情况下,出现在 UI 上并且影响用户使用或者影响产品美观的软件缺陷,附上图片比较直观。例如:

(1)当产品中有一段文字没有显示完全,为了明确标识这段文字的位置,测试人员必须贴上图片。

(2)产品显示乱字符,测试人员必须贴上图片进行标识。

(3)产品中的语法错误、标点符号使用不当等软件缺陷,测试人员贴上图片告诉开发人员缺陷在什么地方。

(4)产品中使用错误的公司标识、图片没有显示完全等软件缺陷,测试人员需要贴上图片。

一份含糊不完整的缺陷报告,缺少重现步骤,没有期望结果、实际结果和必要的图片,开发人员或许不能分离和重现此缺陷,因此,遵循软件缺陷的有效描述规则,分离和再现软件缺陷的步骤,这样才能写出简明清晰的缺陷报告。

要想有效分离软件缺陷,需要清楚、准确地描述产生软件缺陷的具体步骤和条件。为了有效再现软件缺陷,除了按照软件缺陷有效描述规则描述软件缺陷外,还必须遵循软件缺陷分离和再现的方法。这就要求我们充分掌握分离、再现缺陷的常用方法和技巧。

(1)确保所有的步骤都被记录。记录下所做的每一件事、每一个步骤、每一个停顿。

(2)特定条件和时间。软件缺陷仅在特定时间出现或只在特定条件下产生吗?产生软件缺陷的原因是网络瓶颈吗?在较差和较好的硬件设备上运行测试用例会有不同结果吗?

(3)压力和负荷、内存和数据溢出相关的边界条件。执行某个测试可能导致产生缺陷的数据被覆盖,而只有在试图使用该数据时才会再现。在重启计算机时缺陷消失,当执行其他测试后又出现这类软件缺陷,需要注意某些软件缺陷是否在无意中产生。

(4)考虑资源依赖性包括内存、网络和硬件共享的相互作用等。软件缺陷是否仅在运行其他软件并与其他硬件通信的"繁忙"系统上出现?软件缺陷可能最终证实跟硬件资源、网络资源有相互的作用,审视这些影响有利于分离和再现软件缺陷。

(5)不能忽视硬件。板卡松动、内存条损坏或者 CPU 过热都可能导致像是软件缺陷的失败。设法在不同硬件上再现软件缺陷,在执行配置或者兼容性测试时特别重要。

10.3　软件缺陷跟踪和分析

软件缺陷被报告之后,接下来就是要对它进行处理和跟踪,包括软件缺陷生命周期、软件缺陷处理技巧、软件缺陷跟踪方法和图表、软件缺陷跟踪系统。

软件缺陷跟踪管理是测试工作的一个重要部分,测试的目的是尽早发现软件系统中的缺陷,而对软件缺陷进行跟踪的目的是确保每个被发现的缺陷都能够及时得到处理。软件测试过程简单地说就是围绕缺陷进行的,缺陷跟踪管理的目标如下:

(1)确保每个被发现的缺陷都能够被解决,"解决"的意思不一定是被修正,也可能是延迟到下一版本。

(2)收集缺陷数据并根据缺陷趋势曲线识别测试过程的阶段;决定测试过程是否结束有很多种方式,通过缺陷趋势曲线来确定测试过程是否结束是常用且有效的一种方式。

（3）收集缺陷数据并在其上进行数据分析，作为组织的过程财富。

缺陷数据的收集和分析可以为软件质量改善提供一手数据，也是做好缺陷预防工作的基础。

10.3.1　软件缺陷的处理

管理人员、测试人员和开发人员需要掌握在软件缺陷生命周期的不同阶段处理软件缺陷的技巧，从而尽快处理软件缺陷，缩短软件缺陷生命周期。以下列出处理软件缺陷的基本技巧。

（1）审阅。当一个测试人员发现一个缺陷，就会通过页面提交到缺陷跟踪数据库中。在缺陷被分配给开发人员之前，为了保证缺陷描述的质量和减少开发人员的抱怨，最好由其主管或其他资深测试工程师进行审阅。

（2）拒绝。如果审阅者决定对一份缺陷报告进行较大的修改，例如需要添加更多的信息或需要改变缺陷严重等级，应该和缺陷报告人一起讨论，由报告人修改缺陷报告，然后再次提交。

（3）完善。如果测试人员已经完善地描述了问题的特征并将其分离，那么审查者就会肯定这个报告。

（4）分配。当开发组接受完整描述特征并被分离的问题时，测试员将它分配给适当的开发人员，如果不知道具体开发人员，应分配给项目组长，由项目开发组长再分配给对应的开发人员。

（5）测试。一旦开发人员修复一个缺陷，还需要得到测试人员的验证，没经过测试人员的验证，缺陷是不能关闭的。同时，还要围绕改动代码进行回归测试，检查该缺陷的修复是否引入新的缺陷。

（6）重新打开。如果缺陷没有通过验证，那么测试人员将重新打开这个缺陷。重新打开一个缺陷需要加注释说明，否则会引起"打开→修复→再打开"多个来回，造成测试人员和开发人员的不必要的矛盾。

（7）关闭。如果通过验证测试，那么测试人员将关闭这个缺陷。只有测试人员才能关闭缺陷，开发人员没有这个权限。

（8）暂缓。如果每个人都同意将确实存在的缺陷移到以后处理，应该指定下一个版本号或修改的日期。一旦新版本开始，暂缓的缺陷被重新打开。

测试人员、开发人员和管理者只有紧密合作，掌握软件缺陷处理技巧，及时地审查、处理和跟踪每个软件缺陷，才能加速软件缺陷处理的节奏，从而加快项目进展，提高软件质量。

10.3.2　软件缺陷的分析

对缺陷进行分析，确定测试是否达到介绍的标准，也就是判定测试是否已达到用户可接受的状态。在评估缺陷时应遵照缺陷分析策略中制定的分析标准，最常用的缺陷分析方法有4种：

（1）缺陷分析报告。允许将缺陷计数作为一个或多个缺陷参数的函数来显示，生成缺陷数量与缺陷属性的函数，如严重性的分布情况。

（2）缺陷趋势报告。按各种状态将缺陷计数作为时间的函数显示。趋势报告可以是累计的，也可以是非累计的，可以看出缺陷增长和减少的趋势。

（3）缺陷年龄报告。是一种特殊类型的缺陷分布报告，显示缺陷处于活动状态的时间，展示一个缺陷处于某种状态的时间长短，从而了解处理这些缺陷的进度情况。

（4）测试结果进度报告。展示测试过程在被测应用的几个版本中的执行结果以及测试周期，显示对应用程序进行若干次迭代和测试生命周期后的测试过程执行结果。

这些分析为软件质量、项目管理、开发过程改进等提供了判断依据。例如，预期缺陷发现率将随着测试进度和修复进度而最终减少，这样可以设定一个阈值，在缺陷发现率低于该阈值时才能部署该软件。

例如，各个级别的缺陷数量一般遵守这样的规律：P1＜P2＜P3＜P4，如果不符合正常缺陷分布，如图 10.3 所示，可能说明代码质量不好，需要进一步分析，找出根本原因。

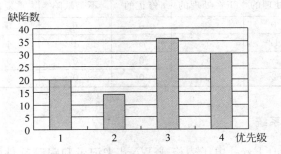

图 10.3　缺陷的 4 种优先级分布

分析软件缺陷产生的根本原因不仅有助于测试人员决定哪些功能领域需要增强测试，而且可以使开发人员的注意力集中到那些引起缺陷最严重、出现最频繁的领域。如图 10.4 所示，显示了软件缺陷产生的 3 个主要来源，即用户界面、逻辑错误和规格书明书，它们占软件缺陷总数的 74%。如果从测试风险角度看，这些区域可能是隐藏缺陷比较多的地方，需要测试的更细些。从开发角度来说，这些就是提高代码质量的主要区域，假定某个产品前后发现 1000 个缺陷，代码在这 3 个区域减少一半，则缺陷总数减少 37%，减少 370 个缺陷，代码质量改善效果就会显著。

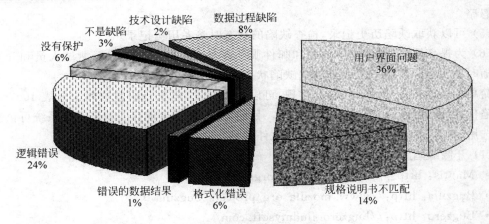

图 10.4　缺陷根本原因分布

10.3.3　软件缺陷的跟踪

缺陷数据是生成各种各样测试分析、质量控制图表的基础,从上述缺陷分析中可以清楚地了解缺陷的发现过程、修复过程以及各类缺陷的分布情况,从而能够有效地跟踪缺陷,改进测试过程,督促开发人员的工作进度,最终保证项目按时完成。

1. 当前缺陷状态

软件缺陷情况可以基本反映项目的状态,如表 10.7 所示的软件缺陷列表,可以反映项目的缺陷状态。

表 10.7　软件缺陷列表

级别	总数	未处理的	正在处理的	修正的	不是缺陷	重复的	暂不处理	关闭
致命的	2	0	0	0	0	0	0	2
严重的	36	12	7	5	1	4	5	2
一般的	51	23	1	0	0	0	0	27
微小的	5	2	0	0	0	3	0	0

2. 软件缺陷跟踪系统

通常使用 Microsoft Excel 电子表格或 Word 来记录和跟踪软件缺陷,但一般只限于最后的分析报告、文档的打印。为了更灵活地存储、操作、搜索、分析以及报告大量数据,需要建立一个软件缺陷跟踪数据库。建立一个软件缺陷跟踪系统的优势在于:

(1) 有利于软件缺陷的清楚描述,还提供统一的、标准化的报告,使所有人的理解一致。

(2) 允许自动连续地给软件缺陷编号,还提供大量分析和统计的选项,这是手工方法无法实现的。

(3) 可快速生成满足各种查询条件的、必要的缺陷报表、曲线图等,可随时掌握产品质量的整体状况、测试/开发的进度。

(4) 可以在软件缺陷生命周期管理缺陷,从最初的报告到最后的解决,确保每一个缺陷不被忽略。

(5) 可以获取缺陷历史记录,检查缺陷的状态时参考历史记录。

(6) 为提高缺陷处理效率,一般和邮件服务器集成,通过邮件传递,测试人员和开发人员可随时获得由系统自动发出的有关缺陷状态变化的邮件。

简单的缺陷跟踪系统比较容易实现,可以自己开发,也就是用数据库记录表 10.7 中各项缺陷信息,并提供一些基本的查询条件。目前,已经有不少现存的缺陷跟踪系统可供测试人员选用,有开源软件系统,也有商业化软件产品。

(1) 开源缺陷跟踪系统。

- Mantis:http://mantisbt.sourceforge.net/
- Bugzilla:http://www.mozilla.org/projects/bugzilla/
- Bugzero:http://bugzero.findmysoft.com/
- Scarab:http://scarab.tigris.org/

- TrackIT：http://trackit. sourceforge. net/
- Itracker：http://www. itracker. org

（2）商业化缺陷跟踪系统。

- JIRA：http://www. atlassian. com
- IBM ClearQuest：http://www-01. ibm. com/software/awdtools/clearquest/
- Compuware TrackRecord：http://www. compuware. com/trackrecord. htm
- HP TestDirector：http://www. hp. com/
- TestTrack Pro：http://www. seapine. com/ttpro. html
- DevTrack：www. techexcel. com/products/devsuite/devtrack. html
- Borland Segue SilkCentral™ Issue Manager 等

10.4　软件测试评估

为什么要做软件测试评估呢？如果没有测试评估，就没有测试覆盖率的结果，就没有报告测试进程的根据。

10.4.1　软件测试评估概述

软件测试评估的目的主要有两个：

（1）量化测试进程，判断测试进行状态，决定什么时候测试可以结束。

（2）为编写测试报告或质量分析报告提供所需的数据，如缺陷清除率、测试覆盖率等。

测试评估是软件测试的一个阶段性的结论，以确定测试是否达到完全和成功的标准。测试评估贯穿整个软件测试过程，可以在测试每个阶段结束前进行，也可以在测试过程中某一个时间进行。

系统的测试活动建立在至少一个测试覆盖策略基础上，而覆盖策略试图描述测试的一般目的，指导测试用例的设计。如果测试需求已经完全分类，则基于需求的覆盖策略可能足以生成测试完全程度评测的量化指标。测试评估工作主要是对测试覆盖率的评估，测试覆盖率是衡量测试完成多少的一种量化标准。

测试的覆盖率可以用测试项目的数量和内容进行度量。除此以外，如果测试软件的数量较大，还要考虑数据量。测试的覆盖率，可以根据如表 10.8 所示对测试指标进行评价。通过检查这些指标达到的程度，就可以度量出测试内容的覆盖程度。

表 10.8　测试覆盖程度表

测试覆盖项	测试覆盖率指标测试描述	测 试 结 果
界面覆盖	符合需求	
静态功能覆盖	功能满足需求	
动态功能覆盖	所有功能的转换功能正确	
正常测试覆盖	所有硬件、软件正常时处理	
异常测试覆盖	硬件或软件异常时处理	测试结束判断

10.4.2　软件测试评估分类

对测试覆盖率的评估就是要确定测试执行的完全程度,其基本方法有基于需求的测试覆盖指标和基于代码的测试覆盖指标。

1. 基于需求的测试覆盖评估

基于需求的测试覆盖评估是依赖于对已执行的测试用例的核实和分析,所以基于需求的测试覆盖评测就转化为评估测试用例覆盖率,即测试的目标是确保 100% 的测试用例全部成功地执行。如果这个目标不可行或不可能达到,则要根据不同的情况制定不同的测试覆盖标准。主要考虑风险和严重性、可接受的覆盖百分比。

在执行测试活动中,评估测试用例覆盖又可以分为两类测试用例覆盖率估算:

(1)确定已经执行的测试用例覆盖率,即在所有测试用例中有多少测试用例已被执行。假定 Tx 表示已执行的测试用例数,Rt 表示测试需求的总数。

$$已执行的测试覆盖 = \frac{Tx}{Rt}$$

(2)确定成功的测试覆盖,即执行时未出现失败的测试,如没有出现缺陷或意外结果的测试。假定 Ts 表示已执行的完全成功、没有缺陷的测试用例数。

$$成功的测试覆盖 = \frac{Ts}{Rt}$$

2. 基于代码的测试覆盖评估

基于代码的测试覆盖评测是对被测试的程序代码语句、条件或路径的覆盖率分析,它对于安全系统来说非常重要。如果应用基于代码的覆盖,则测试策略是根据测试已经执行的源代码的多少来表示的。测试过程中已经执行的代码的多少,与之相对的是要执行的剩余代码的多少。代码覆盖可以建立在控制流或数据流的基础上。控制流覆盖的目的是测试代码行、判定、路径或控制流等其他元素。数据流覆盖的目的是通过软件操作测试数据状态是否有效,例如,数据元素使用之前是否已经定义。

基于代码的测试覆盖通过以下公式计算:

$$已执行的测试覆盖 = \frac{Tc}{Tnc}$$

其中 Tc 使用代码语句、条件判定、代码路径、数据状态判定点或数据元素名表示的已执行项目数,Tnc 是代码中的项目总数。

基于代码的测试覆盖评估一般都是通过相应的工具来完成,即根据测试运行时所走过的程序路径来计算测试的代码覆盖率,程序能识别哪些代码行、哪些判定或条件、哪些程序路径等被测试过,从而根据整个程序的相应值计算代码行、判定/条件和路径等测试覆盖率。

☞ 本 章 小 结

　　本章首先介绍了软件缺陷类型、软件缺陷的等级和优先级,软件缺陷生命周期,如何描述一个软件缺陷信息,如何跟踪软件缺陷以及分离和再现软件缺陷的技巧;其次介绍了软件测试覆盖评估,既可以基于需求进行测试覆盖评估,又可以基于代码进行测试覆盖评估。

✓ 本 章 习 题

1. 软件缺陷类型都有哪些?
2. 简述软件缺陷的等级及优先级。
3. 软件缺陷生命周期中有哪些状态?
4. 软件缺陷报告由哪些部分组成?
5. 基于需求的测试覆盖评估和基于代码的测试覆盖评估,哪一种方法更有效? 为什么?

第11章

软件测试自动化

本章学习目标：

- 掌握自动化测试的定义及优、缺点。
- 熟悉自动化测试工具的使用。

11.1 自动化测试的定义

11.1.1 概念

自动化测试是相对手工测试的概念，是让计算机代替测试人员进行软件测试的技术。自动化测试希望能够通过自动化的测试工具按照测试工程师预定计划进行自动的测试，目的是减少手工测试的工作量。其中，自动过程包括输入数据自动生成、测试结果的验证、自动发送测试报告等。

自动化测试节省的时间，可以用来开发额外的测试用例，从而提高测试的覆盖率。此外，自动化测试还可以在夜间执行，压缩测试时间，因此可以频繁发布产品。采用自动化测试还可以避免人工测试的遗漏和厌烦情绪。

软件测试的自动化通常借助测试工具进行，但是，并非软件测试所有过程都由自动化的工具完成。一般情况下，测试的设计必须由测试工程师进行手工设计，设计时考虑自动化的特殊要求，否则无法实现利用工具进行测试用例的自动执行。

对于软件测试自动化的工作，大多数人都认为是一件非常容易的事情。其实，软件测试自动化的工作量非常大，而且也不是任何情况下都适用，同时，软件测试自动化的设计并不比程序设计简单。

11.1.2 自动化测试的优点

好的自动化测试可以获得比手工测试更经济、更有效的结果。自动化测试的优点如下：

1. 回归测试更方便

由于回归测试的动作和用例是完全设计好的，测试的预期结果也是完全可以预测的，将回归测试自动运行，可以极大地提高测试效率，缩短回归测试时间。对于产品型的软件，每发布一个新的版本，其中大部分功能和界面都和上一个版本相似或完全相同，这部分功能特别适合自动化测试。

2. 可以运行更多、更烦琐的测试

对于产品型软件或需求不断更新的系统，每一版产品发布或系统更新的周期只有短短几个月，这就意味着开发周期也只有短短几个月，而在测试期间是每天或每几天要发布一个版本供测试人员测试，一个系统的功能点要测成百上千遍，使用手工测试是非常耗时和繁琐的，这样频繁的重复劳动必然会导致测试人员产生厌倦心理，造成工作效率低下。自动化的一个明显好处是可以在较少的时间内运行更多的测试。

3. 可以执行手工测试不可能进行的测试

压力测试、性能测试等都需要成千上万的用户同时对系统加压才能实现其效果，用手工测试是不现实的。对于大量用户的并发测试，不可能同时让足够多的测试人员同时进行测试，但是却可以通过自动化测试模拟大量并发用户，从而达到测试的目的。

4. 更好地利用资源

将烦琐的任务自动化，可以提高准确性和测试人员的积极性，将测试技术人员从人工任务中解放出来，使他们能把注意力放在更有创造性的任务上，如设计更好的测试用例等。测试人员还可以设置自动化测试在晚上或周末执行，白天或上班时测试人员收集测试结果提交给开发人员，这样可充分利用公司资源，避免开发和测试之间的等待。

5. 具有一致性和重复性

由于测试是自动执行的，每次自动化测试运行的脚本是相同的，每次测试的结果和执行的内容的一致性可以得到保证，所以每次执行的测试具有一致性，从而达到软件测试的可重复效果，这一点是手工测试很难做到的。由于自动化测试的一致性，很容易发现被测软件的任何改变。

6. 测试的复用性

由于自动化测试通常采用脚本技术，这样就有可能只需要做少量的甚至不做修改，实现在不同的测试过程中使用相同的用例。

7. 增加软件的信任度

自动化测试不存在执行过程中的人为疏忽和错误，完全取决于测试的设计质量，一旦通过了强有力的自动化测试后，软件的信任度自然会增加。

8. 可以让产品更快面向市场

自动化测试可以缩短测试时间，加快产品开发周期，因此可以让产品更快发布。

11.1.3　自动化测试的局限性

1．不能取代手工测试

不能期望所有的测试活动自动化。一些测试使用手工测试比自动化测试要简单，因为测试自动化的开销较大。并非所有手工测试都应该自动化，当测试需要频繁运行时，才需要将测试自动化。好的测试策略应该还包括探索性或横向测试，此类测试最好由手工完成或至少先进行手工测试。当软件不稳定时，手工测试可以很快地发现缺陷。

2．手工测试比自动测试发现的缺陷更多

如果自动执行测试用例可以发现软件的缺陷，那么手工运行同样也会暴露缺陷。James Bach 根据经验报道，自动化测试只能发现 15％的缺陷，而手工测试可以发现 85％的缺陷。

3．对测试质量的依赖性极大

工具只能判断实际结果和预期结果之间的区别。因此在自动化测试中，测试的艰巨任务就变为验证期望的正确性。通常自动化测试工具会很快地报告测试通过，实际上是实际结果和预期结果的匹配。实际测试工作中，确保测试的质量比自动化测试更为重要。

4．测试自动化不能提高有效性

自动化测试并不会比手工运行相同的测试更加有效。自动化可以提高测试的效率，是指减少测试的开销和时间，但也可能对测试的有效性起反作用。

5．测试自动化可能会制约软件开发

自动化测试比手工测试更"脆弱"。软件部分改变有可能会使自动化测试软件崩溃。由于自动化测试比手工测试开销大，且自动化测试的脚本需要维护，这可能限制了软件系统的修改或改进。

6．测试工具本身并无想象力

对于一些界面美观和易用性方面的测试，自动化测试工具是无能为力的，人类的审美和心理体验是工具不可模拟的。

7．自动化测试对测试人员要求比较高

自动化测试人员需要编写测试脚本，或对脚本进行优化，这需要测试人员具有设计、开发、测试、调试和编写代码的能力，比较理想的测试人员是既有编程经验又有测试经验的人员。

11.1.4　自动化测试的适用范围

自动化测试与手工测试各有优缺点，应该互补、并存。以下场合应优先考虑使用自动化测试。

1．回归测试

回归测试用于验证某些缺陷已被修复并没有影响到软件的其他部分。软件在每次更新或缺陷被修复时都必须执行回归测试，这时测试工具可以保证已测部分的准确性和客观性。

2．多次重复、机械性的测试

如需要向系统输入大量的相似数据和报表来测试。

3．手工测试难以完成的测试

性能测试、负载测试和强度测试都是手工测试不能完成的，需要进行自动化测试。如，测试 5000 名用户某一时刻同时登录某网站，服务器运行是否正常，访问速度是否可以接受。

4．产品型项目

项目只改进少量功能，但必须反复测试没有改动过的功能，这样的项目测试可以使用自动化测试。

5．增量式开发、持续集成项目

这种开发模式要频繁地发布新版本进行测试，也就需要自动化测试来频繁地测试，以便把人从机械测试执行工作中解放出来。

6．自动编译、自动发布的系统

能够自动化编译、自动发布的系统能够完全实现自动化测试。

7．需要频繁运行测试

在一个项目中需要频繁地运行测试，测试周期按天算，就能最大限度地利用测试脚本，提高测试工作效率。

11.2 自动化测试原理

自动化测试通过特定的程序模拟测试人员对计算机的操作。其实现原理主要包括代码分析、对测试过程的捕捉和回放、测试脚本技术和虚拟用户技术。

11.2.1 代码分析

代码分析是白盒测试的自动化方法，类似于高级编译，通过定义类、对象、方法、变量等定义规则、语法规则，对代码进行语法扫描，找出不符合编码规范的地方，然后根据某种质量模型评价代码质量和生成系统调用关系图等。

代码分析工具一般集成在集成开发环境中，多数集成开发环境的代码编辑器都可以实时进行代码检查,直接定位和高亮显示警告信息和可能的错误,如 Eclipse。

11.2.2 录制回放技术

录制回放是黑盒测试的自动化方法,通过捕获用户的每一步操作,如用户界面的像素坐标或程序显示对象(窗口、按钮等)的位置,以及相应操作、状态变化或属性变化,用一种脚本语言记录描述,模拟用户操作。回放时,将脚本语言转换为屏幕操作,比较被测试软件的输出与预期的标准结果。

目前,自动化负载测试的解决方案几乎都采用"录制-回放"技术。所谓"录制-回放"技术,就是先由手工完成一遍测试流程,由计算机记录下这个流程期间客户端和服务器端之间的通信信息,这些信息通常是一些协议和数据,并形成的脚本程序。然后在系统的统一管理下同时生成多个虚拟用户,运行该脚本,监控硬件和软件平台的性能,提供分析报告和相关资料,通过模拟成千上万的并发用户对应用系统进行负载能力的测试。

11.2.3 脚本技术

1. 基本知识

脚本是一组测试工具执行的指令集合,也是计算机程序的另一种表现形式。脚本语言至少有如下 3 项功能:

(1) 支持多种常用的变量和数据类型。

(2) 支持各种条件、循环等逻辑。

(3) 支持函数的创建和调用。

脚本有两类。一种是手动编写或嵌入源代码;一种是通过测试工具提供的录制功能,运行程序自动录制生成脚本。录制生成脚本简单且智能化,容易操作,但仅靠自动录制脚本,无法满足用户的复杂要求。通常需要手工添加设置,增强脚本的实用性。

手工编写脚本具有如下优点:

(1) 可读性好,流程清晰,检查点截取含义明确。

业务级的代码比协议级的代码容易理解,也更易于维护,而录制生成的代码维护性较差。

(2) 手写脚本比录制脚本更能真实地模拟应用。

录制脚本截获了网络包,生成协议的代码,却忽略了客户端的处理逻辑,不能真实模拟应用程序的运行。

(3) 手写脚本比录制脚本更能提高测试人员的技术水平。

测试工具提供如 Java、VB、C 等高级程序设计语言的脚本,允许用户根据不同的测试要求定义开发各种语言类型的测试脚本。

总之,使用哪种方式生成脚本,应以脚本模拟程序的真实有效为准。例如,有些程序只需要执行迭代多次操作,没有特殊要求,选择自动生成的脚本就可以。但有些程序需要参数设置,则应使用手工脚本。

2．脚本分类

脚本可以分为线性脚本、结构化脚本、数据驱动脚本和关键字驱动脚本。

1）线性脚本

线性脚本是最简单的脚本，如同流水账那样描述测试过程，一般由自动录制得来，即录制手工执行的测试用例得到的线性脚本，包含用户键盘和鼠标输入，检查某个窗口是否弹出等操作。

线性脚本具有以下优点：

- 不需要深入的工作或计划，对实际执行操作可以审计跟踪；
- 线性脚本适用于演示、培训或执行较少且环境变化小的测试、数据转换的操作功能；
- 用户不必是编程人员。

但是，线性脚本具有以下缺点：

- 过程烦琐，过多依赖于每次捕获的内容，测试数据"捆绑"在脚本中。
- 不能共享或重用脚本，容易受软件变化的影响。
- 修改代价大，维护成本高，容易受意外事件的影响。

2）结构化脚本

结构化脚本是对线性脚本的加工，类似于结构化程序设计，是脚本优化的必然途径之一。结构化脚本包含脚本执行指令，具有顺序、循环和分支等结构，而且具有函数调用功能。结构化脚本的优点是灵活性好、健壮性好，易于维护，而且通过循环和调用可以减少工作量。但是，结构化脚本较复杂，而且测试数据仍然与脚本"捆绑"在一起。

3）数据驱动脚本

数据驱动脚本可以进一步提高脚本的编写效率，它将测试输入到独立的数据文件（数据库）中，而不是绑定在脚本中。执行时，是从数据文件中读数据，使得同一个脚本执行不同的测试，只需对数据进行修改，不必修改执行脚本。通过一个测试脚本指定不同的测试数据文件，实现较多的测试用例。

数据驱动脚本具有以下优点：

- 快速增加类似的测试用例；
- 新增加的测试也不必掌握工具脚本技术；
- 对后续类似的测试无需额外维护，有利于测试脚本和输入数据分离；
- 减少编程和维护的工作量，有利于测试用例的扩充和完善。

但是，数据驱动脚本的初始建立开销较大，需要专业人员的支持。

4）关键字驱动脚本

关键字驱动脚本是比较复杂的数据驱动技术的逻辑扩展，封装了各种基本操作，每个操作由相应的函数实现，开发脚本时不需要关心这些基础函数，而用一系列关键字指定执行的任务。关键字驱动技术假设测试者具有被测试系统方面的知识和技术，不必告知如何进行详细动作，以及测试用例如何执行，只说明测试用例即可。关键字驱动脚本多使用说明性方法和描述性方法。

目前，大多数测试工具都支持数据驱动脚本和关键字驱动脚本。在脚本开发中，常常几种脚本结合起来应用。

11.2.4　虚拟用户技术

虚拟用户技术通过模拟真实用户的行为对被测试程序施加负载,测试程序的性能指标值,如事务响应时间和服务器的吞吐量等。虚拟用户技术以真实用户的"业务处理"作为负载的基本组成单位,用"虚拟用户"模拟真实用户。

负载需求(如并发用户数、处理执行频率等)通过人工收集和分析使用信息来获得。负载测试工具模拟成千上万个虚拟用户同时访问被测试程序以及来自不同 IP 地址、不同浏览器类型以及不同网络连接方式的请求,并实时监视系统性能,帮助测试人员分析测试结果。虚拟用户技术具有成熟测试工具的支持,但负载的信息要靠人工收集,准确性不高。

11.3　软件测试工具

11.3.1　软件测试工具类型

软件开发生命周期的每个阶段的测试都有工具支持,软件测试工具可以实现人工无法实现的测试功能,发现人工测试很难发现的缺陷,减少测试执行时间,提高测试效率。软件测试工具也有一些不足,如难以学习和使用,创建和修改测试脚本费时费力,商业测试工具售价很高等。根据不同标准,可以将自动化测试工具分为多个种类。

1. 按应用阶段分类

根据测试工具在软件测试中的应用阶段分类,软件测试工具分为黑盒测试工具、白盒测试工具和测试管理工具。

1) 黑盒测试工具

黑盒测试工具是测试软件功能或性能的工具,主要用于系统测试和验收测试。黑盒测试工具可以分为功能测试工具和性能测试工具。

2) 白盒测试工具

白盒测试工具应用在高可靠性的软件领域,如军工软件、航天航空软件和工业控制软件等。白盒测试工具主要是对源代码进行测试,主要测试词法分析和语法分析、静态错误分析和动态检测等。

根据测试工具原理的不同,白盒测试工具又分为静态测试工具和动态测试工具。静态测试工具直接对代码进行分析,不需要运行代码,也不需要对代码编译链接和生成可执行文件。动态测试工具一般采用"插桩"的方式,向代码生成的可执行文件中插入一些监测代码,用来统计程序运行时的数据。

3) 测试管理工具

测试管理工具是指管理整个测试流程的工具,其主要功能有测试计划的管理、测试用例的管理、缺陷跟踪和测试报告等,通常贯穿于整个软件测试的生命周期。

2. 按是否开源分类

测试工具按照是否免费可以分为商业测试工具和开源测试工具。

1）商业测试工具

商业测试工具主要指市场上各大商业公司的产品，如 HP—Mercury 的 LoadRunner，QTP，TestDirector，Quality Center 等。

- LoadRunner。

LoadRunner 属于性能测试工具，用于 C/S 和 B/S 的 Web 系统测试，通过模拟并发用户数实施压力测试，预测系统行为和性能的负载，对整个软件架构进行测试分析。LoadRunner 可运行在 Windows、Linux 等多种操作系统上，目前最新版本为 LoadRunner 12。

- QTP。

QTP（Quick Test Professional）是一种功能测试工具，主要用于回归测试中，针对 GUI 应用程序，包括传统的 Windows 应用程序以及 Web 应用。它可以覆盖绝大多数的软件开发技术，简单高效，并具备测试用例可重用的特点。

- TestDirector。

TestDirector 是业界第一个基于 Web 的测试管理工具，用于组织和管理整个测试过程。它可以在公司组织内进行全球范围内测试的协调。通过在一个整体的应用系统中提供并且集成测试需求管理、测试计划、测试日程控制以及测试执行和错误跟踪等功能，TestDirector 极大地加速了测试过程。

TestDirector 消除组织机构间、地域间的障碍，使得测试人员、开发人员或其他 IT 人员通过中央数据仓库在不同位置就能互通测试信息。

商业测试工具还有另外一个代表性公司——IBM Rational，Rational 公司的测试工具主要有以下四款：

- Rational Testmanager（测试管理工具）。
- Rational Robot（功能/性能工具）。
- Rational Purify（白盒测试工具）。
- Rational ClearQuest（缺陷管理工具）。

2）开源测试工具

开源测试工具主要有 JUnit、JMeter、Mantis、TestLink 和 Bugzilla。

- JUnit。

JUnit 是一个开放源代码的 Java 编程语言的单元测试框架，由 Erich Gamma 和 Kent Beck 发明。作为一个应用程序的半成品，JUnit 提供了应用程序之间可共享的结构。开发者把 JUnit 框架融入到应用程序，加以扩展，以满足特定的需要。

- JMeter。

JMeter 用于测试软件功能特性，度量被测试软件的性能，针对静态资源和动态资源的性能测试。JMeter 通过模拟大量的服务器负载、网络负载、软件对象负载，全面测试软件的性能。

- Mantis。

Mantis 是一款基于 Web 的软件缺陷管理工具，配置和使用都很简单，适合中小型软件开发团队。使用环境为 MySQL 和 PHP。

- TestLink。

TestLink 是基于 Web 的测试管理工具。测试小组在系统中可以创建、管理、执行、跟踪测试用例,并且提供在测试计划中安排测试用例的方法。使用环境为 Apache、MySQL 和 PHP。

- Bugzilla。

Bugzilla 是 Mozilla 公司为用户提供的一个免费开源的软件缺陷记录和跟踪工具,使用 Perl 语言开发,为用户建立了一个完整的缺陷生命周期,包括新建、查询、跟踪、配置、关闭及缺陷报表功能,为企业提供了比较完美的缺陷跟踪机制。

本章接下来主要介绍几种流行测试工具的使用。

11.3.2 单元测试工具实例——JUnit

1. JUnit 工具介绍

JUnit 是由 Erich Gamma 和 Kent Beck 编写的一个回归测试框架,用于单元级测试。JUnit 框架经历了多次版本升级,目前市场主流版本是 3.8 和 4.x。本节将以 4 版本为例进行测试实践介绍。

JUnit 4 使用 org.junit.* 包。相对 JUnit 3.8 版本,主要改进之一就是提供了对 Annotation(标注)的支持。Annotation 这个单词一般翻译成元数据。元数据是什么?元数据就是描述数据的数据。也就是说,这个东西在 Java 里面可以和 public、static 等关键字一样用来修饰类名、方法名、变量名。修饰的作用及描述这个数据是做什么用的?差不多和 public 描述这个数据是公有的一样。JUnit 4 常用类和标注如图 11.1 所示。

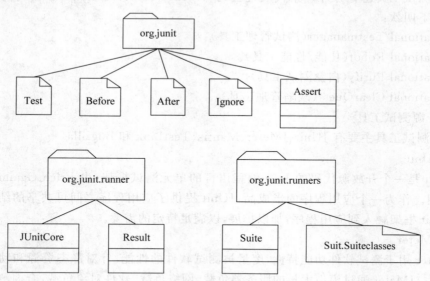

图 11.1 JUnit 常用类和标注

在 JUnit 4 中,标注主要有:@Before、@After、@BeforeClass、@AfterClass、@Test、@TestSuite、@Ignore。可以将这些标注用于以下用途:

- 使用@Test 标识测试,而不使用命名惯例;
- 使用@Before 和@After 标识 setUp 和 tearDown 方法,标识适用于整个测试类的 setUp 和 tearDown 方法。带有@BeforeClass 的方法仅在类中的所有测试方法运行

之前运行一次,带有@AfterClass 的方法仅在所有测试方法运行完之后运行一次;
@BeforeClass 和@AfterClass 这两个标注的搭配可以避免使用@Before、@After
标注的组合在每个测试方法前后都调用的弊端,减少系统开销,提高系统测试速度。
不过,对环境独立性的测试还是应当使用@Before、@After 来完成;
- 标识预期的异常错误;
- 为测试指定超时参数;
- 使用@Ignore 标识应跳过的测试。

创建 Java 类库测试后,会生成该类所有方法的测试方法。JUnit 4 的主要方法和类有:

1）断言
- assertEquals(期望值,实际值)//实际值用被测试方法代替时就是对该方法的测试;
- assertTrue(实际值);
- assert False(实际值)。

此方法使用 JUnit assertTrue 和 assertFalse 方法来测试各种可能的结果。要通过此方法的测试,assertTrue 必须全部为 true,并且 assertFalse 必须全部为 false。要使用断言需要"import static. org. junit. Assert. * "。

2）超时
- @Test(timeout=1000)　//超时被设置为 1000 毫秒,例:

```
@Test(timeout = 1000)
public void testDivide() {//测试代码
}
```

3）异常
- @Test(expected=Exception. class)　//返回异常,例:

```
@Test(expected = Exception.class)
public final void isValidEmailNull() {
EmailCheck. isValidEmail(null);
}
```

4）禁用测试
- @Ignore　//在@Test 上方添加@Ignore 标注来禁用测试。例:

```
@Ignore("还未编写好")
@Test
public void testGetName() {
}
```

5）Suite 类
用于多个类的组合测试,可批量运行测试类,通常称为测试套件。

6）RunWith 类
测试运行器,负责执行所有的测试方法,针对多个类测试组合情况。例:运行 TestJunit 1

和 TestJunit2。程序中的关键语句加粗表示。

```java
import org.junit.runner.RunWith;
import org.junit.runners.Suite;
//JUnit Suite Test
@RunWith(Suite.class)
@Suite.SuiteClasses({
    TestJunit1.class, TestJunit2.class})
public class JunitTestSuite {
}
```

测试类 TestJunit1：

```java
import org.junit.Test;
import org.junit.Ignore;
import static org.junit.Assert.assertEquals;
public class TestJunit1 {

    String message = "Robert";
    MessageUtil messageUtil = new MessageUtil(message);

    @Test
    public void testPrintMessage() {
        System.out.println("Inside testPrintMessage()");
        assertEquals(message, messageUtil.printMessage());
    }}
```

测试类 TestJunit2：

```java
import org.junit.Test;
import org.junit.Ignore;
import static org.junit.Assert.assertEquals;
public class TestJunit2 {

    String message = "Robert";
    MessageUtil messageUtil = new MessageUtil(message);

    @Test
    public void testSalutationMessage() {
        System.out.println("Inside testSalutationMessage()");
        message = "Hi!" + "Robert";
        assertEquals(message, messageUtil.salutationMessage());
    }}
```

7）JUnitCore 类

负责运行测试具体工作。

8）Result 类：

测试收集器，用于收集测试结果概要信息。

例：假设 TestJunit. class 已存在。

```
import org. junit. runner. JUnitCore;
import org. junit. runner. Result;
import org. junit. runner. notification. Failure;
public class TestRunner {
  public static void main(String[ ] args) {
    Result result = JUnitCore.runClasses(TestJunit.class);   //创建实例对象,运行具体测试类
    for (Failure failure : result. getFailures()) {          //测试失败的描述
      System. out. println(failure. toString());
    }
    System. out. println(result. wasSuccessful());
}}
```

一个 JUnit 4 单元测试用例执行顺序为：@BeforeClass @Test @AfterClass。

2．JUnit 4 测试实例

在实际开发中,多数时候利用集成开发环境进行测试,JUnit 也被多个 IDE 集成。下面就用一个简单的实例来说明如何在 Netbeans 中使用 JUnit 4 来进行测试。

对于 JUnit 4 测试,默认情况下 IDE 为 org. junit. Assert. * 添加静态导入声明。

（1）创建一个 Java 应用程序项目,取名叫 JUnitTest。

（2）创建一个 Java 类,取名叫"Account",代码如下,其中的 get 和 set 方法就是要被测试的单元。

```
public class Account {
private int ID;
private String name;
public int getID()
{
 return ID;
  }
 public void setID(int ID)
{
  this. ID = ID;
  }
 public String getName()
{
 return name;
  }
 public void setName(String name)
{
this. name = name;
}
}
```

（3）鼠标右键点击 Account.java 文件，选择"工具"—"创建 Junit 测试"，弹出对话框如图 11.2 所示。

（4）选择"Junit 4.x"，弹出对话框，如图 11.3 所示。

图 11.2　选择 JUnit 版本

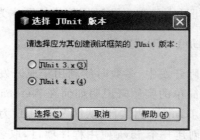

图 11.3　创建测试

单击"确定"按钮，生成单独测试文件，内容如下：

```
/*
 * To change this template, choose Tools | Templates
 * and open the template in the editor.
 */

import org.junit.After;
import org.junit.AfterClass;
import org.junit.BeforeClass;
import org.junit.Test;
import static org.junit.Assert.*;
import org.junit.Before;
/**
 *
 * @author Administrator
 */
public class AccountTest {

    public AccountTest() {
    }
    @BeforeClass
    public static void setUpClass() {
    }
    @AfterClass
```

```
public static void tearDownClass() {
}
@Before
public void setUp() throws Exception {
}
@After
public void tearDown() throws Exception {
}

/**
 * Test of getID method, of class Account.
 */
@Test
public void testGetID() {
    System.out.println("getID");
    Account instance = new Account();
    int expResult = 0;
    int result = instance.getID();
    assertEquals(expResult, result);
    // TODO review the generated test code and remove the default call to fail.
    fail("The test case is a prototype.");
}
/**
 * Test of setID method, of class Account.
 */
@Test
public void testSetID() {
    System.out.println("setID");
    int ID = 0;
    Account instance = new Account();
    instance.setID(ID);
    // TODO review the generated test code and remove the default call to fail.
    fail("The test case is a prototype.");
}
/**
 * Test of getName method, of class Account.
 */
@Test
public void testGetName() {
    System.out.println("getName");
    Account instance = new Account();
    String expResult = "";
    String result = instance.getName();
    assertEquals(expResult, result);
    // TODO review the generated test code and remove the default call to fail.
    fail("The test case is a prototype.");
}
/**
 * Test of setName method, of class Account.
 */
@Test
public void testSetName() {
    System.out.println("setName");
    String name = "";
    Account instance = new Account();
    instance.setName(name);
```

```
        // TODO review the generated test code and remove the default call to fail.
        fail("The test case is a prototype.");
    }
}
```

JUnit4 为每个方法生成一个测试方法原型。

（5）修改测试类——AccountTest 中的测试方法原型，去掉 fail 方法，修改成员变量值，并增加断言。修改如下所示。

```
/ *
 * To change this template, choose Tools | Templates
 * and open the template in the editor.
 */
import org.junit.After;
import org.junit.AfterClass;
import org.junit.BeforeClass;
import org.junit.Test;
import static org.junit.Assert.*;
import org.junit.Before;
/**
 * @author Administrator
 */
public class AccountTest {
    public AccountTest() {
    }
    @BeforeClass
    public static void setUpClass() {
    }
    @AfterClass
    public static void tearDownClass() {
    }
    @Before
    public void setUp() throws Exception {
    }
    @After
    public void tearDown() throws Exception {
    }
    /**
     * Test of getID method, of class Account.
     */
    @Test
    public void testGetID() {
        System.out.println("getID");
        Account instance = new Account();
        int expResult = 100;
        instance.setID(100);
        int result = instance.getID();
        assertEquals(expResult, result);
        // TODO review the generated test code and remove the default call to fail.
        //fail("The test case is a prototype.");
    }
    /**
```

```
         *  Test of setID method, of class Account.
         */
        @Test
        public void testSetID() {
            System.out.println("setID");
            int ID = 0;
            Account instance = new Account();
            instance.setID(ID);
            // TODO review the generated test code and remove the default call to fail.
            // fail("The test case is a prototype.");
        }
        /**
         *  Test of getName method, of class Account.
         */
        @Test
        public void testGetName() {
            System.out.println("getName");
            Account instance = new Account();
            String expResult = "lixh";
            instance.setName("lixh");
            String result = instance.getName();
            assertEquals(expResult, result);
            // TODO review the generated test code and remove the default call to fail.
            //fail("The test case is a prototype.");
        }
        /**
         *  Test of setName method, of class Account.
         */
        @Test
        public void testSetName() {
            System.out.println("setName");
            String name = "";
            Account instance = new Account();
            instance.setName(name);
            // TODO review the generated test code and remove the default call to fail.
            //fail("The test case is a prototype.");
        }
}
```

测试中,使用了 assertEquals 方法。要使用断言,需要提供输入变量和预期的结果。在运行被测试的方法时,要通过测试,测试方法必须根据提供的变量成功返回所有预期的结果。

(6) 运行测试文件:鼠标在编辑区域右键,选择"测试文件"选项,如图 11.4 所示。或者,选择菜单栏上"运行"→"测试主项目",如图 11.5 所示。

测试执行结果如图 11.6 所示。Netbeans 提供通过的进度栏提示,结果提示栏为绿色表示测试全部通过;结果提示栏部分绿色+部分红色表示测试部分通过;结果提示栏全部为红色表示测试全部未通过。

如果将预期的 name 变量值改成 String expResult = "lixh",执行测试,结果如图 11.7 所示。

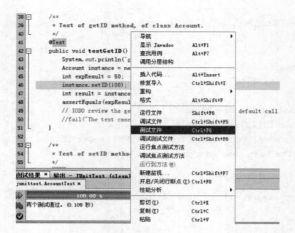

图 11.4　测试文件 1

图 11.5　测试文件 2

图 11.6　测试结果 1

图 11.7 测试结果 2

11.3.3 性能测试工具实例——LoadRunner

LoadRunner 是 Mercury Interactive 的一款性能测试工具,也是目前应用最为广泛的性能测试工具之一。该工具通过模拟上千用户实施并发负载,实时监控系统的行为和性能方式来确认和查找问题。本节以 LoadRunner 11.5 版本为例进行介绍。

1. LoadRunner 11.5 简介

1) LoadRunner 11.5 工具组成

LoadRunner 11.5 工具主要由 Virtual User Generator、Controller 及 Analysis 三大模块组成。这三大模块既可以作为独立的工具分别完成各自的功能,又可以与其他模块彼此配合共同完成软件性能的整体测试。

- Virtual User Generator(VuGen)模块。中文名称为虚拟用户发生器,实质为一个集成开发环境,它通过录制的方式记录用户的真实业务操作,并可将"所记录的操作"转化为脚本(用户可根据实际需要对脚本进行修改和二次开发)。运行脚本可"再现"相应的操作,脚本将是负载测试的基础。
- Controller 模块。中文名称为压力调度和监控中心,用于创建、运行和监控场景。Controller 可以依据 VuGen 提供的脚本模拟出大量用户真实操作的场景,即设计并模拟"哪些人、什么时间、什么地点、做什么以及如何做"的场景。同时,参照上述设计,运行场景并实时进行监控。最终,收集整理测试数据。
- Analysis 模块。中文名称为压力结果分析工具,用于展现 Controller 收集到的测试结果,便于进行结果和各项数据指标分析、联合比较等,从而定位系统性能瓶颈。

除了上述三大模块外,还有一个 LoadRunner 11.5 组件需特别说明,即 Load Generator,其中文名称为压力产生器。它通过运行虚拟用户产生真实的负载。例如,当 Controller 中设计要模拟 3000 个用户进行访问服务器的操作且当前计算机由于配置较低或其他原因,不能独立支持这一数量级的虚拟用户的操作时,Controller 可通过使用其他计算机来分担部分虚拟用户,从而达到顺利测试的目的。这些被调用来分担压力的计算机即 Load Generator。

2) LoadRunner 11.5 工具原理

前面介绍了 LoadRunner 11.5 的主要组成,如图 11.8 所示,显示了这些构成部分之间是如何配合开展工作的,如图 11.9 所示,显示了 LoadRunner 11.5 的工作原理,从图中可以看出 LoadRunner 11.5 进行了一次典型的系统性能测试。

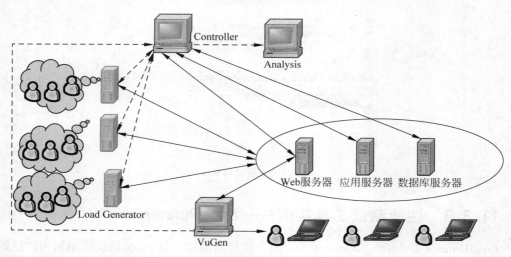

图 11.8　LoadRunner 组成

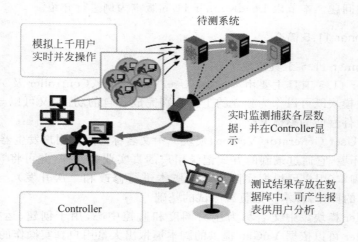

图 11.9　LoadRunner 工作原理图

下面以 2000 个用户同时登录 Web 系统的登录操作性能为例,对 LoadRunner 11.5 的工作原理进行说明。

一个用户执行登录的操作过程,实质是客户端向服务器发送请求,服务器接受请求后进行请求处理并返回响应,客户端接收响应这样一个过程。2000 个用户同时登录 Web 系统这一过程,即 2000 个用户同时向 Web 系统发送访问请求,Web 系统处理并进行响应,2000个用户接收响应。使用 LoadRunner 11.5 进行自动化测试的大致过程如下:

(1) 对"一个用户执行登录操作"的过程进行录制。登录操作完成后 VuGen 依据对捕获信息的分析,将其还原成对应协议的 API 脚本,并将脚本插入到 VuGen 编辑器中,以创建原始的 Vuser 脚本。

(2) VuGen 生成操作脚本后,利用 Controller 完成场景设计、运行与监控等后续操作。

基于本测试实例,Controller 完成的工作如下所述:

- 从 VuGen 生成的很多脚本中,选择本次测试所需的登录脚本(即做什么);
- 模拟 2000 个虚拟用户(即哪些人);
- 添加两台机器作为 Load Generator,且每台 Load Generator 分担 1000 个虚拟用户(即什么地点);
- 以每 2 秒加载 5 个用户的方式(即如何做),于晚上 7 点(即什么时间)开始执行脚本;
- 上述场景设计完毕,并配置好服务器端相关设置后,在开始运行场景的同时进行实时监控;
- 场景结束时,各 Load Generator 上的日志被下载回 Controller。监控过程收集到的各项性能指标数据也被收回到 Controller 中;
- 结果查看分析工具 Analysis 可接收到 Controller 中收集整理好的各类数据。通过对比查看,或者通过相应的高级设置,从而进一步分析测试结果。

3)LoadRunner 11.5 测试流程

基于上述 LoadRunner 11.5 工作原理,工作流程如图 11.10 所示,可描述如下。

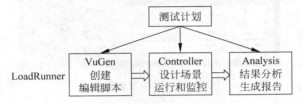

图 11.10 LoadRunner 工作流程

- 计划测试。

定义性能测试要求,例如,并发用户数量、典型业务流程和所需响应时间等。

- 创建 VuGen 脚本。

将最终用户活动捕获(录制、编写)到脚本中,并对脚本进行修改、调试等。

- Controller 创建场景。

对 VuGen 脚本进行场景设计和负载环境设置。

- Analysis 进行结果分析。

对收集的各项性能数据进行分析,生成报告。

2. LoadRunner 11.5 测试实例

前面介绍了 LoadRunner 的工作原理,这里将从实践的角度介绍 LoadRunner 11.5 的使用。下面通过对 LoadRunner 11.5 自带的样例程序 Web Tours 进行负载测试来说明。

Web Tours 是基于 Web 的飞机订票系统,用户通过访问这一系统,可进行注册、登录、搜索航班、预订机票及查看航班路线等操作。

使用 Web Tours 前,需要启动自带的 Web 服务器,过程如下:选择"开始"→"程序"→ HP Software→HP LoadRunner→Samples→Start Web Server 命令,如图 11.11 所示,即可启动 Web 服务器。

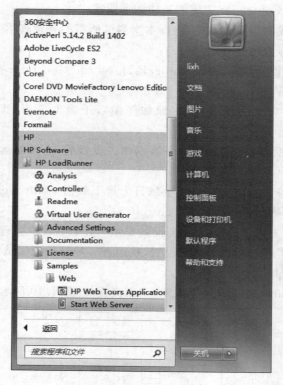

图 11.11　Web 服务器启动

　　Web 服务器启动后,即可启动 HP Web Tours 应用程序。选择"开始"→"程序"→HP Software→HP LoadRunner→Samples→HP Web Tours Application 命令,浏览器将打开 Web Tours 主页,如图 11.12 所示。

图 11.12　Web Tours 主页面

下面,以对 HP Web Tours Application 的登录和退出操作进行测试为例,演示 LoadRunner 测试的一般流程。

(1)选择"开始"→"程序"→HP Software→HP LoadRunner→Virtual User Generator 命令,启动虚拟用户生成器,如图 11.13 所示。

图 11.13 虚拟用户生成器首页

(2)创建脚本。单击 图标,进入选择协议对话框,如图 11.14 所示。本次测试对象为基于 Web 的应用程序,因此选择 Web(HTTP/HTML)协议。

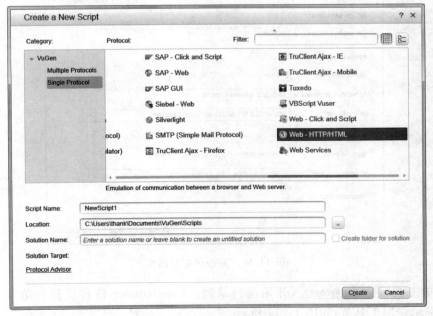

图 11.14 协议选择对话框

（3）单击协议选择对话框上的 Create 按钮，进入如图 11.15 所示对话框，单击 ● 图标，弹出开始录制对话框，如图 11.16 所示，在 URL Address 框中输入 Web Tours Application 的网址，其余保持默认。

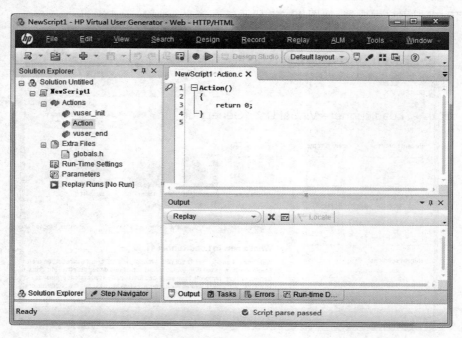

图 11.15　脚本创建完成

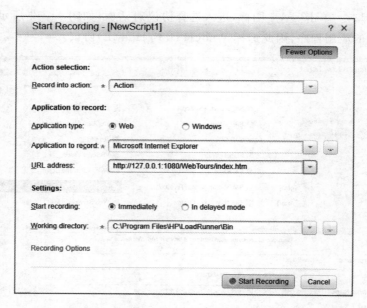

图 11.16　开始录制对话框

（4）单击按钮 ● Start Recording ，开始进行录制。LoadRunner 将自动打开第 3 步给出的 URL，并显示录制工具条，如图 11.17 所示。

图 11.17 Web Tours 登录录制

（5）在已打开的登录窗口中，进行如下操作：

第一步，输入账号 jojo、密码 bean，单击 login 按钮，进入飞机订票系统主页；

第二步，在飞机订票系统主页中，单击 Sign Off 退出系统。

（6）结束录制。单击录制工具条上的停止按钮 ，结束录制操作。前面提到，第 5 步所做的操作将被录制成"脚本"，录制结束后，该脚本将在 VuGen 中显示，如图 11.18 所示。将脚本以文件名 login 保存。

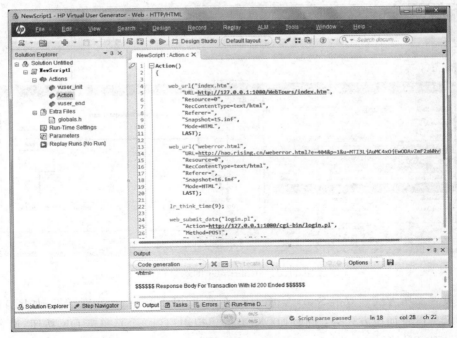

图 11.18 VuGen 生成的脚本

（7）在 VuGen 中，如图 11.19 所示，选择菜单 Tools，创建场景。弹出的对话框如图 11.20 所示。设置 10 个虚拟用户，其余保持不变。

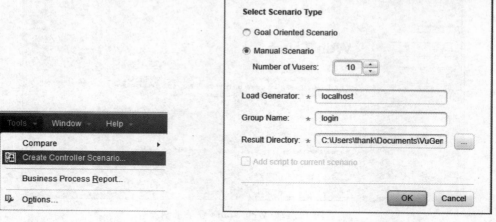

图 11.19　Controller

图 11.20　创建场景对话框

（8）单击 OK 按钮，进入 Design 模式，系统自动打开 Controller，开始进行场景设计，如图 11.21 所示。

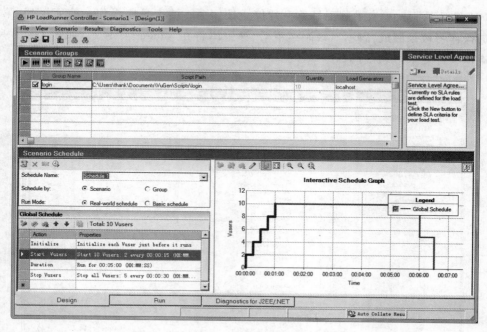

图 11.21　Controller 的场景设计

- 设置加压方式。双击 Start Vusers 所在行，打开 Edit Action 对话框，如图 11.22 所示。设置加压方式为：同时加载所有的虚拟用户（10 个），单击 OK 按钮，设置成功。
- 设置场景持续运行时间。双击 Duration 所在行，打开 Edit Action 对话框，如图 11.23

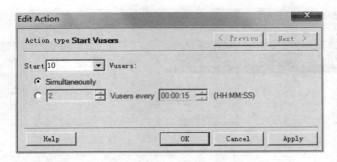

图 11.22　加压方式设置

所示。设置场景运行时间为运行 5 分钟结束，单击 OK 按钮，设置成功。

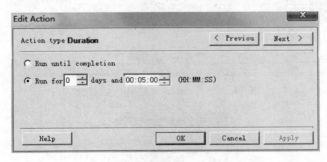

图 11.23　场景持续运行时间设置

- 设置减压方式。双击 Stop Vuser 所在行，打开 Edit Action 对话框，如图 11.24 所示。设置减压方式为所有虚拟用户同时退出场景。其他暂时不做调整，保持默认。

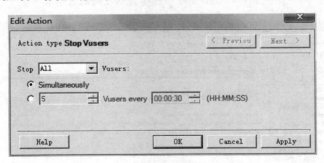

图 11.24　减压方式设置

（9）在 Design 标签页下的 Scenario Groups 区域单击按钮 ▶，开始运行场景，如图 11.25 所示。

（10）场景运行结束后，Controller 启动场景前，默认选中菜单项 Results 下的自动收集测试结果，如图 11.26 所示，所以单击按钮 时会打开 Analysis 工具，可以进行测试结果分析，如图 11.27 所示。在 Analysis 中可以得出分析概要报告，显示场景运行情况的一般信息，对判断是否需要深入分析性能测试结果图有重要作用。另外，Analysis 提供了丰富的图供用户进行性能测试结果分析，包括虚拟用户图、事务图、Web 资源图等。

（11）最后保存结果，关闭"测试结果"窗口。

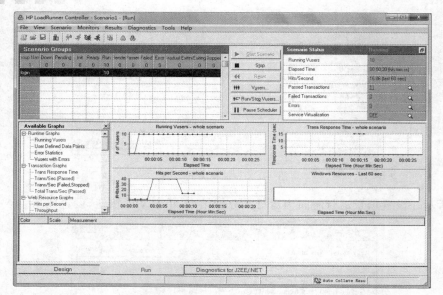

图 11.25　Controller 的 Run 标签页

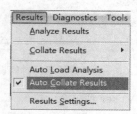

图 11.26　Controller 中选中自动收集测试结果

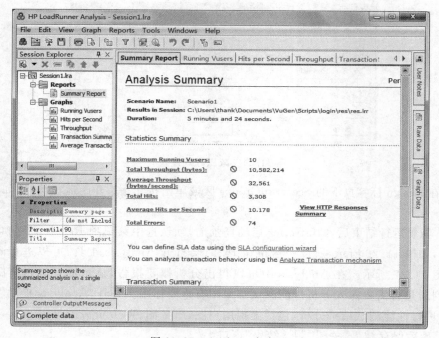

图 11.27　Analysis 主窗口

11.3.4 功能测试工具实例——QTP

1. QTP 介绍

QTP 是 Quick Test Professional 的简称,是 HP Mercury 研发的一种自动化测试工具,用于创建功能和回归测试。它能自动捕获、验证和重放用户的交互行为。

QTP 默认支持对以下类型的应用程序进行自动化测试:

- 标准 Windows 应用程序,包括基于 Win32 API 和 MFC 的应用程序;
- Web 页面;
- ActiveX 控件;
- Visual Basic 应用程序。

在加载额外插件的情况下,支持对以下类型的应用程序进行自动化测试:

- Java 应用程序;
- Oracle 应用程序;
- SAP;
- .NET 控件,包括.NET Windows Form、.NET Web Form、WPF;
- Siebel;
- PeopleSoft;
- Web 服务(Web Services);
- 终端仿真程序(Terminal Emulators)。

QTP 的测试流程包括 7 个主要阶段。

(1) 准备录制。确认被测试程序和 QTP 已按测试要求设置。

(2) 录制被测试程序上的会话。浏览被测试程序或网站时,QTP 会把用户执行的每个步骤图形化显示为关键字视图中的一行。

(3) 增强测试。通过在测试中插入检查点可以搜索页面、对象或文本字符串中的特定值,这有助于确定应用程序或网站是否正常运行。

(4) 调试测试。调试测试确保测试可以流畅而无中断地运行。

(5) 运行测试。运行测试检查应用程序或网站的行为。运行开始时,QTP 打开应用程序或链接到指定网站,并执行测试中的每一个步骤。

(6) 分析测试结果。检查测试结果以便确定应用程序或网站的缺陷。

(7) 报告缺陷。如果已安装了 Quality Center,则可以将发现的缺陷报告给数据库。Quality Center 是 Mercury 的软件测试管理工具。

2. QTP 实例

下面以 QTP 自带的 Flight Reservation 程序的登录功能为例,讲解使用 QTP 进行登录自动化功能测试的过程。

登录测试大致过程如下:

(1) 设计好测试用例,通过测试用例进行测试。

(2) 录制脚本,录制用户登录过程,保存脚本。

（3）增强脚本，将登录用户名和密码参数化。

（4）在 QTP 的 Datatable 中创建一个预期值列表 status。

（5）按照测试用例的设计，在 Datatable 中填写用户名、密码及预期值。

（6）切换到 QTP 的 Expert View，修改脚本，创建一个表示 Datatable 行号的变量。

（7）使用 for 语句，使得在测试时能自动读取每一行中的用户名和密码。

（8）在脚本中插入检查点，输出系统的实际提示信息，并将该输出值保存在 Datatable 中 Action1 的列。

（9）定义一个读取系统实际提示信息的变量 outputvalue，将系统实际提示信息赋给变量 outputvalue。

（10）运行增强后的脚本，得到测试结果。

按照以上过程，针对 Flight Reservation 程序进行登录自动化测试。登录模块的输入条件：用户名和密码。按照需求有以下几种情况：

（1）当用户什么也没输入，直接单击 OK 按钮，是否提示 Please enter agent name。

（2）当用户输入正确的用户名：mercury，没输入密码，直接单击 OK 按钮，是否提示 Please enter password。

（3）当用户输入正确的用户名：mercury，输入密码：as，直接单击 OK 按钮，是否提示 Password must be at least 4 characters long。

（4）当用户输入正确的用户名：mercury，输入密码：asdf，直接单击 OK 按钮，是否提示 Incorrect password. Please try again。

（5）当输入正确的用户名：mercury，密码：mercury 时，单击 OK 按钮是否进入操作界面。

注意：对登录模块进行测试时，尽可能全面地测试登录功能的正常和异常情况。

使用 QTP 进行 Flight Reservation 的登录自动化测试，操作步骤如下：

（1）安装 QTP 后，选择"开始"→"所有程序"→QTP 命令运行，弹出对话框如图 11.28 所示。

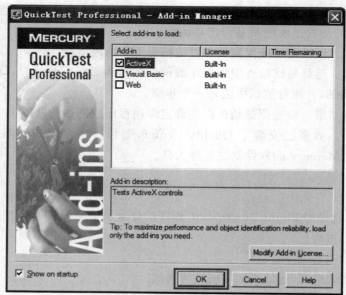

图 11.28　启动 QTP

（2）选择 ActiveX 选项，单击 OK 按钮，QTP 开始运行，弹出如图 11.29 所示的对话框。

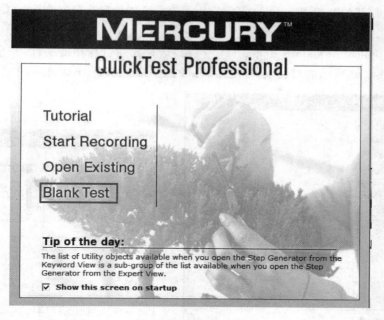

图 11.29 运行 QTP

（3）选择 Blank Test 选项，新建一个测试，如图 11.30 所示。

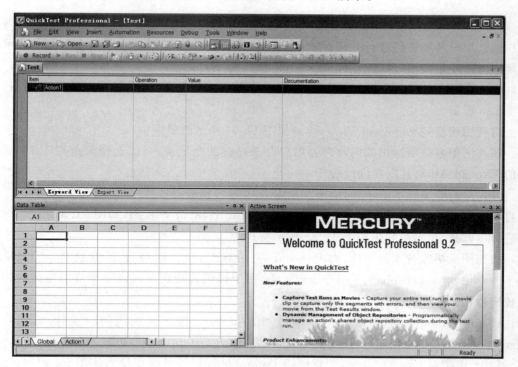

图 11.30 新建测试

（4）单击工具栏上的 Record 按钮，弹出窗口如图 11.31 所示。第一种是录制并且运行测试任何一个打开的基于 Windows 下的应用程序；第二种只是录制和运行 QTP 软件中打开的应用程序。

（5）在 Application details 中单击"＋"按钮，选择要执行程序的文件，并单击"确定"按钮，弹出如图 11.32 所示的对话框，指定要测试的应用程序及工作目录后，单击 OK 按钮。

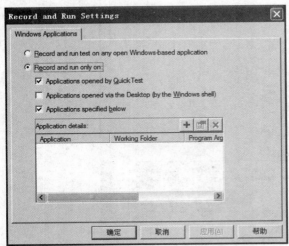

图 11.31　录制设置

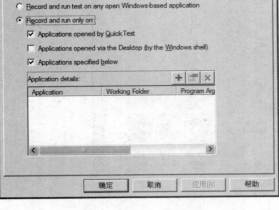

图 11.32　选择录制程序

（6）单击"确定"按钮，QTP 开始录制，即：自动打开 Flight Reservation 登录程序，等待用户输入用户名和密码进行登录。输入之前已设计好的测试用例。回到 QTP 环境，单击工具栏上的停止按钮，录制结束。

（7）录制结束，QTP 会自动生成操作过程的脚本。QTP 脚本使用 VB 语言编写，如图 11.33 所示。

将视图切换到 Keyword View，得到如图 11.34 所示的界面。

该视图中方框所标出的内容即为用户登录过程的全记录，可以选择菜单栏 View 选项下的 Expand All 对其内容进行展开。

（8）为了增加脚本的重用性，下面对登录用户名和密码参数化（即定义变量，目的是进行自动化测试）。单击 Agent Name 行，在 Value 列中，单击图标，如图 11.35 所示，可对其进行参数化，单击后弹出如图 11.36 所示窗口。

按照图示更改各项。同样，对 Password 进行修改，会发现 QTP 界面的 Data Table 增加了两个值。Data Table 就是一个 Excel 表，用于提供自动化测试脚本所需的输入数据或者校验数据。

（9）在 Datatable 中创建一个预期值列表 status。按照测试用例的设计，将用户名 agentname，密码 password 及预期值 status 的值填入 Datatable 中，如图 11.37 所示。

（10）切换到 Expert View，创建标识 Datatable 标识行号的变量 i，使用 for 语句，QTP 在测试时能自动读取每一行中的用户名和密码。

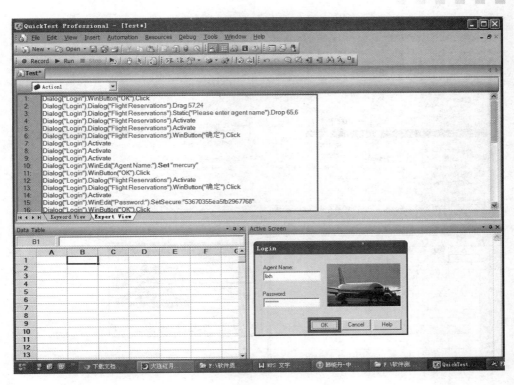

图 11.33　录制程序生成脚本

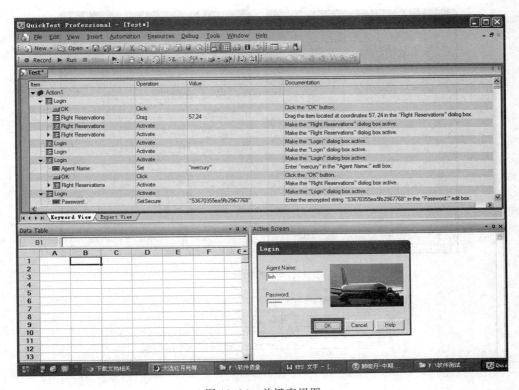

图 11.34　关键字视图

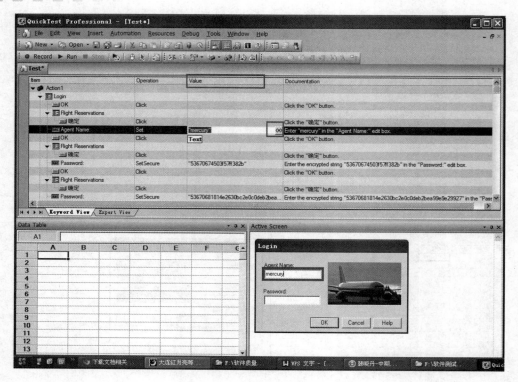

图 11.35 参数化窗口 1

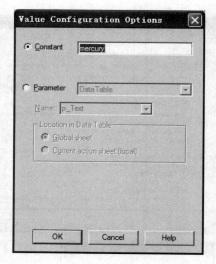
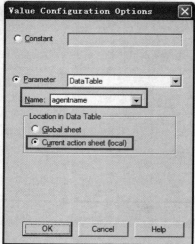

图 11.36 参数化窗口 2

	agentname	password	status
1	mercury		Please enter password
2			Please enter agent name
3	mercury	123	Password must be at least 4 characters long
4	mercury	12345	ncorrect password. Please try again
5	mercury	mercury	
6			

图 11.37 Datatable 输入测试用例

（11）切换到 Keyword View，在图 11.38 框图内右击，选择插入输出值（设置插入点时可使用鼠标右击，选择插入点对象，如图 11.39 所示），输出系统的实际提示信息，并将该输出值保存在 Datatable 中 Action1 标签页对应的列。

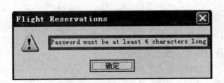

图 11.38　选择插入值

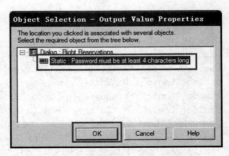

图 11.39　识别插入区对象

单击 OK 按钮，弹出窗口如图 11.40 所示。

单击对话框中 Modify 按钮，弹出如图 11.41 所示的窗口，对其参数进行修改。

图 11.40　设置输出值　　　　　　　　　　　图 11.41　修改输出值

单击 OK 按钮，Data Table 增加一列 outmsg，如图 11.42 所示。

	agentname	password	status	outmsg	E	F
1	mercury		Please enter password			
2			Please enter agent name			
3	mercury	123	Password must be at least 4 characters long			
4	mercury	12345	Incorrect password. Please try again			
5	mercury	mercury				
6						
7						
8						
9						
10						

图 11.42　Data Table 列表

（12）切换到 Expert View，编辑脚本，定义一个读取实际输出值的变量 outputvalue，定义一个预期的变量 istatus，获取两个变量的值，判断两个值是否相等，并输出相应信息。VB 代码编写如下所示：

```
Dim i
Dim outputvalue                              '定义变量实际得到的输出
Dim istatus                                  '定义变量预期得到的输出
For i = 1 to datatable.GetSheet("Action1").getrowcount
Dialog("Login").WinEdit("Agent Name:").Set DataTable("agentname",dtLocalSheet)
Dialog("Login").WinEdit("Password:").SetSecure DataTable("password",dtLocalSheet)
Dialog("Login").WinButton("OK").Click
If Dialog("Login").Dialog("text: = Flight Reservations").Exist Then
Dialog("Login").Dialog("Flight Reservations").Static("Password must be at least 4
characters long").Output CheckPoint("Password must be at least 4 characters long_2")
    'Dialog("Login").Dialog("Flight Reservations").Static("Password must be at least 4
characters long").Check CheckPoint("Password must be at least 4 characters long")
    Dialog("Login").Dialog("Flight Reservations").WinButton("确定").Click
End If
'Dialog("Login").WinEdit("Password:").SetSecure
"53688aee3849a82da7578e2618c7e8c2bd4ac450"
'Dialog("Login").WinButton("OK").Click
outputvalue = datatable("outmsg",dtlocalsheet)  '获取该次循环的实际输出
istatus = datatable("status",dtlocalsheet)      '获取该次循环的预期输出
If outputvalue <> istatus Then
    Reporter.ReportEvent micFail,"登录测试","实际的: " + outputvalue + "预期的: " + istatus +
"不相同!" '报错
    else
    Reporter.ReportEvent micPass,"登录测试","实际的: " + outputvalue + "预期的: " + istatus +
"相同!" '报对
End If
datatable.GetSheet("Action1").setnextrow '获取下一行测试用例
Next
Window("Flight Reservation").Close
```

保存脚本。

单击工具栏 Run 按钮，弹出的对话框如图 11.43 所示，单击"确定"按钮，开始自动运行脚本。

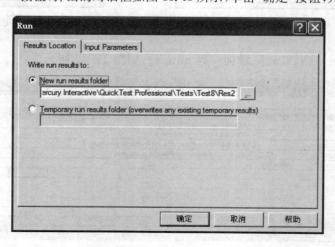

图 11.43　运行脚本

（13）运行完毕，会弹出测试结果分析报告窗口，如图 11.44 所示。

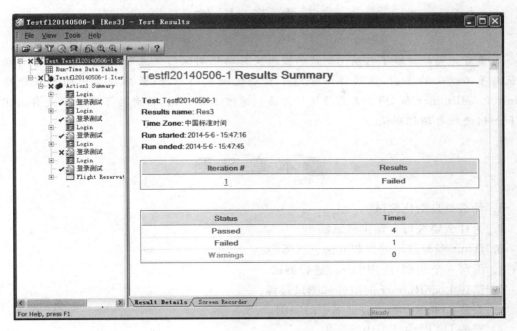

图 11.44　测试结果

左侧属性控件记录每次操作的详细过程，可展开查看详细信息。单击右侧某项，右侧显示该操作的具体信息，如图 11.45 所示。

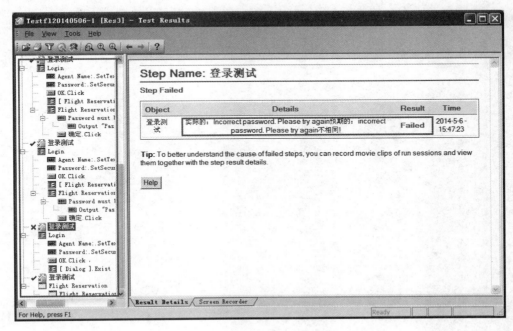

图 11.45　详细测试结果

☞**本 章 小 结**

　　本章首先简单讲解了自动化测试的概念及自动化测试的优点和局限性，介绍了自动化测试与手工测试的区别，然后详细介绍了自动化测试的原理，最后以实例的形式介绍了JUnit、LoadRunner 和 QTP 工具的使用方法。通过本章介绍，读者能了解什么是自动化测试和如何进行自动化测试。

✔**本 章 习 题**

1. 什么是自动化测试？
2. 为什么要进行自动化测试？
3. JUnit 框架常用的类和方法包括哪些？
4. 编写一个实例，运用 JUnit 进行测试。
5. 试述 LoadRunner 的组件和测试过程。
6. 安装 LoadRunner，验证书中的实例。
7. 安装 QTP，验证书中的实例。

软件测试相关文档模板

1．测试文档的写作

测试文档是对要执行的软件测试及测试的结果进行描述、定义、规定和报告的任何书面或图示信息。由于软件测试是一个很复杂的过程，同时也涉及软件开发中其他阶段的一些工作，因此，必须把对软件测试的要求、规划、测试过程等有关信息和测试的结果，以及对测试结果的分析、评价，以正式的文档形式写出来。

测试文档对于测试阶段工作的指导与评价作用是非常明显的。需要特别指出的是，在已开发的软件投入运行的维护阶段，常常还要进行再测试或回归测试，这时还会用到测试文档。测试文档的编写是测试管理的一个重要组成部分。

2．测试文档的写作目的

测试文档写作可以提高测试工作的整体水平，对软件产品测试过程中发现的问题进行分析，为开发人员以后的修改、升级提供一个预防问题的依据，通过测试文档总结测试阶段工作，积累测试经验。

3．测试文档的写作要求

测试文档写作时要重点注意如下 14 点。

（1）针对性。

测试文档写作应分不同对象、不同类型、不同层次。

- 对于面向管理人员和用户的文档，不应像开发文档（面向软件开发人员）那样过多地使用软件的专业术语；
- 开发文档使用的专业词汇未被广泛认知的，应添加注释进行说明；
- 缩写词未被广泛认知的，应在其后添加注释。

（2）正确性。

正确性包括以下 4 点。

- 没有错字、漏字；
- 文档间引用关系正确；
- 图、表准确且清晰；
- 文档细节正确。

（3）准确性。

准确性包括以下 4 点。

- 意思表达准确清晰，没有二义性；
- 避免使用比较性词语，如"提高"，应定量说明提高程度；
- 避免使用模糊、主观的术语，减少不确定性，如"界面友好、操作方便"；
- 正确使用标点符号，避免产生歧义。

（4）完整性。

完整性包括以下两点。

- 意思表达完整，语句通顺；
- 不遗漏软件测试的要求和有关信息。

（5）简洁性。

简洁性包括以下 4 点。

- 尽量不要采用较长的句子来描述，无法避免时，应注意使用正确的标点符号；
- 力求简洁明了，每个意思只在文档中表达一次；
- 句子简短完整，具有正确的语法、拼写和标点；
- 每个陈述语句，只表达一个意思。

（6）统一性。

统一性包括以下 3 点。

- 统一采用专业术语和项目规定的术语集；
- 同一个意思和名称，前后描述的用语要一致；
- 文档前后使用的字体要统一。

（7）易读性。

易读性包括以下 3 点。

- 文字描述要通俗易懂；
- 前后文关联词使用恰当；
- 文档变更内容用不同颜色与上个版本区别开来。

（8）图表。

凡文字能说明的内容尽量不用表和图，正文、表、图三者中的数据不应重复。统计表应另外用纸绘出附在稿件中，以便于审阅。表或图应各有表题、图题，同时必须有相应的表序号和图序号。

（9）名词使用。

文中使用的名词应注意全稿前后统一，必须使用全国自然科学、社会科学名词委员会公布的各科名词，所用专用名词不要随意缩写，如所用名词过长，而文中又需多次使用，则应在第一次引用时在全名后加圆括号注明缩写。

（10）计量单位。

使用我国的法定计量单位。标点符号、数字用法等均按家标准执行。

（11）标题序号。

可按四级小标题的格式写：一、（一）、1、（1）；一级标题另起段，正文另起段；二级、三级、四级小标题另起段，但正文接排；正文内序号用①、②等。

（12）标题字体。

可使用比正文大 1～2 号的字与变化了的字体（黑体）来排列，上空 2～3 行，下空 1～2 行。

（13）署名。

接标题下一行，一般写上"××单位课题组"，在右上角打上一个"＊"，然后在首页文末划一横线下面加注，也注上"＊"号相呼应。加注时要标明课题的级别、性质、归属、立题年份、负责人姓名、成员（顾问）姓名、研究报告的撰写者以及一些谢词。也可单独列一页，或放置正文末尾括号中，将具体的工作与成员予以说明。

（14）内容摘要和关键词。

内容摘要是对研究报告中所描述的背景、采用的主要方法、形成的结论与提出的新见解的简要说明，以 100～300 字为宜，接着"××单位课题组"空 1～2 行，其中"内容摘要"用中括号，变字体。

测试文档写作主要是用事实说明问题，材料力求具体典型、翔实可靠、格式规范。要求通过有关资料、数据及典型事例的介绍和分析，总结经验、找出规律、指出问题、提出建议。

4．常用的测试文档

常用的测试文档如附录表 A.1 所示。

附录表 A.1　常用的测试文档表

文档项目		所属机构				编号				
文档题目	编写人	日期	页数	版本	审核	日期	评审	日期	批准	日期
1．测试大纲										
2．软件测试计划										
3．测试任务说明书										
4．测试需求说明书										
5．单元测试										
6．代码检查										
7．程序错误报告										
8．程序设计										
9．测试用例										
10．软件测评										
11．功能测试										
12．性能测试										
13．可靠性测试										
14．集成测试										
15．系统测试										
16．验收测试										
17．测试分析报告										
18．测试总结										
19．Web 测试										
20．软件安全性测试										
21．源代码管理										
22．配置管理										
外部		内部		机密			高级机密			
备注										

附录 A.1　代码审查单

检查大项	检 查 小 项	是/否
编程风格检查	按照代码编写规范,该缩进的地方(如配对出现的语句、嵌套的 IF 语句、类声明定义等)是否已正确地缩进?	☐
	程序代码布局结构清楚吗?	☐
	注释准确并有意义吗? 在每一个模块之前,是否有注释说明,描述该模块的输入/输出、参数、功能处理和其调用的外部模块以及该模块是否有使用限制等?	☐
	是否有多余的资源定义和宏定义?	☐
	头文件是否使用了 ifndef/define/endif 预处理块?	☐
	程序结构和模块功能定义清楚吗?	☐
	是否遵循该语言的指令编写格式?	☐
	注释的行数不少于代码总行数的 1/5 吗?	☐
	注释说明和代码功能一致吗?	☐
	错误处理分支信息表达清楚吗?	☐
	每一个模块单元的圈复杂度都小于 10 吗?	☐
	模块内做到了高内聚、模块之间达到了低耦合吗?	☐
	模块的扇出数不超出 7~9 之间吗?	☐
	屏蔽了没有明确含义的输入和按键吗?	☐
	常量、变量、类、数据结构等命名有意义吗?	☐
函数接口检查	实参和形参的个数、属性和次序一致吗?	☐
	对另一个模块的每一次调用,全部所需的参数是否已传送给每一个被调用的模块? 被传送的参数值是否正确设置?	☐
	函数功能是否齐全?	☐
	函数返回值类型正确吗?	☐
	return 语句是否返回指向"栈内存"的"指针"或者"引用"?	☐
	函数的返回值是否全面反应了各种状态和结果?	☐
程序语言检查	动态链接库和外部设备接口驱动程序使用正确吗?	☐
	动态分配的指针是否在不使用之后删除,并释放内存?	☐
	调用类成员函数或 API 函数时,检查了返回值吗?	☐
	文件、数据库和注册表等打开后,在对其进行操作之后是否进行了关闭?	☐
	对于使用附带例外的函数是否增加了例外处理程序? 如对数据库或文件操作。	☐
	变量的数据类型定义是否合理?	☐
	程序中是否出现相同的局部变量和全部变量?	☐
	数据类型转换使用了正确的转换函数并转换正确吗?	☐
	是否使用了只用于调试版本的函数、宏等?	☐
	有多个线程的程序中,资源分配是否合理,会不会造成死锁?	☐
	在使用 GDI 对象后是否进行删除?	☐
	变量的作用域和生命期是否满足设计的目的?	☐
	表达式中运算优先级是否正确?	☐
	是否忘记写 switch 的 default 分支?	☐
	使用 goto 语句时是否留下隐患? 例如跳过了某些对象的构造、变量的初始化、重要的计算等。	☐
	Case 语句的结尾是否忘了加 break?	☐
	如果有运算符重载,则检查运算符重载是否正确?	☐

续表

检查大项	检查小项	是/否
类检查	类封装是否合理,检查成员函数和成员变量的访问属性是否满足操作要求?	☐
	外部可以修改类的行为吗?	☐
	内联函数代码足够小吗?	☐
	多重继承中,虚拟函数定义明确吗?	☐
	继承类和自定义类所封装的函数和过程是否合理? 类的功能是否详细,全面?	☐
	是否使用了合理的类? 查看该类使用时需要注意的问题。	☐
	是否违背编程规范而让 C++编译器自动为类产生四个默认的函数: (1) 默认的无参数构造函数;(2) 默认的拷贝构造函数;(3) 默认的析构函数; (4) 默认的赋值函数。	☐
	构造函数中是否遗漏了某些初始化工作?	☐
	是否正确地使用构造函数的初始化表?	☐
	析构函数中是否遗漏了某些清除工作?	☐
	是否错写、错用了复制构造函数和赋值函数?	☐
	赋值函数一般分四个步骤: (1) 检查自赋值;(2) 释放原有内存资源;(3) 分配新的内存资源,并复制内容; (4) 返回 * this。 是否遗漏了重要步骤?	☐
	是否违背了继承和组合的规则? (1) 若在逻辑上 B 是 A 的"一种",并且 A 的所有功能和属性对 B 而言都有意义,则允许 B 继承 A 的功能和属性。 (2) 若在逻辑上 A 是 B 的"一部分"(a part of),则不允许 B 从 A 派生,而是要用 A 和其他东西组合出 B。	☐
内存检查	是否忘记为数组和动态内存赋初值?(防止将未被初始化的内存作为右值使用)	☐
	数组或指针的下标是否越界?	☐
	动态内存的申请与释放是否配对?(防止内存泄漏)	☐
	是否有效地处理了"内存耗尽"问题?	☐
	是否修改"指向常量的指针"的内容?	☐
	每个域是否已有正确的变量类型声明?	☐
	存储区重复使用吗? 可能出现冲突吗?	☐
	用 malloc 或 new 申请内存之后,是否立即检查指针值是否为 NULL?(防止使用指针值为 NULL 的内存。)	☐
	是否出现野指针? 例如: (1) 指针变量没有被初始化。 (2) 用 free 或 delete 释放了内存之后,忘记将指针设置为 NULL。	☐
	未使用的内存中的内容是否影响系统安全? 处理是否得当?	☐
测试和转移检查	是否进行了浮点数相等比较?	☐
	测试条件逻辑组合正确吗?	☐
	逻辑"或"中一个条件满足就执行对其他逻辑表达式有影响吗?	☐
	用于测试的是正确的变量吗?	☐
	每个转移目标正确并至少执行一次吗?	☐
	三种情况(大于 0,小于 0,等于 0)是否已全部测试? 边界值是否进行了测试?	☐
	循环语句是否有正常跳出循环的条件吗? 是否会出现死循环? break 和 continue 语句使用正确吗?	☐

续表

检查大项	检查小项	是/否
性能检查	逻辑是否是最佳的编码？	☐
	提供的是一般的错误处理还是异常的例程？	☐
	对屏幕输出操作，是否达到了最快的刷新速度？效率是否为最佳？需部分刷新区域的地方是否进行了全部刷新？	☐
	有无可优化的程序块、函数或子程序等？	☐
	算法是否可以优化？	☐
可维护性检查	注释比例达到 25% 以上吗？	☐
	标号和子程序名符合代码的意义吗？	☐
	是否使用了 GOTO 语句？	☐
	是否使用了非通用的函数库？对于非标准的库是否提供了源程序？	☐
	对于重复出现的常量是否定义了宏？	☐
	对于重复出现并完成同样单一功能的一段代码，是否用函数对其进行了封装？	☐
	避免过多地使用技巧性编程，如使用，是否作了详细解释说明？	☐
	错误或异常信息提示正确吗？	☐
逻辑检查	代码是否正确地实现了设计功能？	☐
	编码是否做了设计所规定以外的内容？	☐
	每个循环是否执行正确的次数？	☐
	输入参数的所有异常值是否已直接测试？	☐
	逻辑判断表达式符合程序设计吗？	☐
软件多余物	有没有不可能执行到的代码？	☐
	有没有即使不执行也不影响程序功能的指令？	☐
	有没有未引用的变量、标号和常量？	☐
	有没有多余的程序单元？	☐
	编码是否做了设计所规定以外的内容？	☐
	每个循环是否执行正确的次数？	☐
	输入参数的所有异常值是否已直接测试？	☐
	逻辑判断表达式符合程序设计吗？	☐

附录 A.2 代码走查报告

文档标识：		当前版本：	
当前状态：	草稿	发布日期：	
	发布		

修改历史

日期	版本	作者	修改内容	评审号	变更控制号

评审对象：   评审日期：

问　　题	是	否,指出问题所在或解释理由
总体		
代码编制是否遵照编码规范?	是	
缺陷修改是否完全完成?		
所有的代码是否风格保持一致?	否	代码是有多位组员完成
注释		
所有的注释是否是最新的?	是	
所有的注释是清楚和正确?	是	
若代码修改注释是否很方便修改?	是	
所有代码异常处理是否都有注释?	是	
每一功能目的是否都有注释?	是	
是否按注释类型格式编写注释?	是	
代码注释量是否达到了规定值?	否	有些代码类型重复性很高不需要解释
源代码质量		
所有变量的命名是否依照规则?	是	
循环嵌套是否优化到最少?	是	
所有代码是否易懂?	是	
所有设计要求是否都实现?	否	由于时间紧迫,有些不必要的功能未实现
其他(根据情况添加)		

开发组长:　　　　　　　　　　　　　　　　　　　　　检查人:

附录 A.3　软件测试计划模板

1. 测试计划目录的格式

```
1. 范围
  1.1  标识
  1.2  系统概述
  1.3  文档概述
  1.4  与其他计划的关系
2. 引用文档
3. 软件测试环境
  3.1  软件项
  3.2  硬件和固件项
  3.3  权限
  3.4  安装、测试与控制
4. 正式合格性测试
  4.X  (CSCI 名称和项目唯一标识号)
    4.X.1  总体测试要求
    4.X.2  测试类
    4.X.3  测试级
    4.X.4  测试定义
        4.X.4.Y  (测试名称和项目唯一标识号)
    4.X.5  测试进度
5. 数据记录、整理和分析
```

2．测试计划正文的格式

1．范围

1.1　标识

列出本文档的：

a. 已批准的标识号。

b. 标题。

c. 缩略语。

d. 本文档适用的系统和计算机软件配置项(CSCI)。如果本文档适用于系统中所有的 CSCI,则也要说明,并用标题、缩略语和标识号写出适用的 CSCI。

1.2　系统概述

概述本文档所适用的系统和 CSCI 的用途。

1.3　文档概述

概述本文档的用途和内容。

1.4　与其他计划的关系

概述本计划与其他项目测试计划的关系。

2．引用文档

按文档号和标题列出本文档引用的所有文档。

3．软件测试环境

分节标识和描述为执行正式合格性测试所使用的资源(软件、硬件和固件)的实现和控制计划。为减少重复,对在软件测试环境和软件工程环境中均用到的资源,可以引用在"软件开发计划"文档中有关的软件工程环境的描述。

3.1　软件项

标识用于执行正式合格性测试的软件项(如操作系统、编译器、编码审核器、动态路径分析器、测试驱动器、预处理器、测试数据产生器、后处理器),描述并说明每个软件项的用途、保密处理和安全性问题。

3.2　硬件和固件项

标识用于软件测试环境的计算机硬件、接口设备和固件项。描述并说明每个项目的用途、保密处理和安全性问题。

3.3　权限

标明软件测试环境相关的每个项目的专利和权限。

3.4　安装、测试与控制

本节应标识承制方为安装和测试每个项目所制订的计划,还应要描述承制方为控制和维护软件测试环境而制订的计划。

4．正式合格性测试

分节对每个正式合格性测试进行说明,并描述软件测试计划对每个 CSCI 做正式合格性测试的要求。

4.X　(CSCI 名称和项目唯一标识号)

从 4.1 节开始编号。用名称和项目的唯一标识号标识 CSCI。

4.X.1　总体测试要求

从4.1.1节开始编号。描述用于所有正式合格性测试或用于一组正式合格性测试的要求。例如，每个正式合格性测试都需要满足下列一般要求。

a. 测量CSCI的大小和执行时间。

b. 用假设值、最大值和错误值作为输入对CSCI进行测试。

c. 对CSCI进行错误判断和出错恢复的测试，包括相关的错误信息。

对不同的实际问题应外加相应的专门测试。例如，验证雷达跟踪要求的正式合格性测试需满足下列要求。

a. 对特定环境条件的组合，用模拟数据对CSCI进行测试。

b. 用从该环境中提取的"真实数据"作为输入，对CSCI进行测试。

4.X.2　测试类

从4.1.2节开始编号。描述要进行的正式合格性测试的种类或类型（如强度测试、时间性测试、错误输入测试、最大能力测试等）

4.X.3　测试级

从4.1.3节开始编号。描述要进行的正式合格性测试的级别，例如：

a. CSCI级（如果需要，也可划分为CSC或CSU级），评测与CSCI要求的符合程度。

b. CSCI到CSCI集成级，评测与CSCI外部接口要求的符合程度。

c. CSCI到HWCI集成级，评测与CSCI外部接口要求的符合程度。

d. 系统级，评测与整个系统CSCI要求的符合程度。

4.X.4　测试定义

从4.1.4节开始编号。分节标识和描述用于CSCI的各项正式合格性测试。

4.X.4.Y（测试名称和项目唯一标识号）

从4.1.4.1节开始编号。用测试名和项目唯一标识号标识正式合格性测试。本节要给出下列用于测试的信息，这些信息的一部分或全部可以用图表给出，例如：

a. 测试对象。

b. 特殊要求（如设备连续运行48小时）。

c. 测试级。

d. 测试种类或类型。

e. 在软件需求规格说明中规定的合格性方法。

f. 该测试所涉及的软件需求规格说明对CSCI工程需求的交叉引用。

g. 该测试所涉及的接口需求规格说明对CSCI接口需求的交叉引用。

h. 记录的数据类型。

i. 假定和约束条件。

4.X.5　测试进度

说明或引用本文档4.X.4的测试进度。

5. 数据记录、整理和分析

分节描述按本测试计划所作测试的数据整理和分析过程，并说明根据数据整理和分析得到的信息和结果。数据记录、整理和分析的结果应清楚地显示出是否达到测试目标。

附录 A.4   软件测试用例模板

1. 国家标准 GB/T 15542-2008

用例名称			用例标识	
测试追踪				
用例说明				
用例的 初始化	硬件配置			
	软件配置			
	测试配置			
	参数配置			
操作过程				
序号	输入及操作说明	期望的测试结果	评价标准	备注
前提和约束				
进程终止条件				
结果评价标准				
设计人员			设计日期	

2. 简单的功能测试用例模板(表格形式)

标识码		用例名称			
优先级	高/中/低	父用例		执行时间估计	分钟
前提条件					
基本操作步骤					
输入/动作		期望的结果		备注	
示例:典型正常值…					
示例:边界值…					
示例:异常值…					

3. 功能测试用例模板(文字形式)

- ID:(测试用例唯一标识名);
- 用例名称:(概括性说明测试的目的、作用);
- 测试项:(测试哪个功能或功能点);
- 环境要求;
- 参考文档:(基于哪个需求规格说明书);
- 优先级:高/中/低;
- 父用例:(有父用例,填 ID;没有,填 0);

- 输入数据或前提：（事先设置、数据示例）；
- 具体步骤描述：（一步一步地描述清楚）
1.
2.
…
- 期望结果。

4. 性能测试用例模板

标识码		优先级	高/中/低	执行时间估计	分钟
用例名称					
测试目的					
环境要求					
测试工具					
前提条件					

负载模式和负载量	期望达到的性能指标	备注
10 个用户并发操作		
50 个用户并发操作		

附录 A.5 软件缺陷模板

1. 国家标准 GB/T 15542-2008

缺陷 ID		项目名称		程序/文档名	
发现日期		报告日期		报告人	
问题性质	类别	程序问题□	文档问题□	设计问题□	其他问题□
	级别	1 级□	2 级□	3 级□	4 级□
问题追踪					
问题描述/影响分析					
附注及其修改意见					

（注：5 级□ 出现在级别行最后一列）

2. 规范、专业的缺陷模板

缺陷 ID	（自动产生）	缺陷名称	
项目号		模块	▼
任务号		功能特性/功能点	▼
产品配置识别码		规格说明书文档号	关联的测试用例

续表

缺陷 ID	（自动产生）	缺陷名称				
内部版本号		严重性	1 ▼	优先级	P1 ▼	
报告者	选择	分配给	选择	抄送		
发生频率 （1%～100%）		操作系统	▼	浏览器	▼	
现象	▪▪▪▪▪▪ 选择	Tag（主题词）				
操作步骤						
期望结果						
实际结果						

附件：

说明或分析

附录 A.6 测试报告模板

1. 测试报告的目录的格式

1. 范围
   1.1　标识
   1.2　系统概述
   1.3　文档概述
2. 引用文档
3. 测试概述
   3.1　（正式合格性测试名称及项目的唯一标识号）
      3.1.1　（正式合格性测试名称）小结
      3.1.2　（正式合格性测试名称）测试记录
4. 测试结果
   4.X　（正式合格性测试的名称和项目的唯一标识号）测试结果
     4.X.Y　（测试用例名称和项目的唯一标识号）
       4.X.Y.1　（测试用例名称）测试结果
       4.X.Y.2　（测试用例名称）测试过程中的差异情况
5. CSCI 评估和建议
   5.1　CSCI 评估
   5.2　改进建议

2. 测试报告的正文格式

1. 范围

1.1 标识

列出本文档的:

a. 已批准的标识号。

b. 标题。

c. 缩略语。

d. 本文档适用的系统和计算机软件配置项(CSCI)。此外,还应包括在本报告中记录的每个正式合格性测试的名称和编号。

1.2 系统概述

概述本报告所适用的系统和 CSCI 的用途。

1.3 文档概述

概述本报告的用途和内容。

2. 引用文档

按文档号和标题列出本文档引用的所有文档。

3. 测试概述

分节描述本报告所覆盖的每项正式合格性测试的结果。

3.1 (正式合格性测试名称及项目的唯一标识号)

按名称和编号来说明正式合格性测试,并分小节概述测试结果。

3.1.1 (正式合格性测试名称)小结

总结正式合格性测试的结果。若失败,则要说明产生错误结果的测试步骤和问题报告。这些内容可参考附录表 A.2 的测试结果一览表进行概括。

附录表 A.2 测试结果一览表示例

TEST-A	成功	失败/错误	软件问题报告	评语
TEST-CASE-X				
			PR-011[②]	非关键
TEST-CASE-Y		STEP6[①]	PR-012	关键
		STEP7	PR-086	要立即改
TEST-CASE-Z		STEP29	PR-087	注意
	...	...	...	...

注:

① 如果测试过程中出现一个故障或错误,则记录发生故障或错误的各个步骤。

② PR=问题报告。

3.1.2 (正式合格性测试名称)测试记录

按时间顺序记录所有测试前、进行测试、分析、说明以及正式合格性测试结果等有关事件。同时,还应提供测试日志,按时间顺序记录正式合格性测试中的工作,包括:

a. 测试时间、地点、软硬件的配置。需要时,测试配置项的描述还要记录软件版本号、研制单位、升级号、批准日期及所有硬件型号和软件部件使用的名称。

b. 每一个测试相关活动的日期和时间、测试操作人员和参加人员。

c. 测试过程中对所出现和产生的问题所采取的测试步骤,包括对问题的改进的次数和每一次结果。

d. 恢复重新测试的备份点或测试步骤。

4. 测试结果

分节详述每个正式合格性测试的细节。

4.X （正式合格性测试的名称和项目的唯一标识号）测试结果

从 4.1 节开始编号，按名称和项目唯一标识号标识正式合格性测试，并分小节详细描述每一个正式合格性测试用例的结果。

4.X.Y （测试用例名称和项目的唯一标识号）

从 4.1.1 节开始编号，按名称和项目的唯一标识号标识每一个测试用例，并分小节详细说明测试用例的结果。

4.X.Y.1 （测试用例名称）测试结果

说明测试用例的测试结果。对测试过程的每一步都要记录测试结果和在测试过程中出现的各种异常和矛盾情况。记录或引用有助于杜绝和纠正矛盾情况的信息（如存储器转储、寄存器记录、显示流程图），并分析导致矛盾的原因和改进方法。

4.X.Y.2 （测试用例名称）测试过程中的差异情况

详细说明相应的软件测试说明中描述的测试过程中的差异情况（例如，所需设备的替换，支持软件的改变，测试计划的偏差）。对每一种差异情况，必须说明导致差异的原因和它对测试有效性的影响。

5. CSCI 评估和建议

5.1 CSCI 评估

全面分析测试结果，对 CSCI 的能力做出评估。通过分析标出存在的缺陷、局限性和 CSCI 的约束等，并写入软件问题/更改报告。对每一种偏差，局限性和约束应包括：

a. 说明它对于 CSCI 及系统运行的影响。

b. 说明它对于 CSCI 及为纠正偏差的系统设计的影响。

c. 提供改进的方法和建议。

5.2 改进建议

对系统设计、操作和 CSCI 测试提出改进建议，并分析每一个建议对 CSCI 的影响。若无建议，则写"无"。

参 考 文 献

[1] (美)Glenford J. Myers 等. 软件测试的艺术(原书第 3 版). 张晓明,黄琳译. 北京:机械工业出版社,2013.
[2] Aditya P. Mathur. 软件测试基础教程(英文版). 北京:机械工业出版社,2008.
[3] (美)Aditya P. Mathur. 软件测试基础教程. 王峰,郭长国等译. 北京:机械工业出版社,2013.
[4] (印度)Srinivasan Desikan 等. 软件测试原理与实践. 韩柯,李娜等译. 北京:机械工业出版社,2009.
[5] (美)Rex Black. 软件测试基础. 郑丹丹,王华译. 北京:人民邮电出版社,2013.
[6] 杨根兴,蔡立志等. 软件质量保证、测试与评价. 北京:清华大学出版社,2008.
[7] (美)Paul C. Jorgensen. 软件测试(第二版). 韩柯,杜旭涛译. 北京:清华大学出版社,2003.
[8] (爱尔兰)Stephen Brown,Joe Timoney 等. 软件测试原理与实践(英文版). 北京:机械工业出版社,2012.
[9] 袁玉宇. 软件测试与质量保证. 北京:北京邮电大学出版社,2012.
[10] 朱少民. 软件测试方法和技术. 北京:清华大学出版社,2011.
[11] 朱少民. 全程软件测试. 北京:电子工业出版社,2014.
[12] (美)Ron Patton. 软件测试. 张小松,王钰等译. 北京:机械工业出版社,2006.
[13] 周元哲. 软件测试教程. 北京:机械工业出版社,2010.
[14] (德)Andreas Spillner 等. 软件测试基础教程. 刘琴,周震漪等译. 北京:人民邮电出版社,2009.
[15] 李龙,李向涵等. 软件测试实用技术与常用模板. 北京:机械工业出版社,2008.
[16] (美)Rex Black. 高级软件测试(卷 1). 刘琴,周震漪等译. 北京:清华大学出版社,2012.
[17] (美)Rex Black. 高级软件测试(卷 2). 刘琴,周震漪等译. 北京:清华大学出版社,2012.
[18] 秦航,杨强. 软件质量保证与测试. 北京:清华大学出版社,2012.
[19] 刘海,周元哲,陈燕. 软件项目管理. 北京:机械工业出版社,2012.
[20] 王如龙,邓子云,罗铁清. IT 项目管理-从理论到实践. 北京:清华大学出版社,2008.
[21] 郁莲. 软件测试方法与实践. 北京:清华大学出版社,2009.
[22] 陈明. 软件测试. 北京:机械工业出版社,2011.
[23] 赵翀,孙宁. 软件测试技术:基于案例的测试. 北京:机械工业出版社,2011.
[24] 黎连业,王华等. 软件测试技术与测试实训教程. 北京:机械工业出版社,2012.
[25] 路晓丽,葛玮,龚晓庆. 软件测试技术. 北京:机械工业出版社,2009.
[26] 吕玉乡,王洋等. 软件测试案例教程. 北京:机械工业出版社,2011.
[27] 路晓丽,董云卫. 软件测试实践教程. 北京:机械工业出版社,2009.
[28] (美)Paul Ammann 等. 软件测试基础. 郁莲等译. 北京:机械工业出版社,2010.

图书资源支持

感谢您一直以来对清华版图书的支持和爱护。为了配合本书的使用，本书提供配套的资源，有需求的读者请扫描下方的"书圈"微信公众号二维码，在图书专区下载，也可以拨打电话或发送电子邮件咨询。

如果您在使用本书的过程中遇到了什么问题，或者有相关图书出版计划，也请您发邮件告诉我们，以便我们更好地为您服务。

我们的联系方式：

地　　址：北京市海淀区双清路学研大厦 A 座 701

邮　　编：100084

电　　话：010－62770175－4608

资源下载：http://www.tup.com.cn

客服邮箱：tupjsj@vip.163.com

QQ：2301891038（请写明您的单位和姓名）

用微信扫一扫右边的二维码，即可关注清华大学出版社公众号"书圈"。

资源下载、样书申请

书圈

扫一扫，获取最新目录